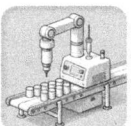

食用菌工厂智慧化关键技术

王风云 等 著

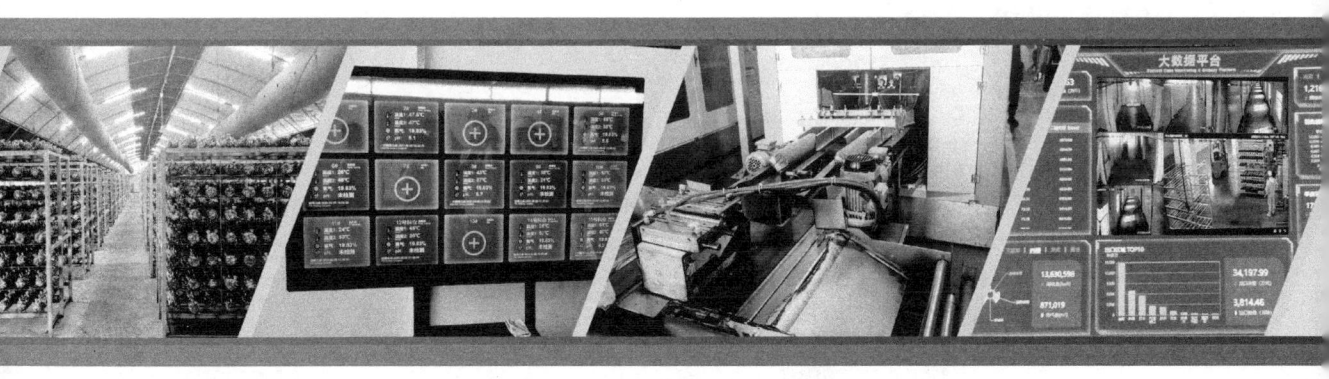

中国农业科学技术出版社

图书在版编目(CIP)数据

食用菌工厂智慧化关键技术 / 王风云等著. -- 北京：中国农业科学技术出版社, 2025.4. -- ISBN 978-7-5116-7350-3

Ⅰ. S646

中国国家版本馆 CIP 数据核字第 2025JP8260 号

责任编辑	李冠桥
责任校对	王　彦
责任印制	姜义伟　王思文

出 版 者	中国农业科学技术出版社
	北京市中关村南大街 12 号　邮编：100081
电　　话	（010）82106632（编辑室）　　（010）82106624（发行部）
	（010）82109709（读者服务部）
网　　址	https://castp.caas.cn
经 销 者	各地新华书店
印 刷 者	北京捷迅佳彩印刷有限公司
开　　本	185 mm×260 mm　1/16
印　　张	16
字　　数	373 千字
版　　次	2025 年 4 月第 1 版　2025 年 4 月第 1 次印刷
定　　价	80.00 元

◀ 版权所有·翻印必究 ▶

《食用菌工厂智慧化关键技术》

著者名单

主　　著：王风云
副主著：封文杰　万鲁长　宋华鲁
参　　著：安　静　王　帅　穆元杰　何青海
　　　　　齐康康　梁志超　樊阳阳　徐　浩
　　　　　吐逊艾力·依明

前　言

2015年中央农村工作会议首次提出"树立大农业、大食物观念"。习近平总书记在2022年全国两会期间强调"要树立大食物观"。2023年的中央一号文件进一步提出，"树立大食物观，加快构建粮经饲统筹、农林牧渔结合、植物动物微生物并举的多元化食物供给体系"。

大食物观要依靠科技发展，摆脱水土资源和劳动力的束缚，坚持绿色高质量发展，实现食物供给的可持续，食用菌工厂化生产正是践行大食物观的路径之选。食用菌工厂化生产是提供适宜食用菌生长环境、分阶段处理流程工艺、定时定量的生产过程，集智能化、自动化、机械化、规模化于一体的不受季节影响的连续栽培方式。食用菌工厂化生产真正实现了农业产品的工业化，能够像生产工业标准件一样，不受自然条件约束、定时定量收获某些食用菌品种，适应大食物观的发展需求。

食用菌工厂化生产在全球范围内得到了快速发展。中国作为全球最大的食用菌生产国，工厂化食用菌生产也取得了显著成就，成为乡村振兴的支柱产业之一。但工厂化生产也面临诸多挑战，数据资源不足，数据利用率较为低下，自动化和智能化生产技术设备的应用不够广泛，限制了标准化生产流程和统一技术规范的建立与应用。

2023年9月，习近平总书记指出，整合科技创新资源，引领发展战略性新兴产业和未来产业，加快形成新质生产力，并强调，积极培育新能源、新材料、先进制造、电子信息等战略性新兴产业，加快形成新质生产力，增强发展新动能。当前，人工智能、物联网、大数据、区块链等构成的新技术体系正成为推动新一轮科技革命和产业变革的先导力量，全面推动数农融合的智慧农业成为加快形成农业新质生产力的重要着力点。

在我国食用菌生产工厂化比例和工厂化产量保持逐年上升的趋势下，用信息化、智能化和装备技术提升食用菌行业，转变发展方式，提高行业现代化水平，成为我国食用菌行业的客观要求。作为新一轮生产力变革核心动力引擎的人工智能、物联网、大数据、区块链等技术在食用菌工厂化中的应用，对推动我国食用菌产业转型升级、实现高质量发展意义重大，有助于提升食用菌行业新质生产力。

本书针对食用菌工厂化生产场景，对食用菌工厂智慧化关键技术进行了介绍，本书共分六章。第一章为绪论，对我国食用菌产业概况、食用菌工厂化情况、我国食用菌产业未来展望和食用菌工厂智慧化生产进行了介绍。第二章为食用菌工厂化生产精准感知技术，主要包括生产环境信息感知、食用菌基质信息感知、设备状态信息感知、食用菌生理状态信息感知和市场信息采集。第三章为食用菌工厂化生产信息传输关键技术，主要包括RS485、USB、RS232等有线传输方式和Zig-Bee、蓝牙、NFC、LoRa、5G和GPRS等无线传输方式。第四章为食用菌工厂化生产分析决策关键技术，主要包括农业大数据、传统数据分析和大数据分析。第五章为食用菌工厂化生产智能控制关键技术，主要包括数字PID控制、模糊逻辑控制、神经网络控制和可编程逻辑控制。第六章为食用菌工厂智慧化系统案例。

  本书的出版是多方支持和帮助的结果，凝聚了众多同志的智慧和见解。谨向山东省农业机械科学研究院郭洪恩、褚幼辉、何青海，山东省农业科学院万鲁长、任鹏飞、任海霞，山东农发菌业集团有限公司刘霞等相关课题研究人员，以及山东省农业科学院农业智慧化生产团队和数字农业团队成员致以诚挚谢意，感谢诸位在工作中的付出和努力。

  由于本书内容涉及面广，加之现代信息技术、人工智能及控制理论创新和实践应用发展迅速，限于著者的知识水平，不妥之处在所难免，诚恳希望同行和专家批评指正，以便再版时完善和提高。

著　者

2025 年 1 月

目　　录

第一章　绪论 ··· 1
第一节　我国食用菌产业概况 ·· 1
一、生产情况 ··· 2
二、出口加工情况 ··· 4
三、产业化情况 ·· 6
第二节　食用菌工厂化情况 ··· 7
一、工厂化企业格局 ·· 7
二、工厂化生产硬件不断创新 ·· 9
三、工厂化生产管理体系逐渐形成 ······································· 9
四、工厂化生产人才队伍逐渐建立 ······································ 10
第三节　我国食用菌产业未来展望 ·· 10
一、菌种优化及品种多元化 ·· 10
二、工厂化生产智能化 ·· 11
三、延长深加工产业链 ·· 12
四、工厂化供应链物流网络化 ·· 12
第四节　食用菌工厂智慧化生产 ··· 13
第二章　食用菌工厂化生产精准感知技术 ······························ 15
第一节　生产环境信息感知 ·· 15
一、空气温度信息感知 ·· 15
二、空气湿度信息感知 ·· 18
三、二氧化碳浓度信息感知 ·· 20
四、氧气浓度信息感知 ·· 24
五、光照信息感知 ·· 24
第二节　食用菌基质信息感知 ·· 26
一、基质温度感知 ·· 26

二、基质水分感知 … 28
　　三、基质电导率感知 … 32
　　四、基质 pH 感知 … 35
　第三节　设备状态信息感知 … 37
　　一、称重传感器 … 37
　　二、压力传感器 … 40
　第四节　食用菌生理状态信息感知 … 43
　　一、可见光成像感知 … 43
　　二、高光谱成像感知 … 43
　　三、CT 成像感知 … 46
　第五节　市场信息采集 … 48
　　一、利用间接资料 … 48
　　二、专项市场调研 … 48
　　三、终端信息采集 … 48
　　四、数据挖掘 … 48

第三章　食用菌工厂化生产信息传输关键技术 … 49
　第一节　有线传输方式 … 49
　　一、RS485 接口 … 49
　　二、USB 接口 … 51
　　三、RS232 接口 … 55
　　四、RJ45 接口 … 59
　第二节　无线传输方式 … 63
　　一、无线通信原理 … 63
　　二、无线通信传输方式及技术原理 … 66
　　三、各种主流无线通信技术之间的比较 … 102

第四章　食用菌工厂化生产分析决策关键技术 … 104
　第一节　农业大数据 … 104
　　一、大数据 … 104
　　二、农业大数据 … 105
　第二节　传统数据分析 … 107
　　一、描述性统计分析 … 107
　　二、推断性统计分析 … 113
　　三、相关性分析 … 115
　　四、时间序列分析 … 115

五、主成分分析 ··· 117
　　六、聚类分析 ··· 119
　　七、因子分析 ··· 121
第三节　大数据分析 ··· 124
　　一、大数据分析的核心步骤 ··· 124
　　二、大数据分析技术与工具 ··· 133
　　三、大数据分析的应用场景 ··· 134
　　四、持续挑战与发展趋势 ·· 134

第五章　食用菌工厂化生产智能控制关键技术 ······························· 136
第一节　数字 PID 控制 ··· 136
　　一、控制原理及实现算法 ·· 136
　　二、PID 控制器的组成 ··· 137
　　三、数字 PID 控制的分类 ··· 138
　　四、采样周期的选取 ·· 140
　　五、数字 PID 控制参数的整定 ··· 141
第二节　模糊逻辑控制 ·· 142
　　一、模糊集合 ··· 142
　　二、隶属函数 ··· 146
　　三、特点 ··· 150
　　四、模糊控制器组成 ·· 151
　　五、模糊控制规则获得方式 ··· 151
第三节　神经网络控制 ·· 152
　　一、神经网络控制作用 ··· 152
　　二、神经网络控制结构和方法 ·· 152
　　三、神经网络控制特点 ··· 157
第四节　可编程逻辑控制 ··· 158
　　一、简介 ··· 158
　　二、基本组成 ··· 158
　　三、工作原理 ··· 162
　　四、功能 ··· 162
　　五、图形化语言 ·· 165
　　六、分类 ··· 167
　　七、控制器类型 ·· 168
　　八、输入输出类型 ··· 168

九、功能特点 ··· 168
第六章　食用菌工厂智慧化系统案例 ··· 170
　第一节　食用菌表型感知实例 ··· 170
　　一、食用菌主要表型 ··· 170
　　二、表型感知实例 ·· 172
　第二节　食用菌智能化生产监控系统实例 ··· 173
　　一、食用菌生产环境信息采集系统 ··· 174
　　二、食用菌生产环境信息可靠传输系统 ··· 180
　　三、食用菌生产环境信息智能控制策略 ··· 190
　　四、食用菌工厂化生产智能化监控系统 ··· 195
　第三节　食用菌子实体智能识别平台 ··· 207
　　一、食用菌图像采集系统 ·· 207
　　二、食用菌图像处理算法 ·· 215
　　三、食用菌生产分级标准，及其图像特征库 ···································· 226
　　四、食用菌图像智能化识别平台 ·· 228
参考文献 ··· 236

第一章 绪论

食用菌工厂化生产是提供适宜食用菌生长环境、分阶段处理流程工艺、定时定量的生产过程,集智能化、自动化、机械化、规模化于一体的不受季节影响的连续栽培方式。食用菌工厂化生产真正实现了农业产品的工业化,能够像生产工业标准件一样,定时定量收获不受自然条件约束的食用菌品种。本章在介绍工厂化生产智慧化关键技术之前,先简要介绍一下我国食用菌产业概况、食用菌工厂化情况、我国食用菌产业未来展望和食用菌工厂智慧化生产情况,以期对产业概况及其智慧化需求有个大体了解。

第一节 我国食用菌产业概况

食用菌是指子实体硕大、可供食用的蕈菌。蕈菌,是指能形成大型的肉质(或胶质)子实体或菌核类组织并能供人们食用或药用的一类大型真菌,通称为蘑菇。中国食用菌资源十分丰富,据卯晓岚(1988)统计,中国国产野生食用菌625种(包括部分栽培种),它们分属于127个属、41个科,其中担子菌593种、114属、33科,占总种数95%;子囊菌32种、13属、8科,仅占5%。另外约有30种含微毒,须加工处理方可食用,称之"条件食用菌"。2000年统计中国的食用菌达938种,人工栽培的50余种,其中多属担子菌亚门。常见的食用菌有:香菇、草菇、木耳、银耳、猴头菇、竹荪、松口蘑(松茸)、口蘑、红菇、灵芝、虫草、松露、白灵菇和牛肝菌等;少数属于子囊菌亚门,其中有:羊肚菌、马鞍菌、块菌等。

在国家一系列方针政策的指引下,食用菌产业迎来了前所未有的良好机遇。全国已建立有数千个食用菌种植村、数百个食用菌种植基地县,工厂化生产食用菌也逐步成熟。生产及加工技术的进步,带动食用菌消费量的增长,专业化的食用菌交易市场应运而生,完善了食用菌流通环节,促进了国内乃至国际贸易量的提升。

一、生产情况

食用菌味道极其鲜美，素有"山中之珍"的美称。中国是认识和栽培食用菌最早、栽培种类最多的国家。近年来，随着人们生活水平的不断提高和食物结构的变化，心血管、高血压、糖尿病等慢性疾病的患病率大大增加，因而使对人体有着独特保健功能的菌类食品越来越受到人们的青睐。食用菌不仅成为中国人餐桌上的新宠，国际市场对食用菌的需求也在不断上升。

2012—2020年，中国食用菌产业产值占农业总产值比例维持在4.0%以上，根据国家统计局数据，2012年中国农业总产值为4.48万亿元（图1-1），其中食用菌产业占比4.0%；2020年中国农业总产值为7.17万亿元，其中食用菌产业占比4.8%。

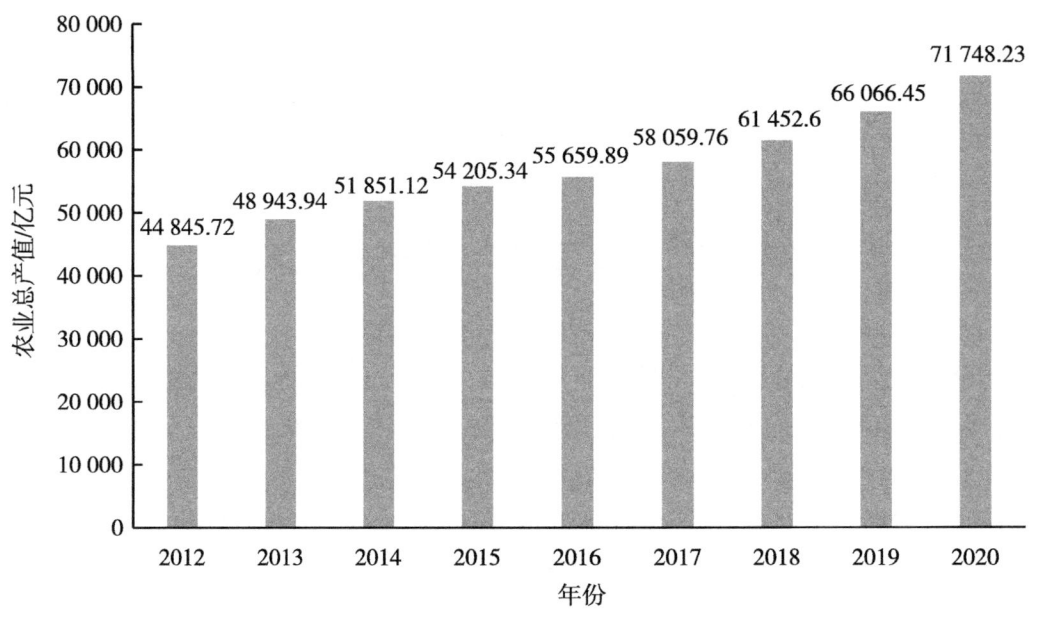

图1-1　2012—2020年全国农业总产值

数据来源：国家统计局。

中国是食用菌生产第一大国，近年来，中国食用菌产业获得了较快的发展，产量及产值均不断增长，2010—2019年，食用菌产量由2 201.2万t增加至3 933.9万t（图1-2），产值由1 413.2亿元增加至3 126.7亿元（图1-3）。食用菌产业是非耕地生产、农业生产废弃物循环利用、经济效益高、市场潜力大、建设资源节约型和环境友好型产业，具有不与人争粮、不与粮争地、不与地争肥、不与农争时、不与其他产业争资源的"五不争"特点。

根据北京智研科信咨询有限公司分析报告，香菇、黑木耳、平菇仍是中国最主要的食

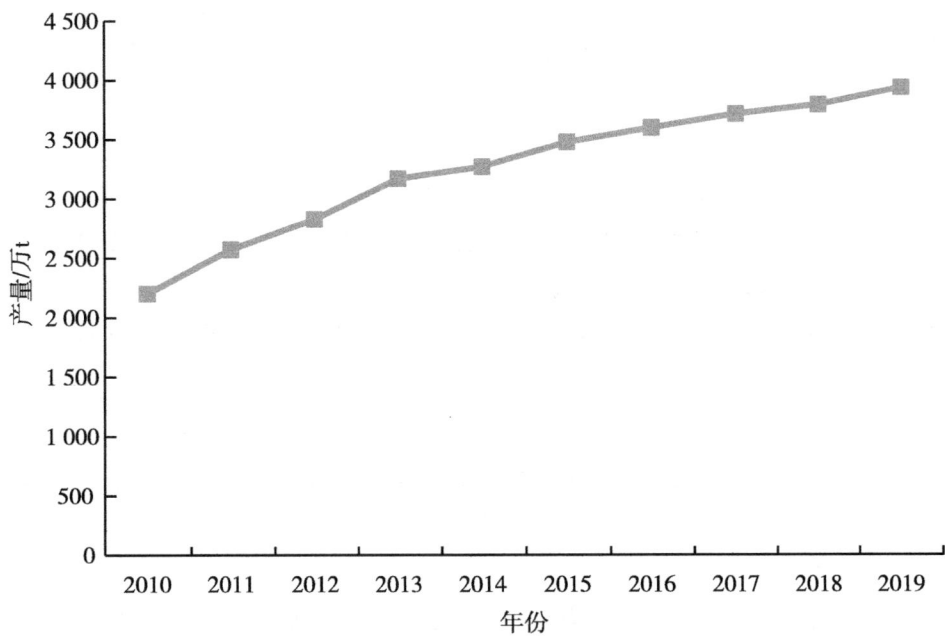

图1-2 2010—2019年全国食用菌产量

数据来源：中国食用菌协会。

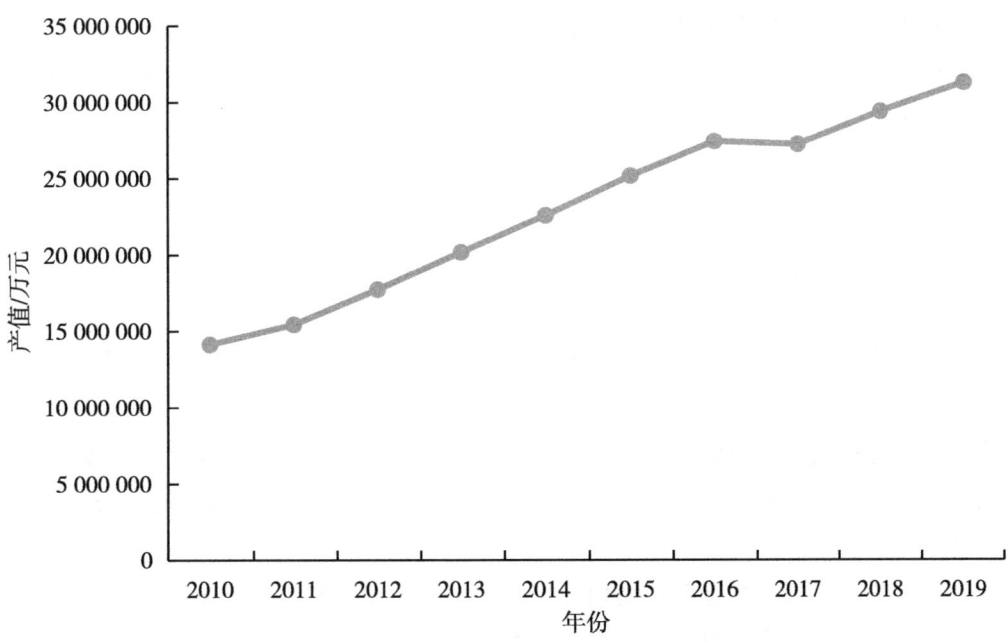

图1-3 2010—2019年全国食用菌产值

数据来源：中国食用菌协会。

用菌种植品类，2020年产量合计占全国食用菌总量的63.5%，其中香菇产量为1 188.21万t，较2019年增长6.5%；黑木耳产量为706.43万t，较2019年增长0.7%；平菇产量为682.96万t，较2019年下降0.5%。其次金针菇、双孢蘑菇、杏鲍菇、毛木耳产量均100万t以上。

从产量分布来看，河南省食用菌产量稳居全国第一，2020年产量达561.85万t；福建省排名第二，产量为452.5万t；其次为山东省、黑龙江省、河北省，产量均超300万t；产量超200万t有吉林省、四川省、江苏省。

从2020年产值来看，河南省遥遥领先，达401.63亿元，占全国总产值的11.6%；云南省虽食用菌产量仅为74.68万t，但产值达281.26亿元，居全国第二，占全国的8.1%。其次为河北省、福建省、四川省、山东省、黑龙江省，产值均超200亿元。

在河南自然资源、生产成本的优势，以及相关政策和科研创新的推动下，河南省成为中国最大的食用菌生产省，2020年产量占全国总产量的13.8%，其中全省香菇产量为365.1万t，平菇产量为117.2万t。

河南省食用菌产业发展呈现新特点：一是科技对产业发展的贡献进一步增强。实施产业重大科技专项，新品种、新成果、新技术快速应用，学科人才队伍壮大，结构优化。二是各类优惠政策对产业发展促进作用进一步体现。三是四大优势产业区示范效应开始发挥作用，一批新型的现代化产业园区相继投建。四是工业化生产进一步推动产业转型升级。

云南省是我国重要的食用菌生产地之一，全国70%以上野生菌产品为云南生产。近年来，云南食用菌依托环境优势，生产模式和经营形式不断转型提升，呈现出品种多样化发展态势。2020年云南省野生食用菌产量22.75万t，产值166.52亿元。栽培食用菌产量51.93万t，产值114.74亿元。

二、出口加工情况

2020年主要受疫情影响，中国食用菌出口量有所下降，出口量为64.72万t，出口金额为27.28亿美元，较2019年分别下降4.8%、25.0%。

其中云南省食用菌出口量为11.61万t，占全国总出口量的17.9%；出口金额为1.3亿美元，占全国总出口金额的4.8%，云南省目前出口贸易存在出口食用菌形式单一，产品附加值低等问题。

食用菌加工主要是指对食用菌粗加工或者深加工。据了解，食用菌经过粗加工可制为食用菌鲜品或食用菌干品，经过深加工，从功能上大体可分为普通食品类、营养保健类、美容类、药用类、农药制品和观赏制品。普通食品类包括方便食品（速泡汤包）、休闲食品（菇类蜜饯）、饮料类食品（灵芝酒、猴头酒）等；功能食品类如防治贫血、冠心病、神经衰弱等食用菌独特的营养保健作用；利用食用菌含抗氧化成分制成的各类美容产品；

药用类如从食用菌中提取的多糖成分（香菇多糖、灵芝多糖）可作为药品或辅助药品原料；农药制品如从食用菌中提取激素、生长素、抗病毒物质等；观赏制品如灵芝盆景、金针菇盆景等。食用菌深加工产品从加工材料上分大体可分为两大类菌丝体加工和子实体加工。日本菌丝体加工提取营养（酶、氨基酸、维生素）和风味物质（香菇鲜味成分）已工厂化，国内少量未形成规模；子实体加工主要包括速冻制品、真空包装制品、方便食品、保健品、饮料等。

目前我国食用菌主要有保鲜储藏、脱水干制、调料渍制、罐头生产、精致酿造等加工形式；食用菌加工技术主要有超微粉碎技术、面团质构改良技术和四段式干燥工艺等。

1. 保鲜储藏

保鲜储藏也是一种加工方式，储藏的目的是保持鲜品生命，延长商品货架期。近年来市场出现了产品原生态和田园风味的消费新潮，它更使保鲜储藏加工成为一门大有前途的加工业。保鲜储藏分为低温冷藏保鲜、气调保鲜、真空保鲜、辐射保鲜、物理化学保鲜等不同方法。

2. 脱水干制

脱水干制是食用菌干燥的主要加工方法。在大量产出鲜品的季节，市场容纳不下时，通过干制，解决鲜品产后问题。干制品易于储藏，达到季产年销、常年应市的目的。传统干制方法多为晒干，而现在主要采取机械脱水烘干和冻干两种，适用于香菇、银耳、猴头菇、黑木耳、草菇、金针菇、竹荪、大球盖菇等几十种产品。

3. 调料渍制

渍制加工是我国加工蔬菜的一种传统方式，也适用于食用菌加工，它包括盐渍、糖渍、酱渍、糟渍、醋渍加工。以盐、糖、酱、酒糟、食醋等为腌料，利用其渍水的高渗透压来抑制微生物活动，避免食用菌在储藏期因为微生物活动而腐败。其中，盐渍加工是食用菌加工中广泛采用的方法，双孢菇、草菇、金针菇、大球盖菇、猴头菇、杏鲍菇、白灵菇，以及平菇、凤尾菇、鲍鱼菇等均适用。

4. 罐头生产

食用菌罐头制品是我国具有传统特色的出口商品之一。菇品罐头加工，要有一套机械设备，生产工艺形成流水作业，产品比较规范。其中，双孢菇每年出口20万t左右，创汇2亿多美元，是食用菌罐头出口量最大的产品之一。食用菌罐头加工，绝大部分为清水罐头，近年来研发了即食罐头，诸如银耳莲枣罐头、香菇肉酱罐头、白灵菇美味即食罐头等。

5. 精致酿造

食用菌酿制加工属于深加工范围，它包括菇酒类、饮料、酱油、菌油、菇类味精、菇味火锅料、菇类蜜饯、膨化食品、菇类肉松、菇类面条、糕点；日用品类有菇类护肤霜、美容膏、美容膏；医疗保健品类有从菇类中分离提纯的有效药物成分，制成注射针剂、保健胶囊、片剂、粉剂、口服液等。

三、产业化情况

1. 产业化基地规模日益壮大

全国食用菌年产值千万元以上的县500多个,亿元以上的县100多个,从业人口逾2 000万人,形成了黑龙江省东宁市、辽宁省岫岩县、河北省平泉市、河南省西峡县、浙江省庆元县、四川省金堂县等一大批全国知名的食用菌主生基地。这些主生基地成为通过发展食用菌产业带动农民增收、农业增效的良好示范。

2. 龙头企业发展迅速

全国生产加工及贸易的企业众多,仅工厂化生产的企业就近800家,集中分布在江苏、福建、山东等省份。上海雪榕生物科技股份有限公司、天水众兴菌业科技股份有限公司及武汉如意情集团股份有限公司等龙头企业日产鲜菇量达150t以上,规模化生产企业近200家,其产品类型涵盖有双孢菇、金针菇、蟹味菇、杏鲍菇、白灵菇等;全国百万元以上食用菌加工企业超过300家,食用菌加工产品以及以食用菌产品为主要原料的深加工产品,如调味品、保健品等近500种,加工增值能力不断提高,产业效益和出口创汇迅速增加。

3. 食用菌专业合作社组织化程度提高

食用菌专业合作社是近年来出现的一种新型的合作组织形式,我国食用菌专业合作社已超过4 000家,这些专业合作社通过规范自我,建立与菇农有效的利益联结机制,增强了菇农风险抵御能力,并使他们分享到食用菌生产、流通等多层次、多环节的增值收益。

4. 科技创新实力增强

我国食用菌产业的快速发展离不开科学技术的进步。我国拥有众多从事食用菌行业的科学家,他们很多来自中国科学院、中国农业科学院、上海食用菌研究所、昆明食用菌研究所、吉林农业大学、华中农业大学等科研院所,企业也建立了自己的研究开发科技队伍,为食用菌产业科技创新提供了智力支持。在行业科技工作者带动下,推广优良品种,更迭栽培原料,改进栽培技术,提高设施技术,新材料、自动控制等高新技术在食用菌领域的应用日益广泛。

中国政府高度重视科技作用,科技投入总量逐年增加,中国同行与国外高等院校开展了多方面的学术交流与合作,大大增强了我国产业科技创新能力。

5. 中国食用菌流通网络渐成规模

中国食用菌流通形成了以批发市场、集贸市场为载体,以农民经纪人、专业合作社、运销商贩、加工企业为核心的格局。全国各类食用菌批发市场近100家,其中常年交易、规模较大的批发市场60多家,年交易额超亿元。这些市场分布纵横交错,成为我国食用菌流通中心。同时,庆元县、古田县已成立了渤海商品交易所香菇、银耳现货电子交易,实现了从传统模式到现代营销的转变。

6. 循环利用取得成果

食用菌产业是变废为宝的循环农业。食用菌属于微生物食品的范畴,是可以食用的大型丝状腐生性真菌,能科学有效地利用农业、林业、畜牧业的秸秆、枝条木屑、畜禽粪便等"废弃物",将人和动物不能直接利用的木质素、纤维素、半纤维素等大分子有机物转化成高蛋白、低脂肪的菌物产品供人食用。食用菌收获后剩下的培养基废料仍含有大量菌类多糖、蛋白质、氨基酸等微量元素、维生素等生长因子,施入农田后,可大大提高肥力,增加土壤腐殖质的形成,改善土壤理化结构,提高土壤保肥能力。同时,经处理后可作为畜禽的饲料添加剂,还可用来培养甲烷细菌产生沼气、养殖蚯蚓,蚯蚓又可作为家禽的饲料、鱼虾的饵料,达到"整体、高效、循环、再生"的多元化利用。以食用菌—有机肥—农作物、食用菌—饲料—养殖—沼气—农作物等多种循环利用模式在全国广泛应用,农村废弃资源得到多次利用,实现多元增值,净化了环境,改善了脏和乱的面貌。

7. 文化底蕴得以弘扬

中国已被证明是食用菌栽培起源最早的国家之一。7 000年的菇类发展史,积累了深厚的文化底蕴。为了弘扬食用菌的发展历史,多个食用菌产区通过设立食用菌博物馆、主题园、生态园,出版发行菌文化图书、画册,举办节会活动等形式,挖掘菇菌文化,使具有千年深厚底蕴的菇菌文化焕发出生生不息、团结奋进的精神动力。

第二节 食用菌工厂化情况

食用菌工厂化生产是采用工业化技术手段,通过人为控制环境给食用菌的生长发育提供适宜的温、湿、光、气等条件,使食用菌生产不受地域及季节限制的一种现代化食用菌生产方式,是当前最具现代农业产业化特征的食用菌生产形式,实现了食用菌生产的规模化、集约化、标准化和周年化。近些年来,我国食用菌大规模的生产已形成了稳定的发展业态,工厂化比例不断提高。但由于我国食用菌工厂化发展历史较短,整体水平不一,地域分布不均衡,工厂化比例显著低于发达国家。预计随着我国食用菌需求量的不断扩大,食用菌工厂化比例将得到提升。

我国食用菌工厂化发展起步较晚,始于20世纪80年代,先后引进国外双胞蘑菇生产线和发酵设备,但由于种种原因都未运行成功,20世纪90年代少量分布在东南沿海城市,直到21世纪初,开始由沿海地区向华东地区大幅扩展。

一、工厂化企业格局

我国食用菌工厂化生产表现出"三集中"特点:一是工厂化生产集中度快速提升。

2008—2021 年，我国食用菌工厂化生产企业数量呈先上升后下降的趋势，其中 2012 年达到峰值，为 788 家（图 1-4）。2015—2019 年，我国食用菌工厂化生产企业数量减少 209 家，但日有效产能大于 20t 的企业数量由 2015 年的 76 家增加至 2019 年的 131 家，占比也由 12.14% 上升至 31.41%（表 1-1）。这表明，随着企业数量减少，企业规模逐渐扩大，产能向大企业集中。二是工厂化生产企业区域集中。据中国食用菌商务网统计，2021 年全国共有 337 家工厂化生产企业。其中，江苏省 71 家、福建省 51 家、山东省 26 家、浙江省 24 家、河南省 23 家，为五大工厂化企业集聚区（表 1-2），占全国食用菌工厂化企业总数的 57.9%。三是工厂化企业生产品种集中。2021 年，全国 337 家工厂化生产企业中，生产杏鲍菇的有 91 家、真姬菇的有 86 家、金针菇的有 71 家、双孢蘑菇的有 38 家，生产这 4 个品种的企业占全国食用菌工厂化企业总数的 84.9%。

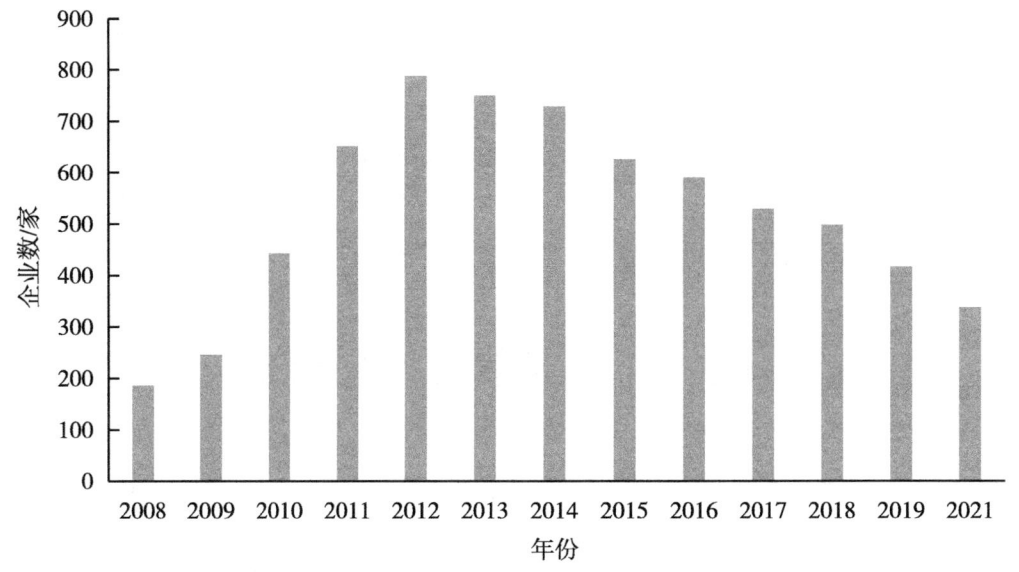

图 1-4　2008—2021 年中国食用菌工厂化企业数量

数据来源：工厂化专业委员会。

表 1-1　2015—2019 年中国食用菌工厂化生产企业数量及占比变化

年份	企业总数/家	企业日有效产能					
		<15t		15~20t		>20t	
		企业数量/家	占比/%	企业数量/家	占比/%	企业数量/家	占比/%
2015	626	109	17.40	441	70.40	76	12.10
2016	590	95	16.10	410	69.50	85	14.40
2017	531	70	13.23	371	70.13	90	17.01

(续表)

年份	企业总数/家	企业日有效产能					
		<15t		15~20t		>20t	
		企业数量/家	占比/%	企业数量/家	占比/%	企业数量/家	占比/%
2018	499	38	7.63	342	68.67	119	23.90
2019	417	12	2.88	274	65.71	131	31.41

注：数据来源于工厂化专业委员会。

表1-2 2021年中国食用菌工厂化生产企业分布区域

省（区、市）	数量/家	省（区、市）	数量/家	省（区、市）	数量/家	省（区、市）	数量/家	省（区、市）	数量/家	省（区、市）	数量/家
江苏	71	四川	11	广东	8	上海	5	山西	4	内蒙古	2
福建	51	贵州	11	陕西	7	安徽	5	吉林	4	新疆	2
山东	26	江西	10	海南	6	湖北	5	辽宁	3	宁夏	2
浙江	24	甘肃	9	湖南	6	北京	4	云南	3	西藏	1
河南	23	重庆	8	广西	6	天津	4	黑龙江	2	青海	1
河北	13	—	—								

注：数据来源于中国食用菌商务网。

二、工厂化生产硬件不断创新

食用菌工厂化生产是现代农业典型生产方式，先进的生产设备和技术是工厂化生产基础，而且要形成一条完整的生产线，保证周年不间断生产。建一座食用菌工厂化生产企业，需要投入大量资金建设现代化厂房和设备、设施。而且生产有着连续性的特点，一旦生产中断，必然造成重大经济损失和市场份额的丢失。传统的食用菌生产，是一家一户的小农经济，现在则向专业化和产业化发展，技术革新和经营格局也向专业化和产业化倾斜。各个生产环节都研制出了提高效率的专为机械，在不同环节还出现了明显的专业分工。当然，我国毕竟是发展中国家，还不能与发达国家的工厂化、自动化相比，但各地都出现了一些食用菌专业村、专业乡甚至专业县，也出现了颇具规模和实力的食用菌工厂或公司，成为我国食用菌专业化和产业化的先行者。

三、工厂化生产管理体系逐渐形成

主要体现在产品标准化、工作标准化、管理标准化。一是产品标准化，建立产品的企业标准，包括从菌种、原材料一直到产品包装出厂、运输、上货架的整个生产过程的规范要求。与此同时，还要相应制定保证产品达到标准的管理制度，即生产工艺、操作规程及卫生防疫制度。企业标准要坚持高起点，不仅以国内行业标准为基础，而且尽量与国际先进标准接轨。二是工作标准化，使标准化生产工艺得到切实执行，用工作标准化来保证产品标准化。重点是抓培训、抓过程、抓反馈，整个生产环节始终处于符合标准要求的稳定可靠状态。三是管理标准化，建立ISO9001：2000质量管理体系和HACCP食品安全体系，强调满足顾客的需求，并争取以超越顾客期望作为管理原则，变传统的监督管理模式为自主管理模式，变产品的事后检验为对危害的源头控制。

四、工厂化生产人才队伍逐渐建立

企业之成败往往不是技术问题，而是管理问题，是企业的运行机制是否可以保证工艺技术的准确到位，正确实施。企业化的运作特点决定了食用菌工厂化生产需要懂经营、善于管理的经营人才，需要深厚的专业知识和丰富的生产实践的专业技术人才，需要了解市场、营销能力强的销售人才，需要具备食用菌生产经验并适应工厂化生产作业的技工人才。经过工厂化生产过程多年的打磨，出现了一批懂管理、会经营、有技术的专业人才。

第三节 我国食用菌产业未来展望

食用菌具有高蛋白、低脂肪，含人体所需多种氨基酸和微量元素，具有许多食品所无法取代的保健作用，得到联合国粮食及农业组织的认可。随着人们生活水平的提高，我国食用菌消费量在以每年7%的速度持续增长。在拥有13亿人口的中国，假设每个家庭每天消费食用菌类300g，那么中国3亿家庭的年消费量就是3 285万t，其市场潜力十分巨大。加之食用菌是利用农林废弃物进行生产，符合当前国际社会所提倡的3R（Reduce 减量化，Reuse 再利用，Recycle 再循环）指标体系，有利于构建农业生态系统的良性循环，并促进生态环境的持续、和谐、健康发展。未来朝着菌种优化及品种多元化、生产智能化、深加工延长产业链、工厂化供应链物流网络化方向发展。

一、菌种优化及品种多元化

食用菌菌种最初来自大自然，经分离并筛选出有用菌种再加以改良、贮存用于生产。食用菌的菌种是食用菌产业的关键，我国食用菌工厂化菌种多数来自外国菌种，木腐菌主要来自日韩，草腐菌主要来自欧美，来自我国的菌种却很少；一直以来，我国食用菌工厂化生产企业对菌种的保存和研发重视不够，直至近年来菌种退化问题日趋严重才引起重视。

目前，食用菌工厂化良种选育不断开展，我国食用菌科研工作者研制或建立多种食用菌选育种技术，部分食用菌企业也已成立食用菌菌种保藏研发中心和食用菌技术研究所。食用菌育种可以通过自然或人工的遗传变异选育新品种。食用菌常用的育种方法有自然选育、诱变育种、杂交育种等。自然选育是最传统使用最广的育种方法；诱变育种是利用物理或化学因素处理细胞，使细胞发生遗传变异，从而选出具有优良性状的菌株；杂交育种是细胞水平上的遗传物质重组过程，是培育菌种的有效手段。现代食用菌生物育种技术还包括基因工程、细胞质体融合等；菌种是食用菌生产的基础，而育种方法的合理选择是有效提高食用菌质量的最基本最重要的方式。在育种试验中，选择有效的育种技术可以得到较高的菌种纯度和质量，还能使菌种具备多种优良性状，为食用菌产业发挥重要作用。

20世纪中期，液体菌种在国际研究中逐渐拉开序幕，由于液体菌种具有成本低、生长快、高品质、污染少等优点，能够较好地解决传统接种模式中遇到的问题，因此液体菌种技术仅在10年内就得到了迅猛发展。随着研究的深入液体菌种技术越来越成熟，近年来，许多食用菌企业已开始了对液体菌种的应用，但受到食用菌种类繁多、发酵设备不配套、工艺技术差异、液体接种方式不同等因素的限制，导致不同种类食用菌工厂化的应用程度不同。目前工厂化金针菇已基本采用液体菌种，杏鲍菇、香菇、平菇等液体菌种也在逐步扩大应用中。未来国内液体菌种发展需加大对液体发酵设备的创新研发，研发更加先进、精细、大型的液体菌种生产设备，液体菌种技术的创新水平和成果应用在一定程度上决定了目前食用菌工厂化生产的质量和效益。同时应形成一套食用菌工厂化液体菌种技术质量评价体系，加快国家或行业标准制定，完善食用菌菌种标准体系。

二、工厂化生产智能化

我国食用菌工厂化经过多年的发展，由引进国外的半自动化，半机械化逐渐向高度的智能化、规模化、机械化发展。如在木腐菌生产过程中所有的工艺全程机械化，培养料预湿、配制、搅拌、装瓶（装袋）、灭菌（常压、高压）、接种（固体、液体）、菌种处理、搔菌、采收、产品分选、整形、挖瓶等环节基本实现了机械化。但机械化也存在一些不足：首先，食用菌机械行业缺少市场规范，机械研制生产厂家良莠不齐、科研能力、规模、质量不达标，模仿复制品较多，需规范食用菌机械市场，制定统一标准，引导食用菌产业向规模化、标准化、工厂化方向发展；其次，机械行业缺少科学系统的规划和足够的引导，从业人员对食用菌机械化生产认识不够，造成大量原料和劳动力的浪费；可以通过多元化发展，开发主体多与高校、科研院所、企事业单位、国家研究机构、国内外企业等共同努力生产出更经济实用的机械；制定科学、系统的发展模式，引导产业平稳升级，保障食用菌机械产业持续健康发展。

随着我国科学技术的飞速发展，利用各行业当代领先高精尖技术与设备，如温控作为工厂化食用菌栽培中的重要环节，大规模运用高精度温控设备对食用菌工厂化栽培技术和产业的可持续发展具有十分重要的意义。又如远程智能控制技术，不受距离、区域、环境的限制，通过远程中央信息环境因子监测控制中心，建立大数据环境信息库，实现食用菌产业工厂化的高效管理和科学生产。未来将通过以上研发最终实现功能齐全、操作简单的智能化自动生产线。

智慧农业是将新兴的物联网、移动互联网、云计算、大数据和人工智能等现代农业信息技术，深入应用到农业生产、经营、管理和服务等全产业链环节，实现精准化种植、互联网化销售、智能化决策和社会化服务，改造传统农业产业、生产和经营体系，代表着现代农业的发展方向，因此，智慧工厂化生产是食用菌产业发展的必然趋势，走产出高效、产品安全、绿色循环、资源节约和环境友好的农业现代化道路。

三、延长深加工产业链

随着人们对饮食需求的提高，对食用菌营养价值研究的深入，新时代创新理念的融合，科学技术的不断发展，越来越多的食用菌深加工产品逐渐被开发生产，食用菌产品已进入精深加工的产业化阶段。未来食用菌产品的发展方向主要为即食食品和功能食品；食用菌产业会更加完整多样，从而获得更多收益。

食用菌工厂化生产不断发展，食用菌产品可进一步的加工和扩展来完善生产链。食用菌深加工已改变了传统食用菌的面貌，加强食用菌加工和保鲜技术的研究，提高产品质量和档次，增强国际市场竞争力；重点开发食用菌即食食品和保健食品，增加食用菌产品附加值，大力开展食用菌药用成分的提取与利用研究，延长产业链，提高食用菌生产的综合效益。

四、工厂化供应链物流网络化

我国工厂化食用菌产业链体系已初步建立，其中供应链物流是其关键的一个环节，随着新时代高新技术的快速发展，供应链物流产业技术不断更新，建立了供应链管理信息平台，以食用菌采摘后的性状特点为基础，根据食用菌国际化产业的市场需求，对质量、成本、效率等因素进行综合考量，通过不断完善食用菌物流设施选址规范，利用实时跟踪信息来降低损耗，使食用菌供应链物流网络布局更加精准，增加其完整性，构建集配中心循环取货运作模式，有效降低运输成本，通过合理选址及产品分配来中转物流进行路径优化提高配送效率，通过对物流链各个环节进行改良和升级，来完善食用菌产业链的发展模式，获得最优化的经济效益，促进产业的高效发展。

中国多年发展食用菌的经验提示我们，食用菌可持续发展特性符合中国国情和长远发展战略的需要，在中国人口众多、耕地资源有限、水资源紧缺、农村废弃资源（栽培食用菌原料秸秆）丰富的前提下，发展食用菌生产，有利于克服传统粗放经营对生态环境资源的污染和损害，促进农村经济的健康持续发展，实现环境保护与经济发展的双赢。

第四节 食用菌工厂智慧化生产

食用菌工厂化生产流程图如图1-5所示，这个流程图包括了与食用菌产品生产密切相关的具有上下游关系的所有功能环节中的智慧化过程。包括栽培材料采购与加工（图中数据中心、原料库）、消毒灭菌药剂生产（图中灭菌）、仪器设备生产（图中所有过程中的设备）、菌种生产（图中研发中心、液体菌种培养）、食用菌栽培（图中培养室、种植）、食用菌加工（图中包装加工）、加工设备生产（图中包装加工）、食用菌贮运、销售（图中销售）等环节。

在食用菌工厂化全产业链智慧化过程中的关键技术涉及信息精准感知、传输、分析决策及自动控制技术。信息感知包括生产环境信息感知、设备状态信息感知、食用菌生理状态信息感知以及市场信息采集等。信息传输包括有线传输和无线传输。分析决策是智慧化过程中的关键，决定着智慧化过程的智慧程度。自动控制是分析决策指令的执行方式。

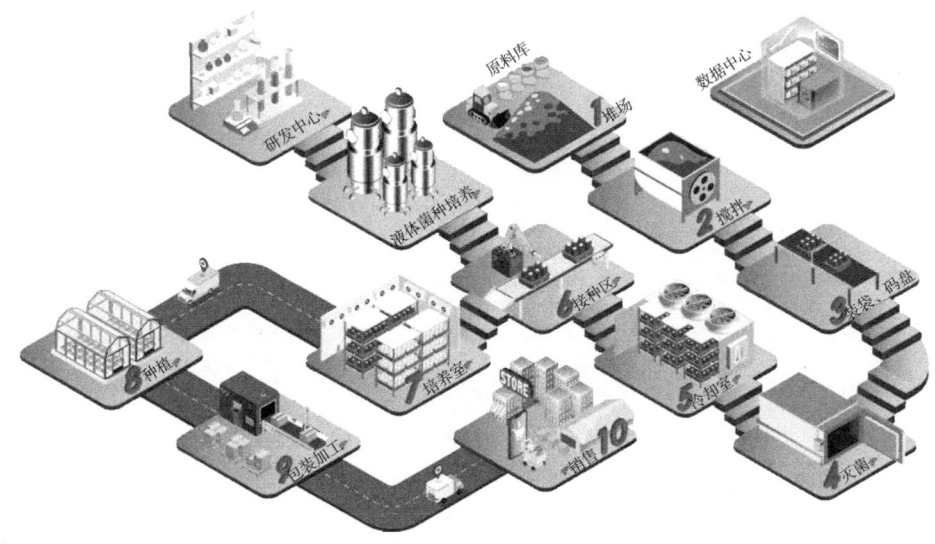

图1-5 食用菌工厂化流程图

智能化的关键是模型，而不是系统，没有众多精准模型，就不可能有智能化。建立食用菌设施环境模型、生长发育模型、子实体识别模型是食用菌智能化、物联网化、自动化、工厂化生产环境精准控制技术创新的基础,也是数智赋能食用菌新质生产力的核心。

借用中国工程院李玉院士在第十二届中国蘑菇节上演讲时的讲话:"在食用菌产业蒸蒸日上的今天,居安思危,让产业可持续性发展,瞄准国家对产业的需求导向,树立'大食用菌产业'和工业化思维理念,依托我国特色资源和政策优势,以食用菌文化和科技创新为两翼,以食用菌精深加工和品种选育为主攻方向,以品牌和质量升级为重点,实现以农法为主,工厂化发展,过程自动化,品种多样化,设施轻简化,管理标准化,利用高值化等为内涵,土洋、中西相结合的有中国特色的菇业强国梦。"

第二章　食用菌工厂化生产精准感知技术

食用菌工厂化生产精准感知技术主要是利用传感器对生产全过程信息进行获取的技术。传感器是一种检测装置，能够感知被测物的信息和状态，可以将自然界中的各种物理量、化学量、生物量转化为可测量的电信号的装置与元件。智能传感器是具有信息处理功能的传感器，集感知、信息处理与通信于一体；能提供以数字量化方式传播具有一定知识级别的信息；具有自诊断、自校正、自补偿等功能，目前传感技术向智能化、网络化、微型化、集成化发展。智能传感器作为网络化、智能化、系统化的自主感知器件，是实现农业物联网的基础。食用菌工厂化生产精准感知技术包括生产环境信息感知、基质信息感知、设备状态信息感知、食用菌生理状态信息感知以及市场信息采集。

第一节　生产环境信息感知

在食用菌生长过程中，对其生长环境进行实时监测可优化其生长条件并提高产量和质量，减少失败风险。主要的监测方向包括温度、湿度、CO_2浓度、O_2浓度和光照强度。通过安装相应的传感器和设备，可以实时监测这些因素，并及时调整环境条件以满足食用菌的需求。

一、空气温度信息感知

生产环境温度对食用菌的生长具有非常大的影响。过高或过低的温度都可能抑制菌丝的生长，甚至可能导致菌丝死亡。通过安装温度传感器，可以实时监测环境的温度，并及时调整空调或加热器的设置，以保持最佳的生长温度。除此之外，拌料、灭菌等环节也需要进行温度的监测，提供适宜的参数条件，保证食用菌生产的产量和质量。

温度传感器是指能感受温度并转换成可用输出信号的传感器。按测量方式可分为接触式和非接触式两大类，按照传感器材料及电子元件特性分为热电阻和热电偶两类。

1. 接触式

接触式温度传感器的检测部分与被测对象有良好的接触，又称温度计。通过传导或对流达到热平衡，从而使温度计的示值能直接表示被测对象的温度。

一般测量精度较高。在一定的测温范围内，温度计也可测量物体内部的温度分布。但对运动物体、小目标或热容量很小的对象则会产生较大的测量误差，常用的温度计有双金属温度计、玻璃液体温度计、压力式温度计、电阻温度计、热敏电阻和温差电偶等。它们广泛应用于工业、农业、商业等部门。在日常生活中人们也常使用这些温度计。

随着低温技术在国防工程、空间技术、冶金、电子、食品、医药和石油化工等部门的广泛应用和超导技术的研究，测量120K以下温度的低温温度计得到了发展，如低温气体温度计、蒸汽压温度计、声学温度计、顺磁盐温度计、量子温度计、低温热电阻和低温温差电偶等。低温温度计要求感温元件体积小、准确度高、复现性和稳定性好。利用多孔高硅氧玻璃渗碳烧结而成的渗碳玻璃热电阻就是低温温度计的一种感温元件，可用于测量1.6~300K范围内的温度。

2. 非接触式

感知温度的敏感元件与被测对象互不接触，又称非接触式测温仪表。这种仪表可用来测量运动物体、小目标和热容量小或温度变化迅速（瞬变）对象的表面温度，也可用于测量温度场的温度分布。

最常用的非接触式测温仪表基于黑体辐射的基本定律，称为辐射测温仪表。

辐射测温法包括亮度法（见光学高温计）、辐射法（见辐射高温计）和比色法（见比色温度计）。各类辐射测温方法只能测出对应的光度温度、辐射温度或比色温度。只有对黑体（吸收全部辐射并不反射光的物体）所测温度才是真实温度。如欲测定物体的真实温度，则必须进行材料表面发射率的修正。而材料表面发射率不仅取决于温度和波长，而且还与表面状态、涂膜和微观组织等有关，因此很难精确测量。在自动化生产中往往需要利用辐射测温法来测量或控制某些物体的表面温度，如冶金中的钢带轧制温度、轧辊温度、锻件温度和各种熔融金属在冶炼炉或坩埚中的温度。在这些具体情况下，物体表面发射率的测量是相当困难的。对于固体表面温度自动测量和控制，可以采用附加的反射镜使与被测表面一起组成黑体空腔。附加辐射的影响能提高被测表面的有效辐射和有效发射系数。有效发射系数公式如下：

$$\varepsilon_\sigma = \frac{\varepsilon}{1-(1-\varepsilon)\rho_m}$$

式中，ε为材料表面发射率；ρ_m为反射镜的反射率。

利用有效发射系数通过仪表对实测温度进行相应的修正，最终可得到被测表面的真实温度。最为典型的附加反射镜是半球反射镜。球中心附近被测表面的漫射辐射能受半球镜反射回到表面而形成附加辐射，从而提高有效发射系数。

至于气体和液体介质真实温度的辐射测量，则可以用插入耐热材料管至一定深度以形成黑体空腔的方法。通过计算求出与介质达到热平衡后的圆筒空腔的有效发射系数。在自动测量和控制中就可以用此值对所测腔底温度（即介质温度）进行修正而得到介质的真实温度。

非接触式测量，上限不受感温元件耐温程度的限制，因而对最高可测温度原则上没有限制。对于1 800℃以上的高温，主要采用非接触测温方法。随着红外技术的发展，辐射测温逐渐由可见光向红外线扩展，700℃以下直至常温都已采用，且分辨率很高。

3. 工作原理

（1）金属膨胀原理设计的传感器。金属在环境温度变化后会产生一个相应的延伸，因此传感器可以不同方式对这种反应进行信号转换。

（2）双金属片式传感器。双金属片由两片不同膨胀系数的金属贴在一起而组成，随着温度变化，材料A比另外一种金属膨胀程度要高，引起金属片弯曲。弯曲的曲率可以转换成一个输出信号。

（3）双金属杆和金属管传感器。随着温度升高，金属管（材料A）长度增加，而不膨胀钢杆（金属B）的长度并不增加，这样由于位置的改变，金属管的线性膨胀就可以进行传递。反过来，这种线性膨胀可以转换成一个输出信号。

（4）液体和气体的变形曲线设计的传感器。在温度变化时，液体和气体同样会相应产生体积的变化。

多种类型的结构可以把这种膨胀的变化转换成位置的变化，这样产生位置的变化输出（电位计、感应偏差、挡流板等）。

（5）热敏电阻传感器。金属随着温度变化，其电阻值也发生变化。对于不同金属来说，温度每变化1℃，电阻值变化是不同的，而电阻值又可以直接作为输出信号。

电阻共有以下两种变化类型：

正温度系数：温度升高时，阻值增加；温度降低时，阻值减少。

负温度系数：温度升高时，阻值减少；温度降低时，阻值增加。

热敏电阻是用半导体材料，大多为负温度系数，即阻值随温度增加而降低。

温度变化会造成大的阻值改变，因此它是最灵敏的温度传感器。但热敏电阻的线性度极差，并且与生产工艺有很大关系。制造商给不出标准化的热敏电阻曲线。

热敏电阻体积非常小，对温度变化的响应也快。但热敏电阻需要使用电流源，小尺寸也使它对自热误差极为敏感。

热敏电阻在两条线上测量的是绝对温度，有较好的精度，但它比热电偶贵，可测温度范围也小于热电偶。一种常用热敏电阻在25℃时的阻值为5kΩ，每1℃的温度改变造成200Ω的电阻变化。注意10Ω的引线电阻仅造成可忽略的0.05℃误差。它非常适合需要进行快速和灵敏温度测量的电流控制应用。尺寸小，对于有空间要求的应用是有利的，但必须注意防止自热误差。

热敏电阻还有其自身的测量技巧。热敏电阻体积小是优点，它能很快稳定，不会造成热负载。不过也因此很不结实，大电流会造成自热。由于热敏电阻是一种电阻性器件，任何电流源都会在其上因功率而造成发热。功率等于电流的平方与电阻的积。因此要使用小的电流源。如果热敏电阻暴露在高热中，将导致永久性的损坏。

（6）热电偶传感。热电偶由两个不同材料的金属线组成，在末端焊接在一起。再测出不加热部位的环境温度，就可以准确知道加热点的温度。由于它必须有两种不同材质的导体，所以称为热电偶。不同材质做出的热电偶使用于不同的温度范围，它们的灵敏度也各不相同。热电偶的灵敏度是指加热点温度变化1℃时，输出电位差的变化量。对于大多数金属材料支撑的热电偶而言，这个数值在5~40μV/℃。

由于热电偶温度传感器的灵敏度与材料的粗细无关，用非常细的材料也能够做成温度传感器。也由于制作热电偶的金属材料具有很好的延展性，这种细微的测温元件有极高的响应速度，可以测量快速变化的过程。

热电偶主要好处是宽温度范围和适应各种大气环境，而且结实、价低、无须供电，也是最便宜的。热电偶由在一端连接的两条不同金属线（金属A和金属B）构成，当热电偶一端受热时，热电偶电路中就有电势差。可用测量的电势差来计算温度。但是，电压和温度间是非线性关系，需要为参考温度作第二次测量，并利用测试设备软件或硬件在仪器内部处理电压-温度变换，以最终获得热偶温度。

4. 数字式温度传感器

数字式温度传感器就是能把温度物理量通过温敏感元件和相应电路转换成方便计算机、PLC（可编程逻辑控制器）、智能仪表等数据采集设备直接读取得数字量的传感器。

开始供电时，数字温度传感器处于能量关闭状态，供电之后用户通过改变寄存器分辨率使其处于连续转换温度模式或者单一转换模式。在连续转换模式下，数字温度传感器连续转换温度并将结果存于温度寄存器中，读温度寄存器中的内容不影响其温度转换；在单一转换模式，数字温度传感器执行一次温度转换，结果存于温度寄存器中，然后回到关闭模式，这种转换模式适用于对温度敏感的应用场合。在应用中，用户可以通过程序设置分辨率寄存器来实现不同的温度分辨率，其分辨率有8位、9位、10位、11位或12位5种，对应温度分辨率分别为1.0℃、0.5℃、0.25℃、0.125℃或0.062 5℃，温度转换结果的默认分辨率为9位。

二、空气湿度信息感知

湿度也是食用菌生长的关键因素之一。过高的湿度可能导致菌丝过度繁殖，而过低的湿度则可能导致菌丝失水过多而死亡。通过安装湿度传感器，可以实时监测环境的湿度，并及时调整加湿器或除湿器的设置，以保持最佳的湿度水平。

湿度传感器主要用来测量空气湿度，感应部件采用湿敏元件。湿敏元件主要有电阻式、电容式两大类。

1. 湿敏电阻

湿敏电阻的特点是在基片上覆盖一层用感湿材料制成的膜，当空气中的水蒸气吸附在感湿膜上时，元件的电阻率和电阻值都发生变化，利用这一特性即可测量湿度。湿敏电阻的种类很多，如金属氧化性湿敏电阻、硅湿敏电阻、陶瓷湿敏电阻等。湿敏电阻的优点是灵敏度高，主要缺点是线性度和产品的互换性差。

2. 湿敏电容

湿敏电容一般是用高分子薄膜电容制成的，常用的高分子材料有聚苯乙烯、聚酰亚胺、醋酸纤维等。当环境湿度发生改变时，湿敏电容的介电常数发生变化，使其电容量也发生变化，其电容变化量与相对湿度成正比。湿敏电容的主要优点是灵敏度高、产品互换性好、响应速度快、湿度的滞后量小、便于制造、容易实现小型化和集成化，其精度一般比湿敏电阻要低一些。

除电阻式、电容式湿敏元件之外，还有电解质离子型湿敏元件、重量型湿敏元件（利用感湿膜重量的变化来改变振荡频率）、光强型湿敏元件、声表面波湿敏元件等。湿敏元件的线性度及抗污染性差，在检测环境湿度时，湿敏元件要长期暴露在待测环境中，很容易被污染而影响其测量精度及长期稳定性。

3. 工作原理

常见的空气湿度传感器有氯化锂湿度传感器、碳湿敏元件、氧化铝湿度计、陶瓷湿度传感器等。

（1）氯化锂湿度传感器。

①电阻式氯化锂湿度计。第一个基于电阻-湿度特性原理的氯化锂电湿敏元件是美国标准局研制出来的。这种元件具有较高的精度、结构简单、价廉、适用于常温常湿的测控等一系列优点。

氯化锂元件的测量范围与湿敏层的氯化锂浓度及其他成分有关。单个元件的有效感湿范围一般在相对湿度20%以内。例如，0.05%的浓度对应的感湿范围为相对湿度80%~100%，0.2%的浓度对应范围是相对湿度60%~80%等。由此可见，要测量较宽的湿度范围时，必须把不同浓度的元件组合在一起使用。可用于全量程测量的湿度计组合的元件数一般为5个，采用元件组合法的氯化锂湿度计可测范围通常为相对湿度15%~100%，国外有些产品声称其测量范围可达相对湿度2%~100%。

②露点式氯化锂湿度计。露点式氯化锂湿度计是由美国的Forboro公司首先研制出来的，其后我国和许多国家都做了大量的研究工作。这种湿度计和上述电阻式氯化锂湿度计

形式相似，但工作原理却完全不同。简而言之，它是利用氯化锂饱和水溶液的饱和水汽压随温度变化而进行工作的。

（2）碳湿敏元件。碳湿敏元件是美国的 E. K. Carver 和 C. W. Breasefield 于 1942 年首先提出来的，与常用的毛发、肠衣和氯化锂等探空元件相比，碳湿敏元件具有响应速度快、重复性好、无冲蚀效应和滞后环窄等优点，因此令人瞩目。我国气象部门于 20 世纪 70 年代初开展碳湿敏元件的研制，并取得了积极的成果，其测量不确定度不超过 ±5%RH（相对湿度），时间常数在正温时为 2~3s，滞差一般在 7% 左右，比阻稳定性亦较好。

（3）氧化铝湿度计。氧化铝传感器的突出优点是，体积可以非常小（例如用于探空仪的湿敏元件仅 90μm 厚、12mg 重），灵敏度高（测量下限达 -110℃ 露点），响应速度快（一般在 0.3~3s），测量信号直接以电参量的形式输出，大大简化了数据处理程序等。另外，它还适用于测量液体中的水分。如上特点正是工业和气象中的某些测量领域所需要的。因此它被认为是进行高空大气探测可供选择的几种合乎要求的传感器之一。

（4）陶瓷湿度传感器。在湿度测量领域中，对于低湿和高湿及其在低温和高温条件下的测量，到目前为止仍然是一个薄弱环节，而其中又以高温条件下的湿度测量技术最为落后。以往，通风干湿球湿度计几乎是在这个温度条件下可以使用的唯一方法，而该法在实际使用中亦存在种种问题，无法令人满意。此外，科学技术的进展，要求在高温下测量湿度的场合越来越多，例如水泥、金属冶炼、食品加工等涉及工艺条件和质量控制的许多工业过程的湿度测量与控制。因此，自 20 世纪 60 年代起，许多国家开始竞相研制适用于高温条件下进行测量的湿度传感器。考虑传感器的使用条件，人们很自然地把探索方向着眼于既具有吸水性又能耐高温的某些无机物上。实践证明，陶瓷元件不仅具有湿敏特性，而且还可以作为感温元件和气敏元件。这些特性使它极有可能成为一种有发展前途的多功能传感器。

三、二氧化碳浓度信息感知

食用菌在生长过程中会释放出大量的二氧化碳。过高的二氧化碳浓度可能抑制菌丝的生长，而过低的二氧化碳浓度则可能导致菌丝缺乏营养。通过安装二氧化碳浓度传感器，可以实时监测环境中的二氧化碳浓度，并调整通风系统的设置，以保持适当的二氧化碳水平。

二氧化碳传感器是一种气体检测仪器，主要用于测量空气中二氧化碳的含量，当二氧化碳的含量过多或是过少时，二氧化碳传感器就会发出警报，人们根据它的提示就会及时采取相应措施来调整空气质量，满足生产生活要求。根据测量原理不同，CO_2 可以分为以下几种类型。

1. 热导式二氧化碳传感器

热导式气体传感器，是基于不同气体在相同条件下具有不同热传导率原理制成的气体传感器。在一定条件下，被测气体浓度或组分的变化导致气体传感器工作环境热传导率发生变化，从而引起传感器表面温度的变化，进一步导致传感器感温元件电阻的变化，通过测量传感器感温电阻的变化实现对气体浓度的检测。这种传感器一般受环境温度影响比较大，只能气体做等级量程区分。

热导式二氧化碳传感器是一种利用二氧化碳气体的热导率进行测量的设备，当两个和多个气体的热导率差别较大时，可以利用热导元件，分辨其中一个组分的含量，当然，这种设备不仅在测量二氧化碳气体浓度方面，在测量氢气以及某些稀有气体方面也可以使用，不过由于某些特定原因（如技术封锁等），这种设备在国内的煤矿中也不多见。

2. 催化剂二氧化碳传感器

催化剂二氧化碳传感器是一种以催化剂作为基本元件的二氧化碳传感器。它利用在特定型号的电阻表面的催化剂涂层，在一定的温度下，可燃性气体在其表面催化燃烧来作为二氧化碳传感器的测量原理，所以人们将这种二氧化碳传感器也称为热燃烧式传感器。

3. 半导体二氧化碳传感器

半导体二氧化碳传感器是一种早期的气体测量仪器，它通过一些比较原始的结构，利用金属氧化物半导体材料，与特定的气体环境中的一定温度下发生的电阻或者电流波动在一定的温度下产生的电流波动的原理进行测量的，有着这种设备极易受到温度的变化的影响，所以目前已经被业界淘汰。

4. 固体电解质二氧化碳传感器

固体电解质式 CO_2 传感器有较长的发展史，它是利用固体电解质气敏元件作为敏感元件的气体传感器，利用电极反应的总反应式计算 CO_2 含量，在不断的发展过程中，主要通过改变电解质来提高传感器性能。初期，用 K_2CO_3 作为固体电解质，设计了一种电位型 CO_2 气体传感器，但是由于 K_2CO_3 易受与之共存的水蒸气的影响，难以使用。随后，用稳定性较好的锆酸盐 ZrO_2-MgO 设计了一种 CO_2 气体敏感传感器，现在有人采用聚丙烯腈（PAN）、二甲亚砜（DMSO）和高氯酸四丁基铵（TBAP）制备一种新型的固体聚合物电解质。当配比合适时，有高达 $10^{-4}S/cm$ 的温室离子电导率和好的空间网状多孔结构，尤其在金微电极上成膜构成的全固态电化学体系，在常温下对 CO_2 气体有良好的电流响应特性，消除了传统电化学传感器因电解液渗漏或干涸带来的弊端，同时具有体积小，使用方便的优点，但是使用时间较短，且预热时间长达几个小时，不能及时测量，不适合新型农业检测使用。

5. 电化学二氧化碳传感器

电化学二氧化碳传感器，其实可以算作是催化剂传感器的一个分支，二氧化碳传感器利用一些气体的电化学活性原理，让二氧化碳气体和传感器的感应部件的这些反应，可以分辨二氧化碳在大气中的相关参数，当然这种传感器目前比较常见。

6. 红外二氧化碳传感器

（1）吸收原理分析。气体的吸收光谱会随物质的不同而存在差异，不同气体分子的化学结构不同，就导致了对不同波长的红外辐射的吸收程度不同，即：不同的物体对应不同的吸收光谱，而每种气体在其光谱中，对特定波长的光有较强的吸收。当不同波长的红外辐射依次照射到样品物质时，某些波长的辐射能被样品物质选择吸收而变弱，产生红外吸收光谱，故当知道某种物质的红外吸收光谱时，便能从中获得该物质在红外区的吸收峰。同一种物质不同浓度时，在同一吸收峰位置会有不同的吸收强度，吸收强度与浓度成正比关系，通过检测气体对光的波长和强度的影响，便可以确定气体的浓度。

图 2-1 是 CO_2 气体在 4.26μm 处的红外吸收光谱。由图 2-1 中可以看出，中心波长为 4.26μm 的波段的吸收最强，衰减最为剧烈，故选择此波段的吸收谱线作为检测依据。

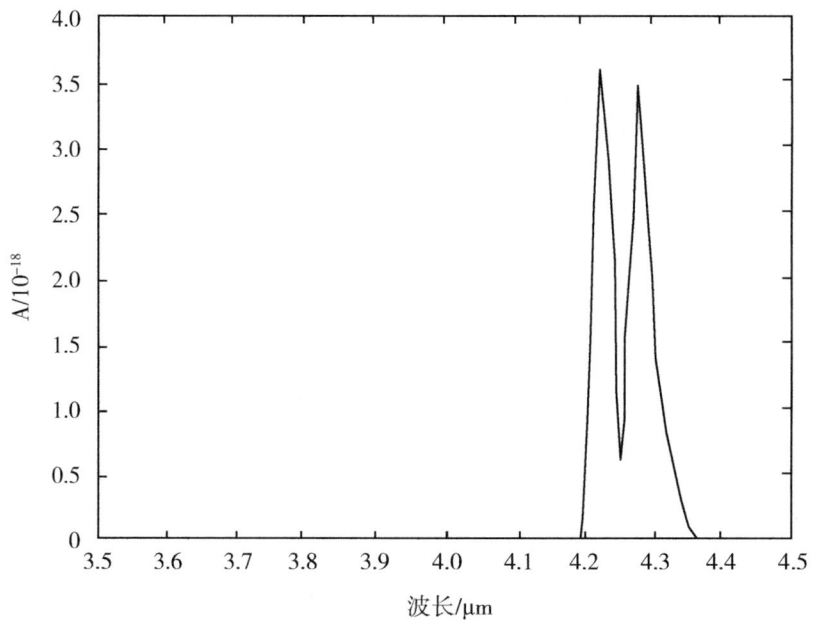

图 2-1　CO_2 的红外吸收光谱

（2）CO_2 气体的吸收原理。根据 Beer-Lambert 定律，当红外光源发射的红外光通过 CO_2 气体时，CO_2 气体会对相应波长的红外光进行吸收。当一束光强为 I_0（cd）的单色平行光射向 CO_2 气体和空气的混合气室时，由于气室中的样品具有吸收线和吸收带，光会被混合气体吸收一部分，光通过气体后光强会发生衰减，如图 2-2 所示。根据 Beer-Lambert 定理，气室出射光的强度为：

$$I = I_0 e^{-KCL} \tag{2-1}$$

式中，I 为吸收后的光强；I_0 为吸收前的光强；K 是反映吸收气体分子特性的系数，它与气体的种类、光谱波长、压力、温度等许多因素有关；C 为待测气体浓度；L 为气室的长度，即光与气体的作用长度。

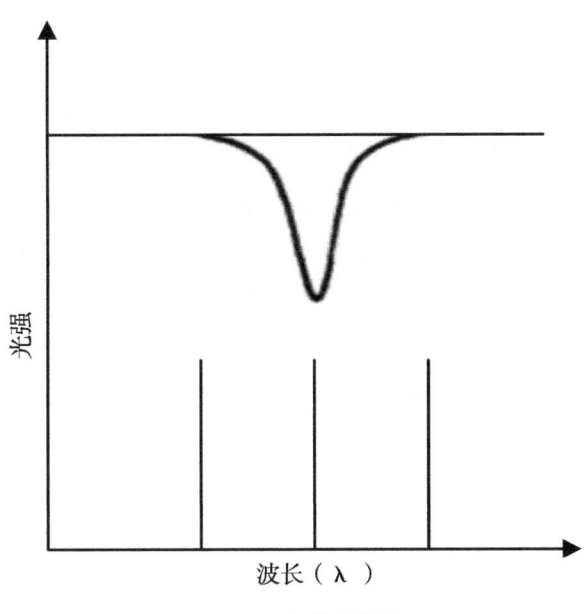

图 2-2　光谱吸收图

对式（2-1）进行变换，得：

$$C = 1/KL \ln(I_0/I) \tag{2-2}$$

对于确定的待测 CO_2 气体和系统结构，K 是一个确定的常量，只要测出 I_0 和 I 的比值，就可以得知 CO_2 气体的浓度 C。

（3）红外二氧化碳传感器。基于以上原理，利用非色散红外（NDIR）原理对空气中存在的 CO_2 进行探测，红外二氧化碳传感器一般由红外辐射源，测量气室，波长选择装置（滤光片），红外探测装置等组成。如果气体的吸收光谱在入射光谱范围内，那么红外辐射透过被测气体后，在相应波长处会发生能量的衰减，未被吸收的辐射被探头测出，通过测量该谱线能量的衰减量来得知被测气体浓度。红外二氧化碳传感器具有很好的选择性和无氧气依赖性，寿命长。内置温度补偿；同时具有数字输出与模拟电压输出，方便使用。红外二氧化碳传感器是将成熟的红外吸收气体检测技术与精密光路设计、精良电路设计紧密结合而制作出的高性能。红外线气体检测仪的优点是测量范围宽、选择性好、防爆性好、设计简便、价格低廉。基于红外吸收原理的 CO_2 传感器具有的独特优势，所以，研制和开发基于红外光谱吸收的 CO_2 分析仪对提高我国 CO_2 气体测量监控水平有着重要的作用。常见的有光电导型和热释电型。

①光电导型红外探测器。光电导型探测器是基于光电导效应工作的。光电导效应是指，半导体吸收光子，在光子的作用下电子发生跃迁，从而改变电导率。如果入射光子的

能量足够大，使电子从某些半导体表面释放出来而产生电信号，那么这种现象就是外光电效应。当入射光子只能使半导体内部产生自由电子或自由空穴，或者两者出现某种电信号，称为内光电效应。光电导探测器的主要是利用内光电效应的原理工作。当红光照射到半导体上时，半导体吸收光子能量使其电子的状态发生变化，改变电导率，即：电阻值发生变化，从而产生电信号。由于光电导探测器对波长有一定的选择性，且它是基于光电效应，所以光电导探测器的响应比较快，时间常数很小，一般在 ms 级甚至 μs 级之间。

②热释电型红外探测器。热释电型红外探测器是根据热释电效应设计的。所谓热释电效应，就是指当红外光照射到物体上时，物体表面温度的快速变化使晶体自发极化强度发生改变，表面的电荷也随着发生变化。热释电型探测器具有不需制冷（超导除外）、易于使用、易于维护、可靠性好等特点；光谱响应与波长无光，为无选择性探测器；制备工艺相对简单，成本较低。红外热释电探测器的主要优点是相应波段宽，可以在室温下工作，使用方便。

四、氧气浓度信息感知

食用菌生长过程中需要充足的氧气供应，这就如同人类需要清新的空气以维持健康的呼吸。因此，需要密切监测空气流通状况，确保菌床或培养基中的氧气含量充足。

氧气浓度传感器的测量原理主要包括电化学原理和超声波技术。

1. 电化学氧气传感器

电化学氧气传感器的工作原理基于电化学原理。电化学氧气传感器通过外壳的气窗使氧气进入气室，电化学传感器与氧气发生扩散反应，生成与被测气体浓度成正比的电信号。核心元件是多孔的 ZrO_2 陶瓷管，它是一种固态电解质，两侧分别烧结上多孔铂（Pt）电极。在一定温度下，由于两侧氧浓度不同，高浓度侧的氧分子被吸附在铂电极上与电子结合形成氧离子，通过电解质迁移到低氧浓度侧，产生电势差。这一过程利用了 Nernst 原理，通过测量电动势的变化来计算氧浓度。

2. 超声波氧气传感器

超声波氧气传感器则利用超声波技术进行测量。传感器发射超声波并检测其传播时间或频率的变化，从而计算出气体中的氧气浓度。这种方法优于电化学传感器，因为它不需要化学反应，减少了维护和更换传感元件的需求。

五、光照信息感知

对于某些食用菌来说，光照是必需的生长因素。通过安装光照传感器，可以实时监测环境的光照强度和光周期，并及时调整照明设备的设置，以满足食用菌对光照的需求。

光照传感器是一种传感器，用于检测光照强度，简称照度，工作原理是将光照强度值转为电压值，主要用于农业林业温室大棚培育等。根据检测光照强度方式的不同主要分为对射式光电传感器、漫反射式光电传感器、反射式光电传感器、槽形光电传感器、光纤式光电传感器。

1. 光照强度检测原理

根据爱因斯坦的光子假说：光是一粒一粒运动着的粒子流，这些光粒子称为光子。每一个光子具有一定的能量，其大小等于普朗克常数 h 乘以光的频率 γ。所以，不同频率的光子具有不同的能量。光的频率越高，其光子能量就越大。

光线照射在某些物体上，使电子从这些物体表面逸出的现象称为外光电效应，也称光电发射。逸出来的电子称为光电子。光电效应一般分为外光电效应、光电导效应和光伏效应三类，根据这些效应可制成不同的光电转换器件（称为光敏元件）。照度传感器是以光伏特效应来工作的。

在光照下，若入射光子的能量大于禁带宽度，半导体 PN 结附近被束缚的价电子吸收光子能量，受激发跃迁至导带形成自由电子，而价带则相应地形成自由空穴。这些电子一空穴对，在内电场的作用下，空穴移向 P 区，电子移向 N 区，使 P 区带正电，N 区带负电，于是在 P 区与 N 区之间产生电压，称为光生电动势，这就是光伏效应。利用光伏效应制成的敏感元件有光电池、光敏二极管和光敏三极管等，其应用极为广泛。

利用光敏二极管的光伏效应可以制作照度传感器。光敏二极管的结构与一般二极管相似，装在透明玻璃外壳中，它的 PN 结装在管顶，可直接受到光照射，光敏二极管在电路中一般是处于反向工作状态。光敏二极管在电路中处于反向偏置，在没有光照射时，反向电阻很大，反向电流很小，此反向电流称为暗电流。反向电流小的原因是在 PN 结中，P 型中的电子和 N 型中的空穴（少数载流子）很少。当光照射在 PN 结上，光子打在 PN 结附近，使 PN 结附近产生光生电子和光生空穴对，使少数载流子的浓度大大增加，因此通过 PN 结的反向电流也随着增加。如果入射光照度变化，光生电子—空穴对的浓度也相应变动，通过外电路的光电流强度也随之变动，可见光敏二极管能将光信号转换为电信号输出。

2. 光照强度传感器类型

（1）对射式光电传感器。对射式传感器是指组成传感器的发射器和接受器是分开放置的，发射器发射红外光后，会经过一定距离的传输后才能到达接受器的位置处，并且与接受器形成一个通路，当我们需要检测的物体通过对射式光电传感器时，光路就会被检测物体所阻挡，这时接受器就会及时地反应并输出一个开关控制信号，在粉尘污染比较严重的环境中或是野外的环境中都可以应用对射式光电传感器。

（2）漫反射式光电传感器。这种传感器的检测头内部也是装有发射器和接受器的，但是并没有反光板的，一般情况下，接受器是无法接收到发射器所发出的光的，但是当需要我们检测的物体通过光电传感器时，物体会将光线反射回去，接受器接收到光信号，输出一个开关控制信号，漫反射式光电传感器大多应用在自动冲水系统中。

（3）反射式光电传感器。在一个接头装置的内部同时装有发射器、接受器以及反光板。发射器所发出的光电在反射原理的作用下会反射给接受器，这种光电控制的作用也就是所谓的反光板反射式的光电开关。通常情况下，反光板会将发射器所发射的光反射回去的，接受器可以接收到，当检测的物体挡住了光路，接受器就接收不到反射光，这时开关就会产生作用，输出开关信号。

（4）槽形光电传感器。其通常也被叫作 U 型光电开关，在 U 型槽的两侧分别装有发射器和接受器，并且两者形成一个统一的光轴。当我们所检测的物体通过 U 型槽时，光轴就会被隔断，这时光电开关就会产生反应，输出开关信号。槽形光电开关的稳定性和安全性都很高，所以一般用于透明物体、半透明物体以及高速变化物体的检测工作中。

（5）光纤式光电传感器。这种光电传感器的工作原理就是将光源处的光用光纤接到检测点的位置处，调制区内部的光会与待测的物体相互作用，从而改变光的光学性质，之后光接受器就会接收到检测点位置处的光信号，也就形成了光纤式光电开关。

第二节　食用菌基质信息感知

在食用菌生产过程中，比如拌料，在添加干燥拌料的同时可以添加水，并掌控好石灰粉和杀虫剂明矾水等添加剂的配比，使拌料罐中的混合料保持适宜的温度、湿度和合理的 pH 值，也需要及时监测混合料的温度、湿度和 pH 值，以保证基料的适宜参数，为食用菌生长提供必不可少的条件，提高食用菌的产量和质量。

一、基质温度感知

基质温度传感器是可以监测基质的温度。输出信号分为电阻信号、电压信号、电流信号。使用时一般埋于基质表层，也可分层测量。可以在选好的测试点进行挖掘一个理想深度的洞，将传感器埋进去。

根据传感器温度检测部分的不同常分为热电偶传感器、热敏电阻传感器、模拟温度传感器、数字式温度传感器四类。

1. 基质温度感知类型

（1）热电偶传感器。两种不同导体或半导体的组合称为热电偶。热电势 EAB（T, T_0）是由接触电势和温差电势合成的，接触电势是指两种不同的导体或半导体在接触处产生的电势，此电势与两种导体或半导体的性质及在接触点的温度有关，当有两种不同的导体和半导体 A 和 B 组成一个回路，其相互连接时，只要两结点处的温度不同，一端温度为 T，称为工作端，另一端温度为 T_0，称为自由端，则回路中就有电流产生，即回路中存在的电动势称为热电动势，这种由于温度不同而产生电动势的现象称为塞贝克效应。

（2）热敏电阻传感器。热敏电阻是敏感元件的一类，热敏电阻的电阻值会随着温度的变化而改变，与一般的固定电阻不同，属于可变电阻的一类，广泛应用于各种电子元器件中，不同于电阻温度计使用纯金属，在热敏电阻器中使用的材料通常是陶瓷或聚合物，正温度系数热敏电阻器在温度越高时电阻值越大，负温度系数热敏电阻器在温度越高时电阻值越低，它们同属于半导体器件，热敏电阻通常在有限的温度范围内实现较高的精度，通常是-90~130℃。

（3）模拟温度传感器。HTG3515CH 是一款电压输出型温度传感器，输出电流 1~3.6V，精度为±3%（相对湿度），0%~100%相对湿度范围，工作温度范围-40~110℃，5s 响应时间，0%±1%（相对湿度）迟滞，是一个带温湿度一体输出接口的模块，专门为 OEM（定点生产）客户设计应用在一个需要可靠、精密测量的地方。其带有微型控制芯片，湿度为线性电压输出，带 10Kohm NTC 温度输出，HTG3515CH 可用于大批量生产和要求测量精度较高的地方。

（4）数字式温度传感器。它采用硅工艺生产的数字式温度传感器，其采用 PTAT 结构，这种半导体结构具有精确的、与温度相关的良好输出特性，PTAT 的输出通过占空比比较器调制成数字信号，占空比与温度的关系如下式：

$$C = 0.32 + 0.004\ 7 \times t\ (t\text{ 为摄氏度}) \tag{2-3}$$

输出数字信号与微处理器 MCU 兼容，通过处理器的高频采样可算出输出电压方波信号的占空比，即可得到温度。该款温度传感器因其特殊工艺，分辨率优于 0.005K。测量温度范围-45~130℃，故被广泛用于高精度场合。

2. 工作原理

（1）热电偶传感器。热电偶是一种感温元件，是一次仪表，它直接测量温度，并把温度信号转换成热电动势信号，再通过电气仪表（二次仪表）转换成被测介质的温度。热电偶测温的基本原理是两种不同成分的材质导体组成闭合回路，当两端存在温度梯度时，回路中就会有电流通过，此时两端之间就存在电动势——热电动势，这就是所谓的塞贝克效应。

两种不同成分的均质导体为热电极，温度较高的一端为工作端，温度较低的一端为自由端，自由端通常处于某个恒定的温度下。根据热电动势与温度的函数关系，制成热电偶分度表；分度表是自由端温度在 0℃时的条件下得到的，不同的热电偶具有不同的分度表。

在热电偶回路中接入第三种金属材料时，只要该材料两个接点的温度相同，热电偶所产生的热电势将保持不变，即不受第三种金属接入回路中的影响。因此，在热电偶测温时，可接入测量仪表，测得热电动势后，即可知道被测介质的温度。热电偶将两种不同材料的导体或半导体 A 和 B 焊接起来，构成一个闭合回路。

当导体 A 和 B 的两个接触点 1 和 2 之间存在温差时，两者之间会产生电动势，进而在回路中形成一定大小的电流，这种现象称为热电效应。热电偶就是利用这一效应来工作的。

两种不同成分的导体（称为热电偶丝材或热电极）两端接合成回路，当两个接合点的温度不同时，在回路中就会产生电动势，这种现象称为热电效应，而这种电动势称为热电势。热电偶就是利用这种原理进行温度测量的，其中，直接用作测量介质温度的一端叫作工作端（也称为测量端），另一端叫作冷端（也称为补偿端）；冷端与显示仪表或配套仪表连接，显示仪表会指出热电偶所产生的热电势。

（2）热敏电阻传感器。热敏电阻测温原理与热电偶的测温原理不同的是，热电阻是基于电阻的热效应进行温度测量的，即电阻体的阻值随温度的变化而变化的特性。因此，只要测量出感温热电阻的阻值变化，就可以测量出温度。目前主要有金属热电阻和半导体热敏电阻两类。金属热电阻的电阻值和温度一般可以用以下的近似关系式表示，即 $R_t = R_{t0}[1+\alpha(t-t_0)]$，式中，$R_t$ 为温度 t 时的阻值；R_{t0} 为温度 t_0（通常 $t_0 = 0℃$）时对应电阻值；α 为温度系数。半导体热敏电阻的阻值和温度关系为 $R_t = A_e B/t$，式中，R_t 为温度为 t 时的阻值；A、B 取决于半导体材料的结构的常数。相比较而言，热敏电阻的温度系数更大，常温下的电阻值更高（通常在数千欧），但互换性较差，非线性严重，测温范围只有 $-50 \sim 300℃$，大量用于家电和汽车用温度检测和控制。金属热电阻一般适用于 $-200 \sim 500℃$ 范围内的温度测量，其特点是测量准确、稳定性好、性能可靠，在程控中的应用极其广泛。

任何电阻都会随温度升高阻值增大，热敏电阻变化更明显，但和温度的变化不是线性关系，是曲线。一般取近似直线的一段。如果要求精度更高，可采用软件补偿。实际电路一般都是测量热电阻电压，阻值变化，电压也会变化，再通过 AD 转换成数字信号。

二、基质水分感知

基质湿度传感器又称基质水分传感器或基质含水量传感器。要用来测量基质容积含水量。目前常用到的基质湿度传感器有 FDR 型和 TDR 型，即频域型和时域型。

1. 基质水分感知类型

（1）FDR 型（频域型）。FDR（Frequency Domain Reflectometry）频域反射仪是一种用于测量基质水分的仪器，它利用电磁脉冲原理、根据电磁波在介质中传播频率来测量基质的表观介电常数（ε），从而得到基质容积含水量（θv），FDR 具有简便安全、快速准确、定点连续、自动化、宽量程、少标定等优点，是一种值得推荐的基质水分测定仪器。

（2）TDR 型（时域型）。TDR（Time-Domain Reflectometry）时域反射仪法是指通过

测定基质的介电常数，进而计算基质含水量的方法，简写为 TDR 法。由于基质中水的介电常数远大于基质中的固体颗粒和空气的介电常数，随基质水分含量升高，介电常数值增大，而电磁波在介质中传播的速度与介电常数的平方根成反比，沿波导棒的电磁波传播时间也随之延长。通过测定基质中高频电磁脉冲沿波导棒的传播速度，就可以确定基质含水量。

此方法获得的含水量是整个探针长度范围内的平均值，所以同一基质体中埋置方式不同可能会得到不同的结果。因此，在使用 TDR 时，应根据试验要求选择适宜的探针埋置方式。此法测定基质表层的含水量比中子仪精度高，且有快速、准确、安全无辐射、便于自动控制等特点。适于原位连续测量，且测量范围广；既可做成便携式仪器进行田间实时测量，又可通过导线与计算机相连，进行远距离多点自动监测。但此法不适宜于盐碱基质进行水分测量。

(3) 按照电信号输出类型进行区分基本为电压输出型号和电流输出型号两种。

①电压输出型号。通常采用 0.1~10V 输出，采用两到三线数据线路作为输出方式。

②电流输出型号。电流输出型号是比较常见的简单方式，这种方式大多采用两线制输出方式。

2. 工作原理

按照其测量的原理，一般可分为电容型、电阻型、离子敏型、光强型、声表面波型等。

(1) 电容型基质湿度传感器。电容型基质湿度传感器的敏感元件为湿敏电容，主要材料一般为金属氧化物、高分子聚合物。这些材料对水分子有较强的吸附能力，吸附水分的多少随环境湿度的变化而变化。由于水分子有较大的电偶极矩，吸水后材料的电容率发生变化，电容器的电容值也就发生变化。把电容值的变化转变为电信号，就可以对湿度进行监测。湿敏电容一般是用高分子薄膜电容制成的，当环境湿度发生改变时，湿敏电容的介电常数发生变化，使其电容量也发生变化，其电容变化量与相对湿度成正比，利用这一特性即可测量湿度。常用的电容型基质湿度传感器的感湿介质主要有：多孔硅、聚酰亚胺，此外还有聚砜（PSF）、聚苯乙烯（PS）、PMMA（线性、交联、等离子聚合）。

为获得良好的感湿性能，希望电容型基质湿度传感器的两级越接近、作用面积和感湿介质的介电常数变化越大越好，所以通常采用三明治型结构的电容基质湿度传感器。它的优势在于可以使电容型基质湿度传感器的两级较接近，从而提高电容型基质湿度传感器的灵敏度。

图 2-3 为常见的电容型基质湿度传感器的结构示意图。交叉指状的铝条构成了电容器的两个电极，每个电极有若干铝条，每条铝条长 400μm，宽 8μm，铝条间有一定的间距。铝条及铝条间的空隙都暴露在空气中，这使得空气充当电容器的电介质。由于空气的介电常数随空气相对湿度的变化而变化，电容器的电容值随之变化，因而该电容器可用作湿度

传感器。多晶硅的作用是制造加热电阻，该电阻工作时可以利用热效应排除沾在湿度传感器表面的可挥发性物质。

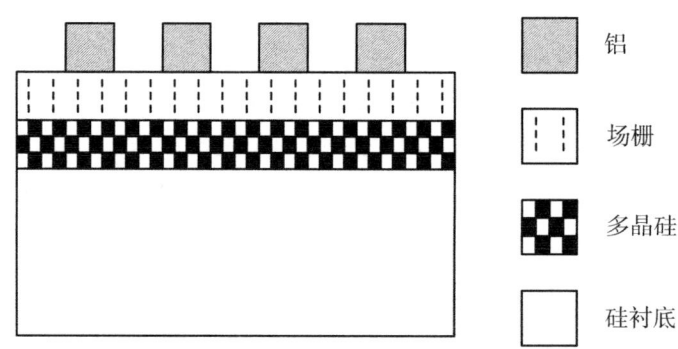

图 2-3　电容型基质湿度传感器结构示意图

电容型基质湿度传感器在测量过程中，就相当于一个微小电容，对于电容的测量，主要涉及两个参数，即电容值 C 和品质参数 Q。基质湿度传感器并不是一个纯电容，它的等效形式如图 2-4 虚线部分所示，相当于一个电容和一个电阻的并联。

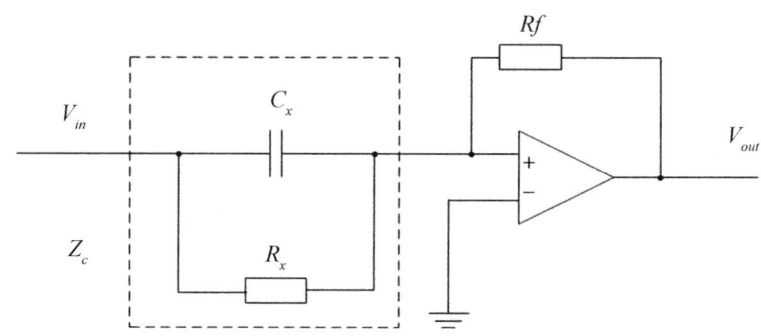

图 2-4　电容型基质湿度传感器 Z_c 的等效形式及测量微分电路图

（2）电阻型基质湿度传感器。电阻型基质湿度传感器的敏感元件为湿敏电阻，其主要的材料一般为电介质、半导体、多孔陶瓷等。这些材料对水的吸附较强，吸附水分后电阻率/电导率会随湿度的变化而变化，这样湿度的变化可导致湿敏电阻阻值的变化，电阻值的变化就可以转化为需要的电信号。例如，氯化锂的水溶液在基板上形成薄膜，随着空气中水蒸气含量的增减，薄膜吸湿脱湿，溶液中的盐的浓度减小、增大，电阻率随之增大、减小，两级间电阻也就增大、减小。又如多孔陶瓷湿敏电阻，陶瓷本身是由许多小晶颗粒构成的，其中的气孔多与外界相通，通过毛孔可以吸附水分子，引起离子浓度的变化，从而导致两极间的电阻变化。

湿敏电阻的特点是在基片上覆盖一层用感湿材料制成的膜，当空气中的水蒸气吸附在感湿膜上时，元件的电阻率和电阻值发生变化，利用这一特性即可测量湿度。

电阻型基质湿度传感器可分为两类：电子导电型和离子导电型。电子导电型基质湿度传感器也称为"浓缩型基质湿度传感器"，它通过将导电体粉末分散于膨胀性吸湿高分子中制成湿敏膜。随湿度变化，膜发生膨胀或收缩，从而使导电粉末间距变化，电阻随之改变。但是这类传感器长期稳定性差，且难以实现规模化生产，所以应用较少。离子导电型基质湿度传感器，它是高分子湿敏膜吸湿后，在水分子作用下，离子相互作用减弱，迁移率增加，同时吸附的水分子电离使离子载体增多，膜电导随湿度增加而增加，由电导的变化可测知环境湿度，这类传感器应用较多。在电阻型基质湿度传感器中通过使用小尺寸传感器和高阻值的电阻薄膜，可以改善电流的静态损耗。

电阻型基质湿度传感器结构模型示意图如图 2-5 所示。金属层 1 作为连续的电极，它与另一个电极是隔开的。活性物质被淀积在薄膜上，用来作为两个电极之间的连接，并且这个连接是通过感湿传感层的，湿敏薄膜则直接暴露在空气中，在金属层 2 上挖去一定的区域直到金属层 1，用这些区域作为传感区。金属层和金属层 2 只是作为电极，它们之间是没有直接接触的。整个传感器是由许多这样的小单元组成的。根据传感器所需的电阻值的不同，小单元的数目是可以调节的。因为两个电极之间的连接只能在每个小单元中确定，所以整个传感器的构造可以看成是一系列的平行电阻。

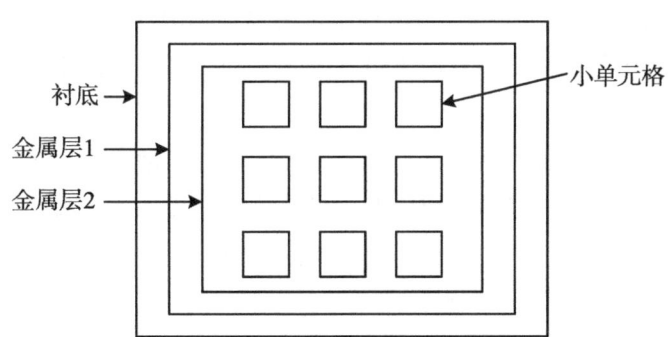

图 2-5 电阻型基质湿度传感器结构模型示意图

（3）离子型基质湿度传感器。离子敏场效应晶体管（ISFET）属于半导体生物传感器，是 20 世纪 70 年代由 P. Bergeld 发明的。ISFET 通过栅极上不同敏感薄膜材料直接与被测溶液中离子缓冲溶液接触，进而可以测出溶液中的离子浓度。

离子敏感器件由离子选择膜（敏感膜）和转换器两部分组成，敏感膜用以识别离子的种类和浓度，转换器则将敏感膜感知的信息转换为电信号。离子敏场效应管在绝缘栅上制作一层敏感膜，不同的敏感膜所检测的离子种类也不同，从而具有离子选择性。

离子敏场效应管（ISFET）兼有电化学与 MOSFET 的双重特性，与传统的离子选择性电极（ISE）相比，ISFET 具有体积小、灵敏、响应快、无标记、检测方便、容易集成化与批量生产的特点。但是，离子敏场效应管（ISFET）与普通的 MOSFET 相似，只是将 MOSFET 栅极的多晶硅层移去，用湿敏材料所代替。当湿度发生变化时，栅极的两个金属电极之间的电势会发生变化，栅极上湿敏材料的介电常数的变化将会影响通过非导电物质的电荷流。

三、基质电导率感知

基质中的总盐量是表示基质中所含盐类的总含量。由于基质浸出液中各种盐类一般均以离子的形式存在，所以总盐量也可以表示为基质浸出液中各种阳离子的量和各种阴离子的量之和。在描述基质盐分状况时，常用的指标是基质浸出液电导率。

基质电导率传感器是检测基质浸出液电导率大小的传感器。

基质电导率传感器根据测量原理与方法的不同可以分为电极型电导率传感器、电感型电导率传感器以及超声波电导率传感器。电极型电导率传感器根据电解导电原理采用电阻测量法。对电导率实现测量，其电导测量电极在测量过程中表现为一个复杂的电化学系统；电感型电导率传感器依据电磁感应原理实现对液体电导率的测量；超声波电导率传感器根据超声波在液体中变化对电导率进行测量，其中前两种传感器应用最为广泛。

1. 基质电导率感知类型

（1）电极型电导率传感器。电极型电导率传感器根据电解导电原理采用电阻测量法对电导率实现测量，其电导测量电极在测量过程中表现为一个复杂的电化学系统。电极型电导率传感器应用最为广泛。

①两电极型电导率传感器。两电极型电导率传感器电导池由一对电极组成，在电极上施加一恒定的电压，电导池中液体电阻的变化导致测量电极的电流发生变化，并符合欧姆定律，用电导率代替电阻率，用电导代替金属中的电阻，即用电导率和电导来表示液体的导电能力，从而实现液体电导率的测量。

传统电极型电导率传感器电极是由一对平板电极组成，电极的正对面积与距离决定了电极常数。这种电极结构简单，制作工艺简单，但这种电极存在电力线边缘效应以及电极正对面积、电极间距难以确定等问题，电极常数不能通过尺寸测量计算得出，需要通过标准进行标定，最常用的一种标准溶液是 0.01mol/L 氯化钾标准溶液。结合电导池原理对平板电极进行改进，开发出了圆柱形电极、点电极、线电极、复合电极等。

②四电极型电导率传感器。四电极电导池由 2 个电流电极和 2 个电压电极组成，电压电极和电流电极同轴，测量时被测液体在 2 个电流电极间的缝隙中通过，电流电极两端施加了一个交流信号并通过电流，在液体介质里建立起电场，2 个电压电极感应产生电压，使 2 个电压电极两端的电压保持恒定，通过 2 个电流电极间的电流和液体电导率呈线性关系。

为了满足海洋研究开发的需要，国家海洋技术中心李建国对开放式四电极电导率传感器展开了研究与开发,成功研制了用于海水电导率测量的四电极电导率传感器,其性能指标达到了国际先进水平:测量范围为0~65mS/cm;测量精度为±0.007mS/cm。

目前成熟的四电极电导率传感器其测量范围为0~2S/cm,并且电极常数不同具有不同的测量范围。

(2)电感型电导率传感器。电感型电导率传感器采用电磁感应原理对电导率进行测量,液体的电导率在一定范围内与感应电压/激磁电压成正比,激磁电压保持不变,电导率与感应电压成正比。

电感型电导率传感器检测器不直接与被测液体接触,因此,不存在电极极化与电极被污染的问题。电感型电导率传感器的原理决定了这类传感器仅适用于测量具有高电导率的液体:测量范围为1 000~2 000 000μS/cm。

2. 工作原理

(1)电极型电导率传感器。

①测量原理。电导率测量较为复杂,测量溶液的电导率时,电极表面会产生一系列电化学反应,即电极极化效应,从而影响测量精度。采用交流供电可以使电极上通过的电流近似为零,从而大大消除电极对溶液的电解作用;四电极测量体系将电流电极和电压电极分开如图2-6,进一步消除了电极极化的影响,这样就可以得到被测溶液等效电阻两端的准确电压值。

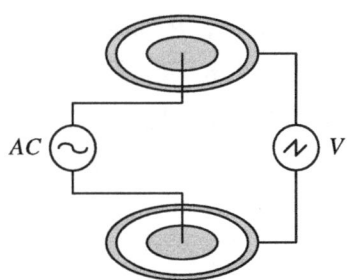

图2-6 四电极电导率测量原理

②电解质导电机理。电流 I 与施于导体两端的电压 V 和电阻 R 的关系可由欧姆定律给出,见式(2-4)。

$$I = \frac{V}{R} \tag{2-4}$$

在一定温度下,电阻值与导体的几何因素之间的关系见式(2-5)。

$$R = \rho \frac{1}{A} \tag{2-5}$$

式中,

I 为导体长度,m;

A 为导体截面积，m^2；

ρ 为电阻率，$\Omega \cdot m$。

电解质溶液同样遵从欧姆定律，也具有电阻 R，并服从式（2-5）。但在习惯上，用电导和电导率来表示溶液的导电能力。即见式（2-6）~式（2-8）。

$$G = \frac{1}{R} \tag{2-6}$$

$$k = \frac{1}{\rho} \tag{2-7}$$

因此有

$$G = k\frac{A}{l} \tag{2-8}$$

式中，

G 为电导，单位为西门子，简称西，符号为 S，$1S = 1\Omega^{-1}$；

k 为电导率，表示边长为 $1m$ 的立方体溶液的电导单位为 S/m

ρ 为电阻率，$\Omega \cdot m$。

③检测工作原理。四电极测量原理如图 2-7 所示，其中 b、b' 为电流电极（激励电极），a、a' 为电压电极（工作电极），G 为正弦波信号电压发生器。

由于集成运算放大器 A 的输入阻抗足够高，使流经电压电极 a、a' 两端的电流近似为零，这样电压电极上就不会产生极化电压，从而很大程度上消除了极化效应对测量的影响。电流电极两端施加了一个恒定的交流电压信号，由电压电极来感应产生电压，通过反馈电路调整电流，使电压电极两端的电压保持恒定。于是，通过电流电极间的电流和液体电导率成线性关系。根据电流和电压值，计算出液体的电导率值。由式（2-9）表示。

$$S = \frac{k}{R_C} = k\frac{I_C}{V_C} \tag{2-9}$$

式中，

S 为电导率，S/m；

k 为电导池常数，与四个电极的形状、位置、大小等因素有关；

V_C 为 R_C 两端固定压降（即电压两极之间的电压），V；

I_C 为通过电流两极的电流。

（2）电感型电导率传感器。电感型电导率传感器是采用原级和次级两个磁环绕组并列安装在同一轴线上，两个磁环之间的距离一般为 1~3cm。原级绕组为发射线圈，次级绕组为接收线圈。若把传感器于空气中，因为磁环的导磁率 U_c 远大于空气的导磁率 U_o，所以原级绕组磁力线基本上都经本级磁环而闭合，漏磁通非常小，因此，原次级线圈之间没有直接的耦合，这样，即使在原级线圈中通有 20kHz 的交变电流，次级线圈也不能感应出交变电压。若把传感器置于钻井液（或其他溶液）中，钻井液经过传感器探测头孔而呈现闭

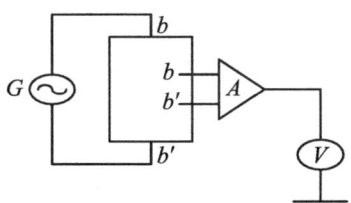

图 2-7 四电极测量电导率原理图

合状态,此时,原次级线圈之间通过有一定导电能力的钻井液而耦合,这样在原级线圈中通有 20kHz 的交变电流时原级线圈磁环中的交变磁通能够使经过传感器探测头孔而呈现闭合状态钻井液产生交变电流,该交变电流同时也产生交变磁场,交变磁场又使次级线圈感应出交变电势。次级感应出的交变电势信号经专用电路处理后,送出电导率参数的检测信号。

次级线圈感应电势高低取决于经过传感器探测头孔而呈现闭合状态钻井液产生交变电流的大小,该交变电流大小又取决于钻井液的电导率 r 的高低。通常在原级线圈加给的电压是恒定的,如 TDC 综合录井仪的电导率面板对电导率传感器的原级线圈恒定加给 AC4V,20kHz 交变电压。由此可以看出,次级线圈感应电势高低主要取决于钻井液的电导率 r 的高低。

四、基质 pH 感知

pH 传感器是用来检测被测物中氢离子浓度并转换成相应的可用输出信号的传感器,通常由化学部分和信号传输部分构成。

用氢离子玻璃电极与参比电极组成原电池,在玻璃膜与被测溶液中氢离子进行离子交换过程中,通过测量电极之间的电位差,来检测溶液中的氢离子浓度,从而测得被测液体的 pH 值。

pH 传感器俗称 pH 探头,由玻璃电极和参比电极两部分组成。玻璃电极由玻璃支杆、玻璃膜、内参比溶液、内参比电极、电极帽、电线等组成。参比电极具有已知和恒定的电极电位,常用甘汞电极或银/氯化银电极。由于 pH 值与温度有关,所以,一般还要增加一个温度电极进行温度补偿,组成三极复合电极。

工作原理:pH 测量属于原电池系统,它的作用是使化学能转换成电能,此电池的端电压被称为电极电位;此电位由两个半电池构成,其中一个称为测量电极,另一个称为参比电极。

结合吉布斯等温方程,对于化学反应:

$$0 = \sum_B \nu_B B \qquad (2\text{-}10)$$

有

$$\Delta_r G_m = \Delta_r G_m^\ominus + RT\ln \prod_B (\tilde{P}_B/P^\ominus)^{\nu_B} \qquad (2\text{-}11)$$

或

$$\Delta_r G_m = \Delta_r G_m^\ominus + RT\ln \prod_B \alpha_B^{\nu_B} \qquad (2\text{-}12)$$

上式普遍适用于各类反应,同样也适用于电池反应。式中,$\Delta_r G_m^\ominus$ 为标准摩尔吉布斯函数变,根据 $\Delta_r G_m = zFE$,相应有:

$$\Delta_r G_m^\ominus = -zFE^\ominus \qquad (2\text{-}13)$$

式中,$E^\ominus$ 为原电池的标准电动势,它等于参加电池反应的各物质均处在各自标准态时的电动势。

$$E = E^\ominus - \frac{RT}{zF}\ln \prod_B \alpha_B^{\nu_B} \qquad (2\text{-}14)$$

对于 pH 电极。它是一支端部吹成泡状的对于 pH 敏感的玻璃膜的玻璃管。管内充填有含饱和 AgCl 的 3mol/KCl 缓冲溶液,pH 值为 7。存在于玻璃膜二面的反映 pH 值的电位差用 Ag/AgCl 传导系统,如第二电极,导出。pH 复合电极如图 2-8 所示。

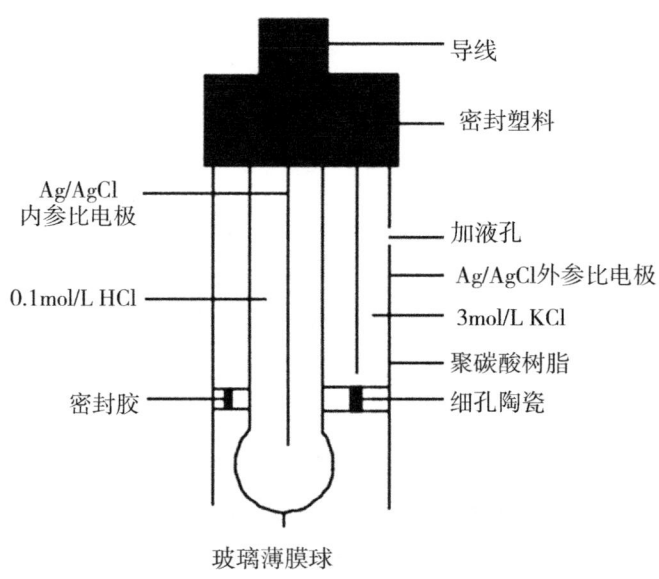

图 2-8　复合 pH 电极的结构示意图

此电位差遵循能斯特公式:

$$E = E_0 + \frac{RT}{nF}\ln a_{H_3O^+} \qquad (2\text{-}15)$$

$$E = 59.16\text{mV}/25\text{℃}/\text{pH}$$

式中,R 和 F 为常数;n 为化合价,每种离子都有其固定的值。对于氢离子来讲 $n =$

1。温度 T 作为变量,在能斯特公式中起很大作用。随着温度的上升,电位值将随之增大。对于每1℃的温度变大,将引起电位0.2mV/pH 变化。用 pH 值来表示则每1℃第1pH 变化0.0033pH 值。

这也就是说,对于20~30℃和7pH 左右的测量不需要对温度变化进行补偿;而对于温度>30℃或<20℃和 pH 值>8 或 6 的应用场合则必须对温度变化进行补偿。

内参比电极的电位是恒定不变的,它与待测试液中的 H^+ 活度（pH）无关,pH 玻璃电极之所以能作为 H^+ 的指示电极,其主要作用体现在玻璃膜上。当玻璃电极浸入被测溶液时,玻璃膜处于内部溶液 $a_{H^+,内}$ 和待测溶液 $a_{H^+,试}$ 之间,这时跨越玻璃膜产生一电位差 ΔE_M（这种电位差称为膜电位,下节讨论）,它与氢离子活度之间的关系符合能斯特公式:

$$\Delta E_M = \frac{2.303RT}{F} \lg \frac{a_{H^+,试}}{a_{H^+,内}} \tag{2-16}$$

$a_{H^+,内}$ 为一常数,故:

$$\Delta E_M = K + \frac{2.303RT}{F} \lg a_{H^+,试} = K - \frac{2.303RT}{F} pH_试 \tag{2-17}$$

当 $a_{H^+,内} = a_{H^+,试}$ 时, $\Delta E_M = 0$,实际上 $\Delta E_M \neq 0$,跨越玻璃膜仍有一定的电位差,这种电位差称为不对称电位（ΔE 不对称）,它是由玻璃膜内外表面情况不完全相同而产生的。此式表明玻璃电极 ΔEM 与 pH 成正比。因此,可作为测量 pH 的指示电极。

第三节 设备状态信息感知

食用菌工厂化作业装备自动装瓶机、灭菌器、全自动接种机、自动搔菌机、自动挖瓶机等装备,这些作业装备参数与其功能相匹配。

一、称重传感器

1. 称重传感器的分类

自20世纪70年代以来,发达国家在电子称重方面,其技术水平、品种和规模都达到了较高的水平。称重传感器在技术方面的主要标志是准确度、长期稳定性和可靠性。目前,作为贸易结算的静态秤已经能够满足以上要求。IML（国际微重力实验室）规定：在稳定性方面,一年内不允许超差；在可靠性方面,要求传感器在正常使用条件下,其寿命应能达到10年以上, $MTBF$（平均无故障工作时间）超过20 000h,能够适应在各种恶劣条件下使用,准确度一般能够达到0.1%~0.3%。

传感器作为称重系统中的核心部分,对其稳定性和可靠性都有相当高的要求,目前应用于称重系统的传感器的主要类型有电阻应变式、电压式、剪切式、振弦式压力传感器、面波谐振称重传感器、微处理器电子称重传感器等。

（1）电阻应变式称重传感器。在弹性元件表面粘贴有应变片，弹性元件在受力之后会发生一定的弹性变形，引起应变片也发生相应的变形，当应变片变形后，它的阻值将增大或变小，这时，通过测量电路将此变形情况转换为电流信号。这种将力变形转换为电信号的处理方法就称为电阻应变式称重传感器。

（2）电压式传感器的原理是正压电效应。在对压电材料施以物理压力时，材料体内之电偶极矩会因压缩而变短，此时压电材料为抵抗该变化，会在材料相对的表面上产生等量正负电荷，以保持原状。该传感器的优点是具有高的灵敏度和分辨率，结构小巧。缺点是紧固应力被施加到压电元件的核心，它有可能弯曲受力变形的影响，导致传感器的线性度和动态性能退化。此外，在环境温度变化下，膜片的预应力变化时导致压电元件也发生变化，从而产生输出误差。

（3）剪切式称重传感器。一根承受剪力作用的圆轴，可以简化为两端简支梁，中间受一个空心截面梁的集中载荷作用。其发生剪切变形的应变仪的电阻连接到中心孔槽的中心，由于应变计嵌在深孔内，需要购置和设计专用的喷砂处理、划线贴片、加压固化工具和装备，因此对制造商的要求很高。

（4）振弦式压力传感器。这类传感器主要用于实验室和工业电子平台秤、电子皮带秤等。以张紧的钢弦作为敏感元件，钢弦的固有振动频率与其张力有关，对于一个给定长度的钢弦，在被测压力的作用下，钢弦松紧程度出现变化，固有的振动频率也随之改变，即振弦的振动频率反映了被测压力的大小。

（5）面波谐振称重传感器的原理是利用重力和频率的转换变化关系。通过超声波发射器的交流电压驱动由多个石英衬底的梳状电极，根据波浪方向同时发射的逆压电效应石英衬底用于弹性体的测量。利用此压电效应，两个相同的配置可以被转换成交流电压波。

（6）微处理器电子称重传感器。传统的模拟测量电路数字逻辑仅依赖于系统，不能满足电子称量的精度控制要求，特别是在自动化过程的控制中。而将微处理器和模拟电路相结合，可以轻而易举地实现自动称重，同时也改善了工作的灵活性，可以对程序预先编程，实现加工控制、自动校准等主要的功能。

目前，我国称重传感器产品中，静态秤已经满足国际法制计量组织Ⅲ级秤的要求。静态使用的工艺秤也能达0.1%~0.3%的准确度。动态称重能够达到国家规定的0.5级标准要求，个别产品可以达到0.2级。总体来说，我国电子称重装置的水平相当于发达国家20世纪80年代中期的水平，尚存在不小差距，突出表现在电子秤数量上所占比例仅为6.6%，其中工业用电子衡器为40.8%，商用电子衡器为6.4%。而发达国家的工业用电子衡器为80%~90%，商用电子衡器为50%~60%。其次是品种少，功能不全还不能满足经济建设和科技进步的需求。

现在静态称重用的传感器已经有了较为满意的性能指标。但是，由于用于动态称重传感器的动态特性设计还没有受到足够的重视，现阶段动态称重用的传感器均使用静态称重所用的传感器，由于这类传感器的响应速度慢和超调量大，在很大程度上限制了动态称重的速度和准确度。

我国称重传感器的类型与国外传感器的类型基本相似。随着我国称重系统的不断发展，通过吸收国外称重传感器的先进技术，研究设计出了适合我们国家的产品，从技术和工艺水平方面都有一定的提高，为国内的市场提供了大量质优的产品。不过在有些重要的质量指标上，各项工艺技术还有所欠缺，仍存在较大差距，所以将来在准确度、稳定性等重要的参数指标方面需要更多的研究。

2. 称重传感器的选用

称重传感器的选择要考虑的因素很多，实际使用中，我们主要从以下方面考虑：首先，根据目的，在称重传感器的选择范围内，基于最大称重值和选定传感器的最大数目，可以生成负载和动态负载因素综合评价。一般来说，传感器的量程越接近分配到每个传感器的负载称量精度就越高。但在实际使用中，除了被称物体外，传感器的有效载荷还有秤体自重、振动所造成的冲击载荷等，因此传感器的选择必须考虑许多因素，以确保安全和传感器的使用寿命。其次，称重传感器的精度包括非线性、蠕变、滞后、重复性、灵敏度等技术指标。在通常选择时，不应盲目追求高品位的传感器，应考虑电子秤的精度和成本。称重传感器的形式取决于称重方式和安装空间的选择，以确保正确安装及称重安全。最后，参考制造商的说明书。称重传感器制造商通常会提供传感器的受力情况、性能指标、安装形式、结构、弹性材料等情况，以备正确选用，合理使用。

3. 动态称重系统的性质

称重传感器是电子称重系统的核心部件，是电子称重技术的重要基础。电子称重系统包括静态称重系统和动态称重系统。随着经济的发展和科技的进步，传统的静态称重已经不能满足人们对称重的快速性的要求，例如在包装行业，产品包装生产线上同时实现包装物的重量检测，交通运输行业的车辆动态称重WIM（Weigh-in-motion）和农产品在线检测分级装备中的在线重量检测系统。具体来说，动态称重系统具有以下几个特征或组合。

（1）测量环境处于非静止状态，即称重仪器处于运动的、振动的或者运动与振动并存的环境中，例如在巡航的船上、运行的车上、飞行中的飞机上进行物体重量的检测。

（2）被测对象处于非静止状态，即被称重或测力的物体在运动，例如对活的动物进行重量检测。

（3）在短时间内进行快速测量，测量时间短于称重仪器的稳定时间，需要系统有良好的动态响应特性。

从重量信号的形式来看，静态称重和动态称重信号的最直观的不同是静态称重时的重量信号可以认为是个恒定的量，而动态称重时的重量信号是个随时间变化的量。因此，动态称重的目标是从一个变化的动态重量信号中去估计物体的真实重量。虽然理论上可以通过构建一个理想的测量系统快速测量受环境干扰噪声影响的动态称重信号,获取被测物的真实重量,但是现实中的动态称重信号不仅受各种干扰信号的影响,而且信号的持续时间比较短,因此相比只关注测量的稳定性和可靠性的静态称重方式,动态称重需要兼顾快速性和称重精度,其难度大大增加。

4. 动态称重系统的分类

动态称重系统(Dynamic weighing systems)根据其被测对象的性质和工作方式大致可以分为三大类。

(1)分离质量分配称重系统(Discrete mass delivery systems),这是一种把散装物料分成预定的且实际上恒定质量的装料,并将此装料装入容器的衡器。例如配料秤和重力式自动装料衡器。

(2)非连续累计秤(Discontinuous totalising weighers),这是一种将一批散料分成若干份分立、不连续的被称载荷,按预定程序依次称量份载荷的重量后并进行累计,以求得该批物料重量的衡器。作为一种对大宗散状物料进行高精度自动计量的设备,非连续累计秤被广泛应用于大型仓储、港口企业中。

(3)动态称重系统(In-motion weighing systems),这是一种称量时被称载荷与衡器承载器存在相对运动的称重系统。根据被测载荷的性质,动态称重系统又可分为连续称重系统(Continuous weighing systems)和分离质量称重系统(Discrete mass weighing systems)。最常见的连续称重系统对放置在皮带上并随皮带连续通过的松散物料进行自动称量皮带秤、用于对大宗散状固态物料的连续累计称重计量的冲量式固体流量计和既能够对散状物料的给料速率进行连续调节,并可对输送量进行计量的失重式给料称。常见的离散质量称重系统有车辆动态称重系统、用于称量铁路车辆的轨道衡和能够对预包装分离载荷或散装物品单一载荷进行称量的自动分检衡器。

二、压力传感器

压力传感器(Pressure transducer)是能感受压力信号,并能按照一定的规律将压力信号转换成可用于输出的电信号的器件或装置。压力传感器通常由压力敏感元件和信号处理单元组成。

1. 压阻式压力传感器

电阻应变片是压阻式应变传感器的主要组成部分之一。金属电阻应变片的工作原理是吸附在基体材料上应变电阻随机械形变而产生阻值变化的现象,俗称为电阻应变效应。

它由基体材料、金属应变丝或应变箔、绝缘保护片和引出线等部分组成。根据不同的用途,电阻应变片的阻值可以由设计者设计,但电阻的取值范围应注意:阻值太小,所需的驱动电流太大，同时应变片的发热致使本身的温度过高，不同的环境中使用，使应变片的阻值变化太大，输出零点漂移明显，调零电路过于复杂。而电阻太大，阻抗太高，抗外界的电磁干扰能力较差。一般均为几十欧至几十千欧左右。

金属电阻应变片的工作原理是吸附在基体材料上应变电阻随机械形变而产生阻值变化的现象，俗称为电阻应变效应。金属导体的电阻值可用下式表示：

$$R = \rho \frac{L}{S} \tag{2-18}$$

式中，

ρ 为金属导体的电阻率，$\Omega \cdot cm^2/m$；

S 为导体的截面积，cm^2；

L 为导体的长度，m。

以金属丝应变电阻为例，当金属丝受外力作用时，其长度和截面积都会发生变化，从上式中可很容易看出，其电阻值即会发生改变，假如金属丝受外力作用而伸长时，其长度增加，而截面积减少，电阻值便会增大。当金属丝受外力作用而压缩时，长度减小而截面增加，电阻值则会减小。只要测出加载电阻的变化（通常是测量电阻两端的电压），即可获得应变金属丝的应变情况。

2. 陶瓷压力传感器

陶瓷压力传感器基于压阻效应，压力直接作用在陶瓷膜片的前表面，使膜片产生微小的形变，厚膜电阻印刷在陶瓷膜片的背面，连接成一个惠斯通电桥，由于压敏电阻的压阻效应，使电桥产生一个与压力成正比的高度线性、与激励电压也成正比的电压信号，标准的信号根据压力量程的不同标定为 2.0/3.0/3.3（mV/V）等，可以和应变式传感器相兼容。

瓷压力传感器主要由瓷环、陶瓷膜片和陶瓷盖板三部分组成。陶瓷膜片作为感力弹性体，采用95%的 Al_2O_3 瓷精加工而成，要求平整、均匀、质密，其厚度与有效半径视设计量程而定。瓷环采用热压铸工艺高温烧制成型。陶瓷膜片与瓷环之间采用高温玻璃浆料，通过厚膜印刷、热烧成技术烧制在一起，形成周边固支的感力杯状弹性体，即在陶瓷的周边固支部分应形成无蠕变的刚性结构。在陶瓷膜片上表面，即瓷杯底部，用厚膜工艺技术做成传感器的电路。陶瓷盖板下部的圆形凹槽使盖板与膜片之间形成一定间隙，通过限位可防止膜片过载时因过度弯曲而破裂，形成对传感器的抗过载保护。

陶瓷是一种公认的高弹性、抗腐蚀、抗磨损、抗冲击和振动的材料。陶瓷的热稳定特性及它的厚膜电阻可以使它的工作温度范围高达-40~135℃，而且具有测量的高精度、高稳定性。电气绝缘程度>2kV，输出信号强，长期稳定性好。高特性，低价格的陶瓷传感器将是压力传感器的发展方向，在欧美国家有全面替代其他类型传感器的趋势，在中国也越来越多的用户使用陶瓷传感器替代扩散硅压力传感器。

3. 扩散硅压力传感器

扩散硅压力传感器工作原理也是基于压阻效应，利用压阻效应原理，被测介质的压力直接作用于传感器的膜片上（不锈钢或陶瓷），使膜片产生与介质压力成正比的微位移，使传感器的电阻值发生变化，利用电子线路检测这一变化，并转换输出一个对应于这一压力的标准测量信号（图2-9）。

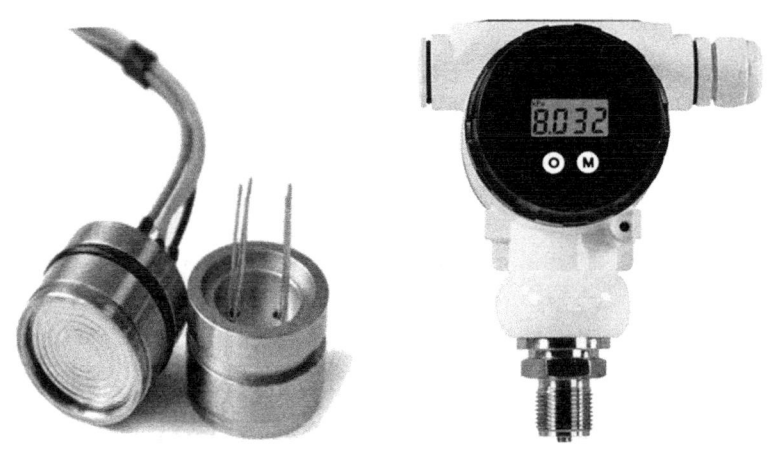

图2-9 扩散硅压力传感器

4. 压电式压力传感器

压电效应是压电传感器的主要工作原理，压电传感器不能用于静态测量，因为经过外力作用后的电荷，只有在回路具有无限大的输入阻抗时才得到保存。实际的情况不是这样的，所以这决定了压电传感器只能够测量动态的应力。

压电效应是某些电介质在沿一定方向上受到外力的作用而变形时，其内部会产生极化现象，同时在它的两个相对表面上出现正负相反的电荷。当外力去掉后，它又会恢复到不带电的状态，这种现象称为正压电效应。当作用力的方向改变时，电荷的极性也随之改变。相反，当在电介质的极化方向上施加电场，这些电介质也会发生变形，电场去掉后，电介质的变形随之消失，这种现象称为逆压电效应。压电式压力传感器的种类和型号繁多，按弹性敏感元件和受力机构的形式可分为膜片式和活塞式两类。膜片式主要由本体、膜片和压电元件组成。压电元件支撑于本体上，由膜片将被测压力传递给压电元件，再由压电元件输出与被测压力成一定关系的电信号。这种传感器的特点是体积小、动态特性好、耐高温等。现代测量技术对传感器的性能出来越高的要求。

例如用压力传感器测量绘制内燃机示功图，在测量中不允许用水冷却，并要求传感器能耐高温和体积小。压电材料最适合于研制这种压力传感器。石英是一种非常好的压电材料，压电效应就是在它上面发现。比较有效的办法是选择适合高温条件的石英晶体切割方法，例如XYδ（+20°~+30°）割型的石英晶体可耐350℃的高温。而$LiNbO_3$单晶的居里点高达1 210℃，是制造高温传感器的理想压电材料。

第四节 食用菌生理状态信息感知

随着信息技术的发展,食用菌生理状态感知从传统的试验测试变为大数据驱动的表型测试,包括子实体的外观、形态和颜色等。

一、可见光成像感知

可见光波段的成像感知是指计算机对三维空间的感知,是计算机科学、光学、自动化技术、模式识别和人工智能技术的综合,包括捕获、分析和识别等过程,一般称为机器视觉系统。机器视觉系统主要由图像的获取、图像的处理和分析、输出或显示3部分组成,一般需要图像信息捕获设备主要为电荷耦合元件(Charge coupled device,CCD)、互补金属氧化物半导体(Complementary metal oxide semiconductor,CMOS)相机、检测装置、传送与置物系统、计算机和伺服控制系统等设备。在食用菌子实体外面品质检测过程中,子实体位于传送带或置物台上方,图像信息捕获设备配置在目标的上方或周边,在传送带的两侧安装有检测装置。当子实体通过捕获设备时,捕获设备通过图像采集卡将子实体图像信息传入计算机,由计算机对图像进行一系列处理,确定子实体的颜色、大小、形状、表面损伤情况等特征,再根据处理结果控制伺服机构,完成子实体外部检测与品质分级。

机器视觉技术的特点是速度快、信息量大、功能多。以子实体为例,可一次性完成子实体完整性、外形、尺寸、表面损伤和缺陷等的分级,而且能完成许多其他检测方法难以胜任的工作,可以测量定量指标,如子实体大小、表面损伤面积的具体数值,根据其数值大小进行分类等。机器视觉系统的特点是提高生产的柔性和自动化程度。在一些不适合于人工作业的危险工作环境或人工视觉难以满足要求的场合,常用机器视觉来替代人工视觉;同时在大批量工业生产过程中,用人工视觉检查产品质量效率低且精度不高,用机器视觉检测方法可以大大提高生产效率和生产的自动化程度。

二、高光谱成像感知

高光谱成像(Hyperspectral Image)是集探测器技术、精密光学机械、微弱信号检测、计算机技术、信息处理技术于一体的综合性技术,是一种将成像技术和光谱技术相结合的多维信息获取技术,同时探测目标的二维几何空间与一维光谱信息,获取高光谱分辨率的连续、窄波段的图像数据。高光谱图像数据的光谱分辨率高达 $10^{-2}\lambda$ 数量级,在可见到短波红外波段范围内光谱分辨率为纳米(nm)级,光谱波段数多达数十个甚至上百个,光谱波段是连续，图像数据的每个像元均可以提取一条完整的高分辨率光谱曲线。与多光谱遥感影像相比，高光谱影像不仅在信息丰富程度方面有了极大的提高，在处理技术上，对该类光谱数据进行更为合理，为有效地分析处理提供了可能。

1. 高光谱概念

在紫外（200~400nm）到可见光~近红外（400~1 000nm），再到红外（900~1 700nm，1 000~2 500nm）波段范围内，能够得到既多又窄的光谱波段，每个波段的数量级在纳米数量级，这就保证了极高的光谱分辨率，从而得到了平滑连续的光谱曲线。

2. 光谱技术及成像光谱技术

光谱技术是一种基于光的散射、发射或吸收信息来检测样品内部结构或成分含量的技术，而成像技术则是通过探测器得到样品的高清晰度图像从而对其空间上的特性进行分析。这两种技术是光电技术中的两个重要领域，原本按照各自的道路发展，然而从20世纪60年代开始，随着遥感技术的兴起，学者们开始热衷于对地表勘探和空间探索的研究，而单独获取光谱或图像信息已经无法满足相关研究的需求了。因此将光谱以及图像信息结合在一起的技术手段成为当前的重要需求，就极大地促进了光谱与成像技术二者的结合，成像光谱技术由此应运而生。

3. 成像光谱技术的分类

依据光谱分辨率，成像光谱技术能被分成以下三类：

（1）超光谱成像技术。将可见/近红外波段范围分为上千个相邻窄波长，其分辨率 $\Delta\lambda = 0.001\lambda$ 数量级。

（2）高光谱成像技术。将可见/近红外波段范围分为几十至数百个相邻窄波长，其分辨率 $\Delta\lambda = 0.01\lambda$ 数量级。

（3）多光谱成像技术。将可见/近红外波段范围仅分为几个相邻窄波长，其分辨率 $\Delta\lambda = 0.1\lambda$ 数量级。

其中，高光谱成像技术是利用高光谱成像仪逐一拍摄相邻单波长光信号，然后融合所有波长的图像以形成样本的高光谱图像，因而有着图谱合一的独特优势。随着该技术近年来的飞速发展，它在越来越多的行业得到重视和应用，从最初的遥感图像检测到现在的食品品质检测等民用行业。

4. 高光谱图像技术检测原理

高光谱图像是在特定波长范围内由一系列波长处的光学图像组成的三维图像块。图2-10为三维高光谱图像块。其中，x、y为二维平面坐标表示的图像像素的坐标信息，λ表示波长信息。由此说明，高光谱图像既有某个特定波长下的图像信息，又具有不同波长下的光谱信息。

在数据应用分析中，主要可以从以下3个方面获得高光谱图像信息：一是在图像空间维上，高光谱图像与一般的图像类似。也就意味着可用一般的遥感图像模式识别方法进行

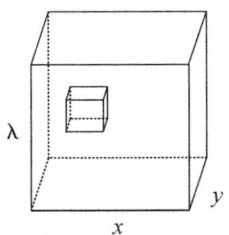

图 2-10 三维高光谱图像块

高光谱数据的目标信息检测。二是在图像光谱维上，高光谱图像的每一个像元可得到一条连续的光谱曲线，基于光谱数据库的光谱匹配技术可以实现对物体与目标的识别。三是在图像特征空间维上，高光谱图像能够根据实际数据所反映的目标特征分布差异，将其有效数据由超维特征空间映射到低维子空间。

在实验室图像采集系统中，目前有两种方法获得高光谱图像：一是基于滤波器或滤波片的方法。通过连续采集一系列波段 λ 下的样品二维图像，得到三维高光谱图像块。二是基于成像光谱仪的方法。成像光谱仪是一种新型传感器，20 世纪 80 年代初正式开始研制，研制这类仪器的目的是为获取大量窄波段连续光谱图像数据，使每个像元具有几乎连续的光谱数据。它是一系列光波波长处的光学图像，通常包含数十到数百个波段，光谱分辨率一般为 1~10nm。由于高光谱成像所获得的高光谱图像能对图像中的每个像素提供一条几乎连续的光谱曲线，其在待测物上获得空间信息的同时又能获得比多光谱更为丰富光谱数据信息，这些数据信息可用来生成复杂模型，来进行判别、分类、识别图像中的材料。高光谱成像仪能快速有效地采集到目标对象的光谱以及图像信息，其结构元素包括聚焦透镜、光栅光谱仪、准直透镜以及面阵型 CCD 探测器等。在采集被测样本高光谱图像的过程中，高光谱成像仪可以吸收样本反射和透射后反在 X 轴上的分光，面阵 CCD 探测器能够实现对被测样本进行光学焦平面垂直（Z 轴）方向上的横向推扫，接着就可以获得被测样本在条状空间中每个像素点上所含的任一单波长所对应的图像信息。这时当样本在位移平台上往返做横向移动时，面阵 CCD 探测器就像扫帚扫地一样，扫出样本每条各不相同的带状移动轨迹，进而完成样本的纵向扫描，再将样本在整个横向移动的过程中通过纵向扫描获得的全部信息融合在一起，最终就能够得到被测样本的三维光谱图像数据块。

高光谱图像技术无损检测水果内部品质的原理是：不同波长的光子穿透水果表皮进入组织内部，在水果内部组织发生一系列透射、吸收、反射、散射后返回果面形成光晕，探测器采集光子信息后形成图像。由于光的吸收与水果的化学成分（色素、精度、水分等）相关；光的散射是一种物理现象，它仅与细胞大小、细胞内和细胞外的细胞质和细胞液物质有关。因此，光子在水果果面形成光晕的信息，既表征内部组分的化学性质，也体现了它的物理性质。总而言之，它容易操作、费用低廉、快速且无损。近年来的研究表明:利用高光谱图像技术进行农产品品质无损检测是一个重要的发展趋势。

5. 高光谱成像技术的特点

高光谱成像技术综合了机器视觉技术与近红外光谱技术这两种技术的优势,它与前者相比,二者都可以获取被测物体的图像信息,但高光谱成像技术还可以获取物体的光谱信息;与后者相比,其优势在于获得的是物体的"面"信息,而近红外光谱技术则是对物体"点"信息的获取。高光谱成像技术与二者的区别列举在表2-1。

表2-1 近红外光谱技术、机器视觉技术、高光谱成像技术之间的区别

特征	MV	NIRS	HIS
空间信息	√	×	√
光谱信息	×	√	√
多元融合信息	×	√	√
光谱信息获取的灵活性	×	×	√
对微量元素敏感性	×	×	√

高光谱成像技术通过高光谱成像仪采集所有连续单波段的图像数据,在尽可能获取更多的被测样本信息的情况下,能够更加高效准确地检测样本的内外部品质。表2-1中显示出的高光谱成像技术对多种信息"全兼容"的能力可以为这一点提供有力的科学论据。尽管它具有上述诸多优势,难以避免还是存在不少问题,包括数据量大、存在较多冗余、样品模型通用性差等。因此如何对高光谱图像进行降维处理(包括波段选取以及特征选取等)和谱间压缩是对高光谱成像技术进行应用时必须优先研究的课题。

高光谱图像可被看作是一个拥有着三维数据结构(由两个空间轴及一个波长轴构成)的立方块。高光谱图像是将每一个像素点 (x, y) 对应的完整光谱 $I(\lambda)$ 簇集到一起形成的三维数据立方体 $I(x, y, \lambda)$。而另一种方法,设定单独波段 λ 对应的单色图像为 $I(x, y)$,也可以把所有的 λ 和对应的 $I(x, y)$ 堆叠形成的三维立方体 $I(x, y, \lambda)$ 作为高光谱图像。由此可见,高光谱图像的处理能够从多种角度上进行考虑:已知像素点坐标 (x, y),在光谱域 $I(\lambda)$ 中进行光谱的处理;已知波段 λ,在空间域 $I(x, y)$ 中进行图像的处理;同时将空间域与光谱域作为对象进行处理。

三、CT成像感知

CT成像基本原理是用X射线束对人体检查部位一定厚度的层面进行扫描,由探测器接收透过该层面的X射线,转变为可见光后,由光电转换器转变为电信号,再经模拟/数字转换器(Analog/digital converter)转为数字信号,输入计算机处理。图像形成的处理犹

如将选定层面分成若干个体积相同的长方体，称为体素（Voxel）。扫描所得信息经计算而获得每个体素的 X 射线衰减系数或吸收系数，再排列成矩阵，即数字矩阵（Digital matrix）数字矩阵可存储于磁盘或光盘中。经数字/模拟转换器（Digital/anolog converter）把数字矩阵中的每个数字转为由黑到白不等灰度的小方块，即像素（Pixel），并按矩阵排列，即构成 CT 图像。

1. X 射线成像技术

1895 年，德国人伦琴在进行放射性实验的时候发现了 X 射线，使整个一门分支学科发生了前所未有的变化。经过长期努力，人们将 X 射线应用于医学、航空航天、国防、造船、工业探伤、林业、食品检测等众多领域，相继获得成功。X 射线成像技术是一项新的检测技术，是以辐射成像技术为核心，集电子技术、计算机技术、信息处理技术、控制技术和精密机械技术于一体的新技术。

当 X 射线穿透被检物料时，由于 X 光子与被检物料原子相互作用而导致 X 射线能量衰减。其衰减程度与待检物料组分、厚度及入射射线能量有关。X 射线透过被检物后被图像增强器或者线阵探测器所接收，再转换成可视图像；图像灰度值是通过计算射线穿透被检测物料之后的能量大小得到，因此图像某点的灰度值反映了射线在穿透被检测物体该点的衰减程度的大小，也反映了该点的组分变化。经计算机处理后，生成的图像能表征物料的内部缺陷、大小、位置等信息，按照有关标准对检测结果进行缺陷等级评定，从而达到检测的目的。

2. 利用 X 射线检测的原理

X 射线的检测原理主要是基于其具有穿透能力的性质。射线穿透被检测对象时，由于检测对象内部存在的缺陷或者异物会引起穿透射线强度上的差异，通过检测穿透后的射线强度，按照一定方法转化成图像，并进行分析和评价以达到无损检测的目标。按照成像的方式，可以分为射线照相法、射线数字化实时成像和射线 CT。

射线照相法应用对射线敏感的感光材料来记录透过被检测物后射线强度分布的差异，能够得到被检测物内部的二维图像。射线照相法由于存在成本较高、数据存储不方便、射线底片容易报废以及实时性差等缺点，在农产品品质检测中几乎不再使用。

X 射线实时成像包含两个过程：一是 X 射线穿透样品后被图像增强器所接收，图像增强器把不可见的 X 射线检测信号转换为光学图像；二是用摄像机摄取光学图像，输入计算机进行 A/D 转换，转换为数字图像。此检测过程由 X 射线发生装置、X 射线探测器单元、图像单元、图像处理单元、传送机械装置和射线保护装置等几大部分组成。

X 射线 CT 全称是"X 射线电子计算机断层摄影技术"。CT 的目的是得到物体内占有确切位置的物质特性的有关信息。X 射线穿过物体某一层断面的组织，由于不同物质对于 X 射线的吸收值存在差异，CT 机探测器接受衰减后的 X 射线，并将其转换成电信号输入到计算机。经过计算机的数据处理后显示出图像，并获得相应点的 CT 值。通过建立 CT

值与目标检测值的数学模型，达到无损检测的目的。

3. X 射线的特点

X 射线因其波长短，能量大，照在物质上时，仅小部分被物质所吸收，大部分经由原子间隙而透过，表现出很强的穿透能力。X 射线穿透物质的能力与 X 射线光子的能量有关，X 射线的波长越短，光子的能量越大，穿透力越强。X 射线的穿透力也与物质密度有关，利用差别吸收这种性质可以把密度不同的物质区分开来。

第五节　市场信息采集

市场信息采集主要利用间接资料、专项市场调研、终端信息采集、数据挖掘等方法获得。

一、利用间接资料

通过研究现有的市场研究报告、行业分析、统计数据等，可以快速获取市场的基本情况和趋势。这些资料通常由专业机构或政府部门发布，具有较高的权威性和可靠性。

二、专项市场调研

通过设计问卷、访谈、观察等方法，直接从市场中收集第一手数据。这种方法可以帮助深入了解消费者的需求、竞争对手的情况以及市场的潜在机会和威胁。

三、终端信息采集

通过与终端用户或经销商交流，了解产品的实际销售情况、用户反馈等信息。这种方法可以帮助企业更好地理解市场需求和产品表现。

四、数据挖掘

利用大数据技术，从大量的市场数据中提取有价值的信息。这种方法可以帮助发现市场趋势、消费者行为模式等，为决策提供依据。

第三章　食用菌工厂化生产信息传输关键技术

食用菌工厂化生产信息传输关键技术是指在食用菌工厂化生产以及产品储运过程中信息的传输方式、原理及使用特点，包括 RJ-45、USB/RS232、RS485 等有线方式和近距离无线通信、远距离无线通信等无线传输方式以及各种主流无线通信技术的比较。

第一节　有线传输方式

有线传输是指将信息以电信号或光信号的形式，通过物理介质（如电缆、光纤等）进行传输的方式。这种传输方式需要铺设实际的线路，信息在介质内部沿特定路径传输。食用菌工厂化生产菇房是一个个独立的密闭空间，无线传输信号易受到干扰，而有线传输很好地克服了这一点，可以通过有线方式将信息传输至采集器，采集器通过无线方式向云端发送信息，主要包括 RS485、USB、RS232 和 RJ45 接口方式进行传输。

一、RS485 接口

RS485 是一个定义平衡数字多点系统中的驱动器和接收器的电气特性的标准，RS485 有两线制和四线制两种接线，四线制只能实现点对点的通信方式，现很少采用，多采用的是两线制接线方式，这种接线方式为总线式拓扑结构，在同一总线上最多可以挂接 32 个节点。

在 RS485 通信网络中一般采用的是主从通信方式，即一个主机带多个从机。很多情况下，连接 RS485 通信链路时只是简单地用一对双绞线将各个接口的"A""B"端连接起来，而忽略了信号地的连接，这种连接方法在许多场合是能正常工作的，但却埋下了很大的隐患，原因一是共模干扰：RS485 接口采用差分方式传输信号方式，并不需要相对于某个参照点来检测信号，系统只需检测两线之间的电位差就可以了，但容易忽视了收发器有一定的共模电压范围，RS485 收发器共模电压范围为 −7~+12V，只有满足上述条件，整个网络才能正常工作；当网络线路中共模电压超出此范围时就会影响通信的稳定可靠，甚至损坏接口；原因二是 EMI 的问题：发送驱动器输出信号中的共模部分需要一个返回通路，如没有一个低阻的返回通道（信号地），就会以辐射的形式返回源端，整个总线就会像一个巨大的天线向外辐射电磁波。

1. 电缆

在低速、短距离、无干扰的场合可以采用普通的双绞线，反之，在高速、长线传输时，则必须采用阻抗匹配（一般为 120Ω）的 RS485 专用电缆 [STP-120Ω（用于 RS485 & CAN）一对 18AWG]（图 3-1），而在干扰恶劣的环境下还应采用铠装型双绞屏蔽电缆 [ASTP-120Ω（用于 RS485 & CAN）一对 18AWG]。

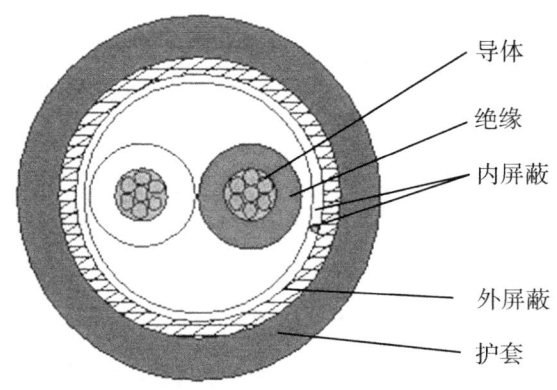

图 3-1　RS485 通信电缆结构图

在使用 RS485 接口时，对于特定的传输线路，从 RS485 接口到负载其数据信号传输所允许的最大电缆长度与信号传输的波特率成反比，这个长度数据主要是受信号失真及噪声等因素所影响。理论上，通信速率在 100kbps 及以下时，RS485 的最长传输距离可达 1 200m，但在实际应用中传输的距离也因芯片及电缆的传输特性而有所差异。在传输过程中可以采用增加中继的方法对信号进行放大，最多可以加 8 个中继，也就是说理论上 RS485 的最大传输距离可以达到 10.8km。如果确实需要长距离传输，可以采用光纤为传播介质，收发两端各加一个光电转换器，多模光纤的传输距离是 5~10km，而采用单模光纤可达 50km 的传播距离。

2. 布网

网络拓扑一般采用终端匹配的总线型结构。在构建网络时，应注意如下几点。

（1）采用一条双绞线电缆作总线，将各个节点串接起来。从总线到每个节点的引出线长度应尽量短，以便使引出线中的反射信号对总线信号的影响最低。有些网络连接尽管不正确，在短距离、低速率仍可能正常工作，但随着通信距离的延长或通信速率的提高，其不良影响会越来越严重，主要原因是信号在各支路末端反射后与原信号叠加，会造成信号质量下降。

（2）应注意总线特性阻抗的连续性，在阻抗不连续点就会发生信号的反射。下列几种情况易产生这种不连续性：总线的不同区段采用了不同电缆，或某一段总线上有过多收发器紧靠在一起安装，再者是过长的分支线引出到总线。总之，应该提供一条单一、连续的信号通道作为总线。

（3）注意终端负载电阻问题，在设备少距离短的情况下不加终端负载电阻，整个网络能很好地工作，但随着距离的增加，性能将降低。理论上，在每个接收数据信号的中点进行采样时，只要反射信号在开始采样时衰减到足够低，就可以不考虑匹配。但这在实际上难以掌握，美国MAXIM公司有篇文章提到一条经验性的原则可以用来判断在什么样的数据速率和电缆长度时需要进行匹配：当信号的转换时间（上升或下降时间）超过电信号沿总线单向传输所需时间的3倍以上时就可以不加匹配。

一般终端匹配采用终端电阻方法，RS485应在总线电缆的开始和末端都并接终端电阻。终端电阻在RS485网络中取120Ω。相当于电缆特性阻抗的电阻，因为大多数双绞线电缆特性阻抗在100~120Ω。这种匹配方法简单有效，但有一个缺点，匹配电阻要消耗较大功率，对于功耗限制比较严格的系统不太适合。另外一种比较省电的匹配方式是RC匹配。利用一只电容C隔断直流成分可以节省大部分功率。但电容C的取值是个难点，需要在功耗和匹配质量间进行折中。还有一种采用二极管的匹配方法，这种方案虽未实现真正的"匹配"，但它利用二极管的钳位作用能迅速削弱反射信号，达到改善信号质量的目的，节能效果显著。

二、USB接口

通用串行总线（Universal Serial Bus，USB）是一种串口总线标准，也是一种输入输出接口的技术规范，被广泛地应用于个人电脑和移动设备等信息通信产品，并扩展至摄影器材、数字电视（机顶盒）、游戏机等其他相关领域。最新一代是USB4.0，传输速度为40Gbit/s，三段式电压5V/12V/20V，最大供电100W，新型Type C接口允许正反盲插。

1. 工作原理

USB是一个外部总线标准，规范电脑与外部设备的连接和通信。USB接口具有热插拔功能。USB接口可连接多种外设，如鼠标和键盘等。USB是在1994年底由英特尔等多家公司联合在1996年推出后，成功替代串口和并口，已成为当今电脑与大量智能设备的必配接口。USB版本经历了多年的发展，到如今已经发展为USB4.0版本。对于大多数工程师来说，开发USB2.0接口产品主要障碍在于：要面对复杂的USB2.0协议、自己编写USB设备的驱动程序、熟悉单片机的编程。这不仅要求有相当的VC编程经验、还能够编写 USB 接口的硬件（固件）程序。所以大多数人放弃了自己开发 USB 产品。

2. 发展历程

（1）USB1.0。USB1.0 是在 1996 年出现的，速度只有 1.5Mb/s（位/秒）；1998 年升级为 USB 1.1，速度也大大提升到 12Mb/s，在部分旧设备上还能看到这种标准的接口。USB1.1 是较为普遍的 USB 规范，其高速方式的传输速率为 12Mbps，低速方式的传输速率为 1.5Mbps［b 是 Bit 的意思，b/s 一般表示位传输速度，bps 表示位传输速率，数值上相等。B/s 与 b/s，BPS（字节/秒）与 bps（位/秒）不能混淆］。1MB/s（兆字节/秒）= 8Mbps（兆位/秒），12Mbps=1.5MB/s，大部分 MP3 为此类接口类型。

（2）USB2.0。USB2.0 规范是由 USB1.1 规范演变而来的。它的传输速率达到了 480Mbps，折算为 MB 为 60MB/s，足以满足大多数外设的速率要求。USB2.0 中的"增强主机控制器接口"（EHCI）定义了一个与 USB1.1 相兼容的架构。它可以用 USB2.0 的驱动程序驱动 USB1.1 设备。也就是说，所有支持 USB1.1 的设备都可以直接在 USB2.0 的接口上使用而不必担心兼容性问题，而且像 USB 线、插头等附件也都可以直接使用。

使用 USB 为打印机应用带来的变化则是速度的大幅度提升，USB 接口提供了 12Mbps 的连接速度，相比并口速度提高达到 10 倍以上，在这个速度之下打印文件传输时间大大缩减。USB2.0 标准进一步将接口速度提高到 480Mbps，是普通 USB 速度的 20 倍，更大幅度降低了打印文件的传输时间。

（3）USB3.0。由英特尔（Intel）、微软、惠普、德州仪器、NEC、ST-NXP 等业界巨头组成的 USB3.0Promoter Group 宣布，该组织负责制定的新一代 USB3.0 标准已经正式完成并公开发布。USB3.0 的理论速度为 5.0Gb/s，其实只能达到理论值的五成，那也是接近于 USB2.0 的 10 倍了。USB3.0 的物理层采用 8b/10b 编码方式，这样算下来的理论速度也就 4Gb/s，实际速度还要扣除协议开销，在 4Gb/s 基础上要再少点。可广泛用于 PC 外围设备和消费电子产品。

USB3.0 在实际设备应用中将被称为"USB SuperSpeed"，顺应此前的 USB1.1 FullSpeed 和 USB2.0 HighSpeed。

（4）USB3.1。USB3.1 Gen2 是最新的 USB 规范，该规范由英特尔等公司发起。数据传输速度提升可至速度 10Gbps。与 USB3.0（即 USB3.1 Gen1）技术相比，新 USB 技术使用一个更高效的数据编码系统，并提供 1 倍以上的有效数据吞吐率。它完全向下兼容现有的 USB 连接器与线缆。

USB3.1 Gen2 兼容现有的 USB3.0（即 USB3.1 Gen1）软件堆栈和设备协议、5Gbps 的集线器与设备、USB2.0 产品。

USB-IF 最新的 USB 命名规范，原来的 USB3.0 和 USB3.1 将会不再被命名，所有的 USB 标准都将被叫作 USB3.2，考虑兼容性，USB3.0 至 USB 3.2 分别被叫作 USB3.2 Gen 1、USB3.2 Gen 2、USB3.2 Gen 2×2。

(5) USB4.0。USB4.0 规范由 USB 实施者论坛于 2019 年 8 月 29 日发布。USB4 基于 Thunderbolt 3 协议。它支持 40 Gbit/s 吞吐量，兼容 Thunderbolt 3，并向后兼容 USB3.2 和 USB2.0。

3. 主要优点

(1) 可以热插拔。就是用户在使用外接设备时，不需要关机再开机等动作，而是在电脑工作时，直接将 USB 插上使用。

(2) 携带方便。USB 设备大多以"小、轻、薄"见长，对用户来说，随身携带大量数据时，很方便。当然 USB 硬盘是首要之选了。

(3) 标准统一。大家常见的是 IDE 接口的硬盘，串口的鼠标键盘，并口的打印机扫描仪，可是有了 USB 之后，这些应用外设统统可以用同样的标准与个人电脑连接，这时就有了 USB 硬盘、USB 鼠标、USB 打印机等。

(4) 可以连接多个设备。USB 在个人电脑上往往具有多个接口，可以同时连接几个设备，如果接上一个有 4 个端口的 USB HUB 时，就可以再连上；4 个 USB 设备，以此类推，尽可以连下去，将你家的设备都同时连在一台个人电脑上而不会有任何问题（注：最高可连接至 127 个设备）。

4. 接口布置

USB 是一种常用的 PC 接口，它只有 4 根线，2 根电源、2 根信号，故信号是串行传输的，USB 接口也称为串行口，USB2.0 的速度可以达到 480Mbps。可以满足各种工业和民用需要。

USB 接口的输出电压和电流是：+5V，500mA。实际上有误差，最大不能超过 +/-0.2V，也就是 4.8~5.2V。USB 接口的 4 根线一般是下面这样分配的，需要注意的是千万不要把正负极弄反了，否则会烧掉 USB 设备或者电脑的南桥芯片：黑线：GND；红线：VCC；绿线：+D；白线：-D。

USB 接口颜色，一般从左到右的排列方式是红白绿黑。定义如图 3-2。

5. 接口种类

随着各种数码设备的大量普及，特别是 MP3 和数码相机的普及，我们周围的 USB 设备渐渐多了起来。然而这些设备虽然都是采用了 USB 接口，但是这些设备的数据线并不完全相同。这些数据线在连接 PC 的一端都是相同的，但是在连接设备端的时候，通常出于体积的考虑而采用了各种不同的接口。下面简单介绍 Mini 类型 USB 接口的各种应用（图 3-3）。

(1) USB Type-A。这种接口最为常见，大家都熟悉。各位电脑上目前都兼容这种接口，包括 U 盘等也都是用的这种接口。现在它已经进化为 USB3.0 Type-A。

(2) USB Type-B。这种接口在 3.5 英寸移动硬盘见过，打印机也在使用这种接口。目前 Android 手机最为常见的是它的缩小版：micro USB Type-B。

图 3-2　USB 接口定义

红色为 USB 电源：标有 -VCC、Power、5V、5VSB 字样。
白色为 USB 数据线：（负）-DATA-、USBD-、PD-、USBDT-。
绿色为 USB 数据线：（正）-DATA+、USBD+、PD+、USBDT+。
黑色为地线：GND、Ground。

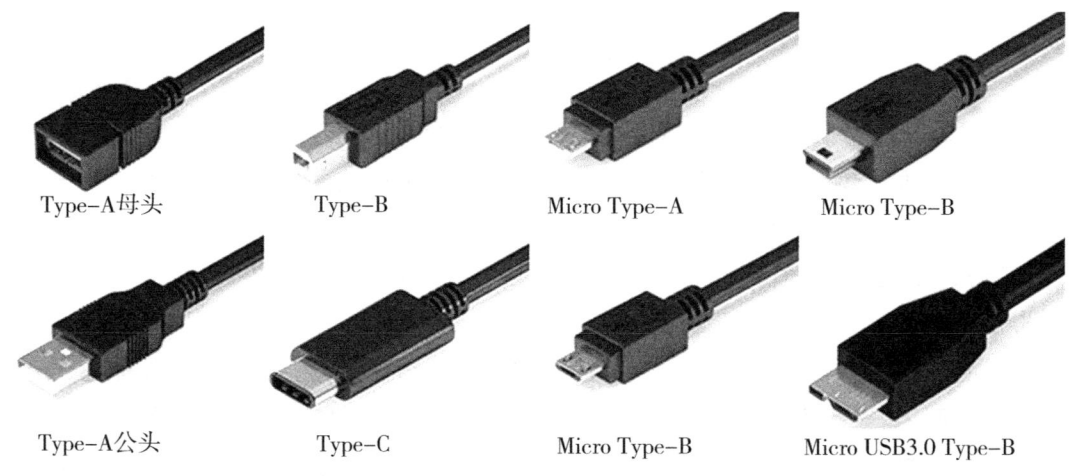

图 3-3　接口类型

（3）USB Type-C。由 USB-IF 组织于 2014 年 8 月发布，是 USB 标准化组织为了解决 USB 接口长期以来物理接口规范不统一、电能只能单向传输等弊端而制定的全新接口，它集充电、显示、数据传输等功能于一身。Type-C 接口最大的特点是支持正反 2 个方向插入，正式解决了"USB 永远插不准"的世界性难题，正反面随便插。USB Type-C 接口基于 USB3.1 标准被创造，它的传输速度达到 USB3.0 的 2 倍，但为啥不叫作开辟新一代的

USB4.0 呢？因为提升实在太小，之前的 USB3.0 相对 USB2.0 可是提升了不止 10 倍的速度。除此之外，USB3.1 标准下的 USB Type-C 接口支持最大 100W 供电能力，可以完全满足笔记本电脑这样的设备供电需求，而在 USB3.0 上仅为 4.5W。主要有以下几点：

①支持正反对称插拔，解决实际应用中的反插无法插入的问题。
②接口纤薄，可支持更加轻薄的设备，可令便携式设备的设计更薄更小。
③支持更大功率传输，最大可达 100W，支持更多的大功率负载设备。
④支持单口和双口 Type-C，应用灵活。
⑤支持双向功率传输，送电和受电均可。

三、RS232 接口

目前最常用的一种串行通信接口。在 1970 年由美国电子工业协会（EIA）联合贝尔系统、调制解调器厂家及计算机终端生产厂家共同制定的用于串行通信的标准。它的全名是"数据终端设备（DTE）和数据通信设备（DCE）之间串行二进制数据交换接口技术标准"该标准规定采用一个 25 个脚的 DB-25 连接器，对连接器的每个引脚的信号内容加以规定，还对各种信号的电平加以规定。后来 IBM 的 PC 机将 RS232 简化成了 DB-9 连接器，从而成为事实标准。而工业控制的 RS232 口一般只使用 RXD、TXD、GND 3 条线。

RS232 总线规定了 25 条线，包含了两个信号通道，即第一通道（称为主通道）和第二通道（称为副通道）。利用 RS232 总线可以实现全双工通信，通常使用的是主通道，而副通道使用较少。在一般应用中，使用 3~9 条信号线就可以实现全双工通信，采用 3 条信号线（接收线、发送线和信号线）能实现简单的全双工通信过程。

1. 通信机理

以计算机和调制解调器之间的通信流程来说明 RS232 串行通信原理，当调制解调器处于应答方式下，计算机和调制解调器之间的 RS232 信号间的交互关系和工作过程。假定调制解调器是全双工的，并以 RS232 标准规范工作。

（1）初始状态时，RTS、CTS 持续为 ON，通过通信程序设置和监测 RS232 引线状态。在应答模式下，计算机中的软件一直监视着振铃指示（RI），等待 RI 发出 ON 信号。

（2）计算机上的通信程序在收到 RI 信号后，就开始通过振铃指示器 ON/OFF 变换的次数对振铃进行计数，当到达程设定的振铃次数时，通信程序就发生数据终端就绪（DTR）信号，强迫调制解调器进入摘机状态。

（3）等待 2s 后（FCC 规定），调制解调器自动开始发送其应答载波。这时调制解调器发出调制解调器就绪（DSR）信号通知计算机：它已完成所有的准备工作并等待载波信号。

（4）在持续发出 DTR 信号期间，计算机软件监测 DSR 信号。当 DSR 信号变为 ON

时，计算机就知道调制解调器已准备数据链路的连接，计算机立即开始监测数据载波监测（CD）信号，以证实数据链路的存在。

（5）当源调制解调器的载波出现于电话线上时，应答调制解调器就发出 CD 信号。

（6）通过发送数据线（TD）和接收数据线（RD），开始全双工通信。在数据链路传输期间，计算机通过监测 CD 来确保数据链路的存在。

（7）通信任务一旦完成，计算机就禁止 DTR，调制解调器用除去其载波音调、禁止 CD 和 DSR 来响应。随着链路被拆除，调制解调器就会返回初始状态。

RS232 串行通信距离较近时（<12m），可以用电缆线直接连接标准 RS232 端口，若距离较远需附加调制解调器（Mode），最为简单的且常用的是三线制接法，即地、接收数据、发送数据三脚相连。

2. 机械特性

RS232 标准采用的接口是 9 针或 25 针的 D 型插头，常用的一般是 9 针插头。它们是：

（1）接收线信号检出（Received Line Signal Detection，RSD）。用来表示 DCE 已接通通信链路，告知 DTE 准备接收数据。当本地的 Modem 收到由通信链路另一端（远地）的 Modem 送来的载波信号时，使 RLSD 信号有效，通知终端准备接收，并且由 Modem 将接收下来的载波信号解调成数字数据后，沿接收数据线 RXD 送到终端。此线也叫作数据载波检出（Data Carrier detection，DCD）线。

（2）接收数据（Received data，RXD）。通过 RXD 线终端接收从 Modem 发来的串行数据（DCE→DTE）。

（3）发送数据（Transmitted data，TXD）。通过 TXD 终端将串行数据发送到 Modem（DTE→DCE）。

（4）数据终端准备好（Data Terminal Ready，DTR）。有效时（ON）状态，表明数据终端可以使用。

（5）地线。GND。

（6）数据装置准备好（Data Set ready，DSR）。有效时（ON）状态，表明通信装置处于可以使用的状态。

（7）请求发送（Request to Send）。用来表示 DTE 请求 DCE 发送数据，即当终端要发送数据时，使该信号有效（ON 状态），向 Modem 请求发送。它用来控制 Modem 是否要进入发送状态。

（8）清除发送（Clear to Send，CTS）。用来表示 DCE 准备好接收 DTE 发来的数据，是对请求发送信号 RTS 的响应信号。当 Modem 已准备好接收终端传来的数据并向前发送时，使该信号有效，通知终端开始沿发送数据线 TXD 发送数据。

（9）振铃指示（Ringing，R）。当 Modem 收到交换台送来的振铃呼叫信号时，使该信号有效（ON 状态），通知终端，已被呼叫。

3. 电气特性

在 TXD 和 RXD 上：逻辑 1（MARK）= -15~-3V；逻辑 0（SPACE）= 3~15V。在 RTS、CTS、DSR、DTR 和 DCD 等控制线上：信号有效（接通，ON 状态，正电压）= 3~15V；信号无效（断开，OFF 状态，负电压）= -15~-3V。

以上规定说明了 RS232C 标准对逻辑电平的定义。对于数据（信息码），逻辑 1（传号）的电平低于-3V，逻辑 0（空号）的电平高于+3V；对于控制信号，接通状态（ON）即信号有效的电平高于 3V，断开状态（OFF）即信号无效的电平低于-3V，也就是当传输电平的绝对值大于 3V 时，电路可以有效地检查出来，介于-3~3V 的电压无意义，低于-15V 或高于 15V 的电压也认为无意义，因此，实际工作时，应保证电平在±（3~15）V 用 RS232 总线连接系统时有近程通信方式和远程通信方式两种，近程通信是指传输距离小于 15m 的通信，可以用 RS232 电缆直接连接；15m 以上的长距离通信，需要采用调制调解器。

4. 特点

（1）信号线少。RS232 总线规定了 25 条线，包含了两个信号通道，即第一通道（称为主通道）和第二通道（称为副通道）。利用 RS232 总线可以实现全双工通信，通常使用的是主通道，而副通道使用较少。在一般应用中，使用 3~9 条信号线就可以实现全双工通信，采用 3 条信号线（接收线、发送线和信号线）能实现简单的全双工通信过程。

（2）灵活的波特率选择。RS232 规定的标准传送速率有 50b/s、75b/s、110b/s、150b/s、300b/s、600b/s、1 200b/s、2 400b/s、4 800b/s、9 600b/s、19 200b/s，可以灵活地适应不同速率的设备。对于慢速外设，可以选择较低的传送速率；反之，可以选择较高的传送速率。

（3）采用负逻辑传送。规定逻辑"1"的电平为-15~-5 V，逻辑"0"的电平为 5~15 V。选用该电气标准的目的在于提高抗干扰能力，增大通信距离。RS232 的噪声容限为 2V，接收器将能识别高至+3V 的信号作为逻辑"0"，将低到-3 V 的信号作为逻辑"1"。

（4）传送距离较远。由于 RS232 采用串行传送方式，并且将微机的 TTL 电平转换为 RS232C 电平，其传送距离一般可达 30m。若采用光电隔离 20mA 的电流环进行传送，其传送距离可以达到 1 000m。另外，如果在 RS232 总线接口再加上 Modem，通过有线、无线或光纤进行传送，其传输距离可以更远。

（5）两种物理接口。RS232 接口的一种连接器是 D13-25 的 25 芯插头座，通常情况下插头在 DCE 端，插座在 DTE 端。

5. 缺点

（1）接口的信号电平值较高，易损坏接口电路的芯片，又因为与 TTL 电平不兼容故需使用电平转换电路方能与 TTL 电路连接。

（2）传输速率较低，在异步传输时，波特率为 20kbps；因此在 CPLD 开发板中，综合程序波特率只能采用19200，也是这个原因。

（3）接口使用一根信号线和一根信号返回线而构成共地的传输形式，这种共地传输容易产生共模干扰，所以抗噪声干扰性弱。

（4）传输距离有限，最大传输距离标准值为50英尺[①]，实际上也只能用在15m左右。

6. 与USB比较

RS232与USB都是串行通信，但无论是底层信号、电平定义、机械连接方式，还是数据格式、通信协议等，两者完全不同。RS232是一个流行的接口。在MS-DOS中，4个串行接口称为COM1、COM2、COM3和COM4，而绝大部分Windows应用程序最多可以有4个外设，但是如果用户要扩充更多外设时，就必须用插入式串行卡或者外部开关盒实现。RS232点对点连接，一个串口只能连接一个外设。

而USB是一种多点、高速的连接方式，采用集线器能实现更多的连接。USB接口的基本部分是串行接口引擎SIE，SIE从USB收发器中接收数据位，转化为有效字节传送给SIE接口；反之，SIE接口也可以接收字节转化为串行位送到总线。由于PC机串口的最高速率仅为115.2kbps，会形成一个速度瓶颈。RS232系统包括2个串行信号路径，其方向相反，分别用于传输命令和数据，而命令和状态必须与数据交织在一起；而USB支持分离的命令和数据通道并允许独立的状态报告。USB是一种方便、灵活、简单、高速的总线结构，与传统的RS232接口相比，主要有以下特点：

（1）USB采用单一形式的连接头和连接电缆，实现了单一的数据通用接口。USB统一的4针插头，取代了PC机箱后种类繁多的串/并插头，实现了将计算机常规I/O设备、多媒体设备（部分）、通信设备（电话、网络）以及家用电器统一为一种接口的愿望。

（2）USB采用的是一种易于扩展的树状结构，通过使用USB Hub扩展，可连接多达127个外设。USB免除所有系统资源的要求，避免了安装硬件时发生端口冲突的问题，为其他设备空出硬件资源。

（3）USB外设能自动进行设置，支持即插即用与热插拔。

（4）灵活供电。USB电缆具有传送电源的功能，支持节约能源模式，耗电低。USB总线可以提供电压+5V、最大电流2A的电源，供低功耗的设备作电源使用，不需要额外的电源。

（5）USB可以支持4种传输模式：控制传输、同步传输、中断传输、批量传输，可以适用于很多类型的外设。

（6）通信速度快。USB支持3种总线速度，低速1.5Mbps、全速12Mbps和高速480Mbps。

（7）数据传送的可靠性。USB采用差分传输方式，且具有检错和纠错功能，保证了数

---

① 1英尺约为0.3m，全书同。

据的正确传输。

（8）低成本。USB简化了外设的连接和配置的方法，有效地减少了系统的总体成本，是一种廉价的简单实用的解决方案，具有较高的性能价格比。

RS232应用范围广泛、价格便宜、编程容易并且可以比其他接口使用更长的导线，随着USB端口使用越来越普遍，将会出现更多地把RS232或其他接口转换成USB的转换装置。但是RS232和类似的接口仍将在诸如监视和控制系统这样的应用中得到普遍的应用。对习惯使用RS232的开发者和产品可以考虑设计USB/RS232转换器，通过USB总线传输RS232数据，即PC端的应用软件依然是针对RS232串行端口编程的，外部设备也是以RS232为数据通信通道，但从PC到外设之间的物理连接却是USB总线，其上的数据通信也是USB数据格式。采用这种方式的好处在于：一方面，保护原有的软件开发投入，已开发成功的针对RS232外设的应用软件可以不加修改地继续使用；另一方面，充分利用了USB总线的优点，通过USB接口可连接更多的RS232设备，不仅可获得更高的传输速度，实现真正的即插即用，同时解决了USB接口不能远距离传输的缺点（USB通信距离在5m内）。

四、RJ45接口

RJ45是布线系统中信息插座（即通信引出端）连接器的一种，连接器由插头（接头、水晶头）和插座（模块）组成，插头有8个凹槽和8个触点。RJ是Registered Jack的缩写，意思是"注册的插座"。在美国联邦通信委员会（FCC）标准和规章中RJ是描述公用电信网络的接口，计算机网络的RJ45是标准8位模块化接口的俗称。

1. 设计原理

RJ45模块的核心是模块化插孔。镀金的导线或插座孔可维持与模块化的插座弹片间稳定而可靠的电器连接。由于弹片与插孔间的摩擦作用，电接触随着插头的插入而得到进一步加强。插孔主体设计采用整体锁定机制，这样当模块化插头插入时，插头和插孔的界面外可产生最大的拉拔强度。RJ45模块上的接线模块通过"U"形接线槽来连接双绞线，锁定弹片可以在面板等信息出口装置上固定RJ45模块。

2. 线序连接

信息模块或RJ45连插头与双绞线端接有T568A或T568B两种结构。在T568A中，与之相连的8根线分别定义为：白绿、绿；白橙、蓝；白蓝、橙；白棕、棕。在T568B中，与之相连的8根线分别定义为：白橙、橙；白绿、蓝；白蓝、绿；白棕、棕。其中定义的差分传输线分别是白橙色和橙色线缆、白绿色和绿色线缆、白蓝色和蓝色线缆、白棕色和棕色线缆。

为达到最佳兼容性，制作直通线时一般采用T568B标准。RJ45水晶头针顺序号应按照如下方法进行观察：将 RJ45 插头正面（有铜针的一面）朝自己，有铜针一头朝上方，连接线缆的一头朝下方，从左至右将 8 个铜针依次编号为 1~8（图 3-4）。

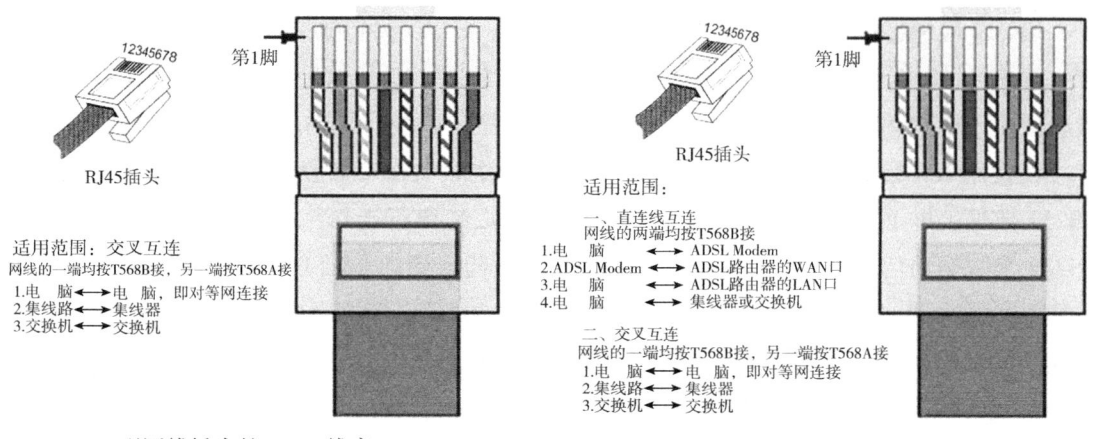

图 3-4　线序图

从引针 1 至引针 8 对应线序为：

T568A：① 白-绿、② 绿、③ 白-橙、④ 蓝、⑤ 白-蓝、⑥ 橙、⑦ 白-棕、⑧ 棕。

T568B：① 白-橙、② 橙、③ 白-绿、④ 蓝、⑤ 白-蓝、⑥ 绿、⑦ 白-棕、⑧ 棕。

两种国际标准并没有本质的区别，只是颜色上的区别，需要注意的是在连接两个 RJ45 水晶头时必须保证：1、2 脚对是一个绕对，3、6 脚对是一个绕对，4、5 脚对是一个绕对，7、8 脚对是一个绕对。在同一个综合布线系统工程中，只能采用一种连接标准。制作连接线、插座、配线架等一般较多地使用 TIA/EIA-568-B 标准，否则，应标注清楚。

电缆需与同类的连接器件端接。比如，5e 类和 6 类的连接器，在外观上很相似，但在物理机构上是有差别的。如果把一条 5e 类电缆与一个 3 类标准连接器或配线盘端接，就会把电缆信道的性能降低为 3 类。所以为了保证电缆的性能指标，模块连接器也必须达到相应的标准。

网络传输线分为直通线、交叉线和全反线。直通线用于异种网络设备之间的互联，例如，计算机与交换机。交叉线用于同种网络设备之间的互联，例如，计算机与计算机。全反线用于超级终端与网络设备的控制物理接口之间的连接。

3. 引脚定义

常见的 RJ45 接口有两类：用于以太网网卡、路由器以太网接口等的 DTE（数据终端设备）类型和用于交换机等的 DCE（数字通信设备）类型。当两个类型一样的设备使用 RJ45 接口连接通信时，必须使用交叉线连接。如果 DTE 类型接口和 DTE 类型接口相连时不交叉相连引脚，对触的引脚都是数据接收（发送）引脚，不能进行通信。另外，一些 DCE 类型设备会和对方自动协商，此时连接用直通线或平行线均可（图3-5、表3-1）。

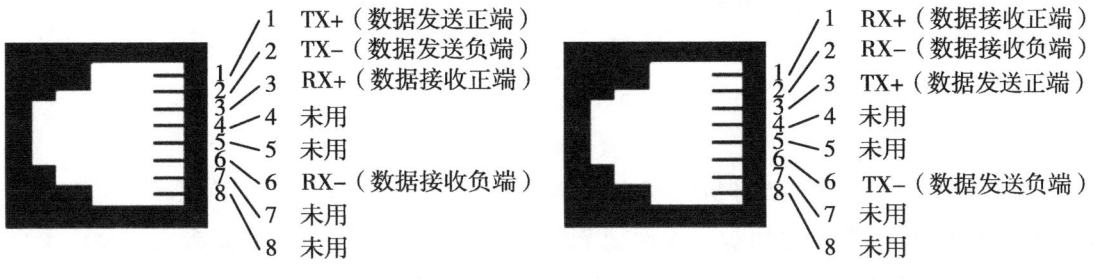

（a）RJ45 DTE类型引脚定义　　　　　　（b）RJ45 DCE类型引脚定义

图 3-5　RJ45 引脚定义

表 3-1　引脚信号定义表

以太网 10/100Base-T 接口			以太网 100Base-T4 接口		
引脚号	引脚名称	说明	引脚号	引脚名称	说明
1	TX+	发送数据+	1	TX_D1+	发送数据+
2	TX-	发送数据-	2	TX_D1-	发送数据-
3	RX+	接收数据+	3	RX_D2+	接收数据+
4	n/c	未使用	4	BI_D3+	双向数据+
5	n/c	未使用	5	BI_D3-	双向数据-
6	RX-	接收数据-	6	RX_D2-	接收数据-
7	n/c	未使用	7	BI_D4+	双向数据+
8	n/c	未使用	8	BI_D4-	双向数据-

4. 插头/水晶头

（1）作用。RJ45 插头又称为 RJ45 水晶头（RJ45 Modular Plug），用于数据电缆的端接，实现设备、配线架模块间的连接及变更。对 RJ45 水晶头要求具有良好的导通性能；接点三叉簧片镀金厚度为 $50\mu m$，满足超 5 类传输标准，符合 T568A 和 T568B 线序；具有防止松动、插拔、自锁等功能。

RJ45 插头是铜缆布线中的标准连接器，它和插座（RJ45 模块）共同组成一个完整的连接器单元。这两种元件组成的连接器连接于导线之间，以实现导线的电气连续性。它也是综合布线技术成品跳线里的一个组成部分，RJ45 水晶头通常接在对绞电缆的两端。在规范的综合布线设计安装中，这个配件产品通常不单独列出，也就是不主张用户自己完成双绞线与 RJ45 插头的连接工作。

（2）分类。RJ45 插头分为非屏蔽和屏蔽两种。屏蔽 RJ45 插头外围用屏蔽包层覆盖，其实物外形与非屏蔽的插头没有区别。还有一种专为工厂环境特殊设计的工业用的屏蔽RJ45插头，与屏蔽模块搭配使用。

RJ45插头常使用一种防滑插头护套，用于保护连插头、防滑动和便于插拔，此外，它还有各种颜色选择，可以提供与嵌入式图标相同的颜色，以便于正确连接。

5. 插座/模块

（1）规格。常用的RJ45非屏蔽模块高2cm、宽2cm、厚3cm，塑体抗高压、阻燃，可卡接到任何M系列模式化面板、支架或表面安装盒中，并可在标准面板上以90°（垂直）或45°斜角安装，特殊的工艺设计至少提供750次重复插拔。模块使用了T568-A和T568-B布线通用标签。这种模块是综合布线系统中应用最多的一种模块，无论从三类、五类、还是超五类和六类，它的外形都保持了相当的一致。

（2）分类。按RJ45模块的安装位置来分，分为埋入型、地毯型、桌上型和通用型四个标准。

按屏蔽性能分为非屏蔽模块和屏蔽模块。当安装屏蔽电缆系统时，整个链路都必须屏蔽，包括电缆和连接件，都需要用屏蔽的信息模块。

根据模块端接时是否需要打线来分，信息模块有打线式与免打线式信息模块。打线式信息模块需用专用的打线工具将双绞线导线压入信息模块的接线槽内。免打线工具设计也是模块的人性化设计的一个体现，这种模块端接时无须用专用刀具。

按照接线部位的不同，分为在上部端接和尾部端接两种，大部分产品采用上部端接方式。

（3）特殊设计。内置防尘盖系列插座具有一个弹簧承载的内置防尘盖，在插入和拔出跳线插头时，防尘盖可以自动缩进和弹出。此外，其独有的弹簧支撑的"门"保证了跳线插头绝不会只插入一部分，而影响稳定的数据传输。带防尘盖的传统插座通常都要求使用两只手才能打开防尘盖，插入跳线，而Molex企业布线网络设内置防尘盖插座则允许使用一只手插入跳线，其使用起来更加简便。另外，在每次连接/断开时，"门"会擦净针脚，可以全面防止尘土和杂质进入连接器，使插座获得最大的保护和保证可靠的数据传输能力。Molex内置防尘盖的插座外观紧凑（高21mm×宽21mm×厚26mm），在每个工作站上实现了最大密度。在一个标准尺寸的长方形墙上面板中，可以容纳最多6个插座；在一个配有防尘盖的标准尺寸的正方形墙上面板中，可以容纳最多4个插座。其密度相当于传统插座的2倍。

为方便使用者插拔安装，可以使用45°斜角操作。为达到这一目标，在标准模块加上45°斜角的面板完成，也可以将模块安装端直接设计成45°斜角。

6. 性能指标

RJ45的性能指标同样包括衰减、近端串扰、插入损耗、回波损耗和远端串扰等。RJ45的性能技术说明：接触电阻为2.5mΩ，绝缘电阻为1 000mΩ，抗电强度为DC1000V

(AC700V)时,1min无击穿和飞弧现象;卡接簧片表面镀金或镀银,可接线径为0.4~0.6mm;插头插座可重复插拔次数不小于750次;8线接触针镀金509(inch)。

在这些性能指标要求中,串扰是设计时考虑的一个重要因素,为了使整个链路有更好的传输性能,在插座中常采用串扰抵消技术,串扰抵消技术能够产生与从插头引入的干扰大小相同、极性相反的串音信号来抵消串扰。如果由模块化插头引入的串音干扰用"++++"表示,插座产生的相反的串音则用"----"表示。当两个串音信号的大小相等,极性相反时,总的耦合串音干扰信号的大小为0。

第二节 无线传输方式

无线传输(Wireless transmission)是指利用无线技术进行数据传输的一种方式。无线传输和有线传输是对应的。随着无线技术的日益发展,无线传输技术应用越来越被各行各业所接受。

一、无线通信原理

在通信系统中,模拟信号与数字信号是基本的概念,弄清模拟和数字的关系是理解无线通信原理的基础。

模拟信号是连续变化的电磁波,数字信号是电压脉冲序列。看一个实例,图3-6选自经典教材《无线通信与网络(第二版)》,电话通信是典型的模拟数据(声波)通过模拟信号传输;家庭宽带拨号上网是典型的数字数据(计算机只能处理数字信号)通过模拟信号[由"猫"(Modem)完成调制]传输,同时模拟信号也可以转换成数字信号(由"猫"完成解调);计算机局域共享则是典型的数字数据通过数字信号传输。

模拟信号:用连续变化的电磁波表示数据

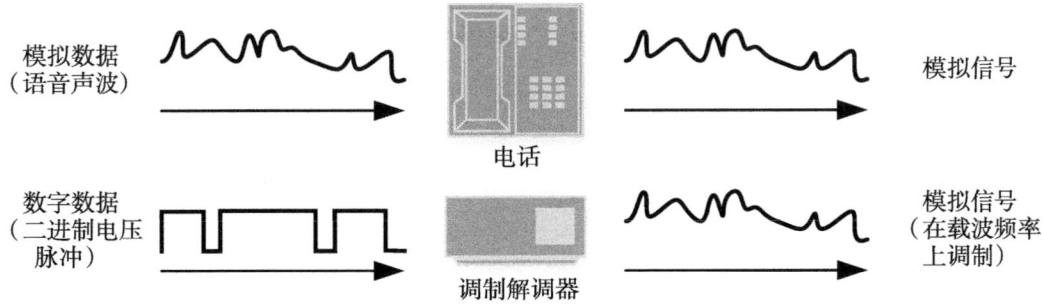

数字信号：用电压脉冲序列表示数据

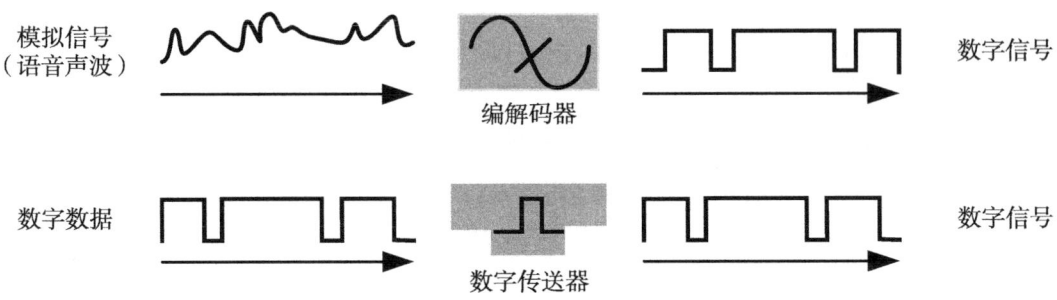

图3-6 模拟数据和数字数据的模拟信号和数字信号

通信信号的第一个"敌人"是噪声，如图3-7所示，噪声会影响数字位，足以将1变为0，或将0变为1。

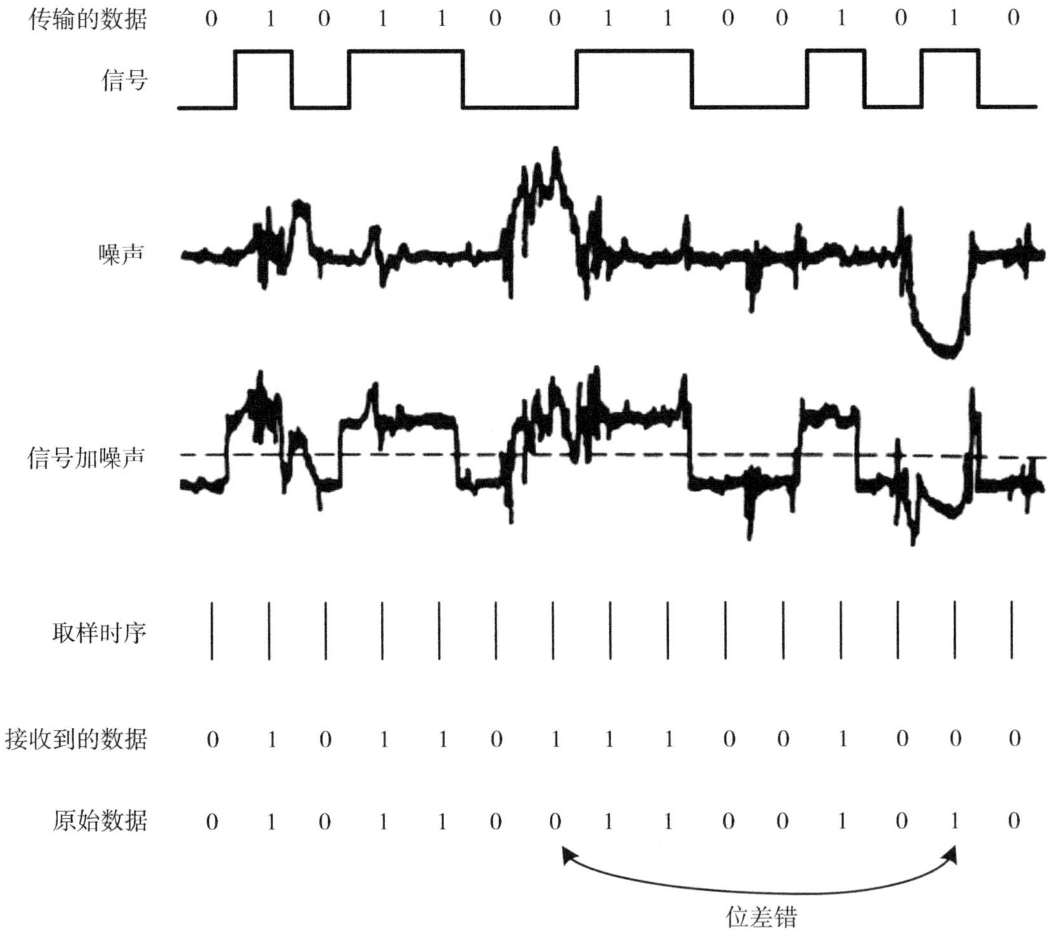

图3-7 信号噪声影响

无线传播主要有3种类型：地波传播、天波传播和直线传播，如图3-8所示。

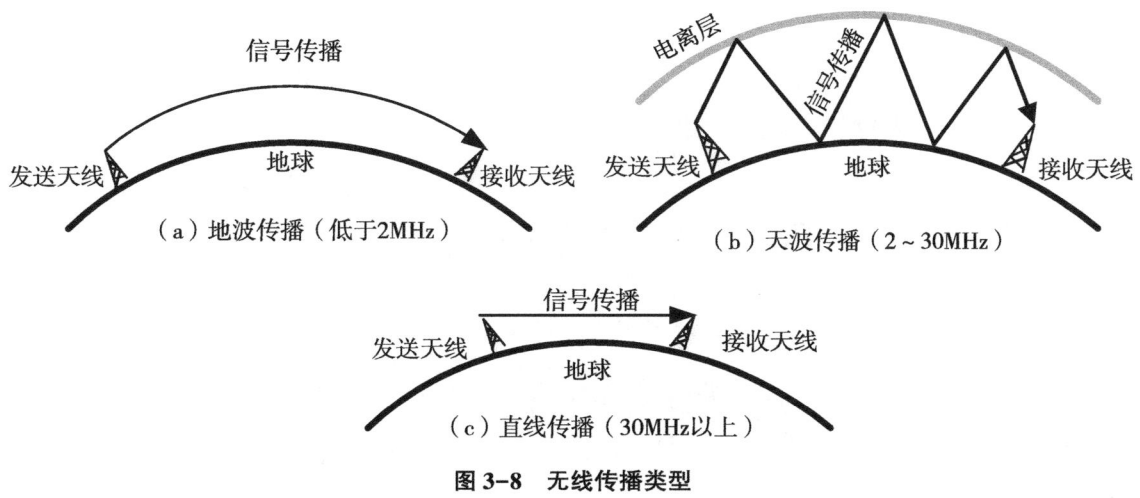

图3-8 无线传播类型

无线信号除直线传播外，因为阻碍物的存在，还会发现如图3-9所示的3种传播机制：反射（R）、散射（S）和衍射（D），因为传输路径的不同而引起多径衰退是无线通信的一个挑战。

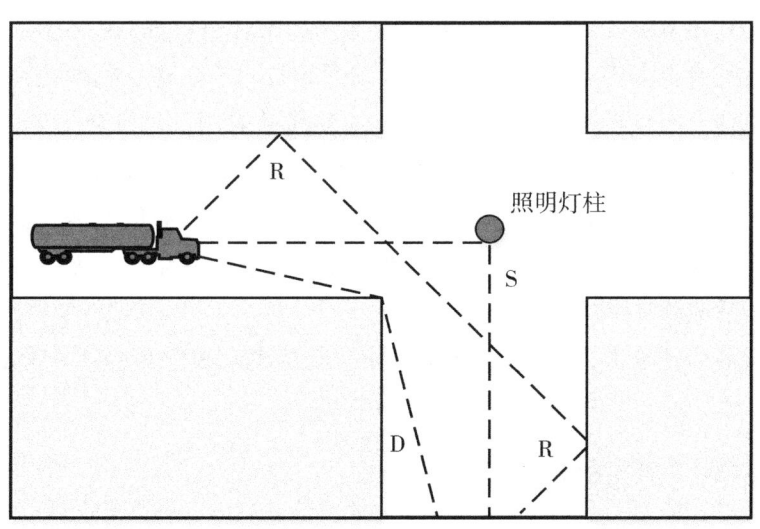

图3-9 三种传播机制：反射（R）、散射（S）和衍射（D）

因为电磁波是连续的模拟信号，无线通信中数字数据都需要调制成模拟信号，常见的方法有：ASK（幅移键控）、FSK（频移键控）和PSK（相移键控），如图3-10所示。

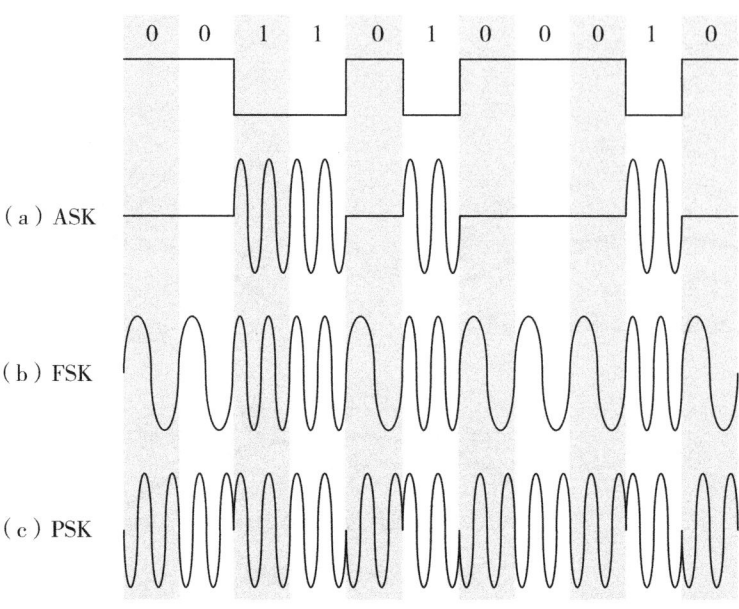

图 3-10　数字信号调制成模拟信号的常见方法

二、无线通信传输方式及技术原理

无线通信是利用电磁波信号在自由空间中传播的特性进行信息交换的一种通信方式。无线通信技术自身有很多优点，成本较低，无线通信技术不必建立物理线路，更不用大量的人力去铺设电缆，而且无线通信技术不受工业环境的限制，对抗环境的变化能力较强，故障诊断也较为容易，相对于传统的有线通信的设置与维修，无线网络的维修可以通过远程诊断完成，更加便捷；扩展性强，当网络需要扩展时，无线通信不需要扩展布线；灵活性强，无线网络不受环境地形等限制，而且在使用环境发生变化时，无线网络只需要做很少的调整，就能适应新环境的要求。

常见的无线通信传输方式及技术分为两种：近距离无线通信技术和远距离无线传输技术。

（一）近距离无线通信技术

近距离无线通信技术是指通信双方通过无线电波传输数据，并且传输距离在较近的范围内，其应用范围非常广泛。近年来，应用较为广泛及具有较好发展前景的短距离无线通信标准有：Zig-Bee、蓝牙（Bluetooth）、无线宽带（Wi-Fi）、超宽带（UWB）、近场通信（NFC）、LoRa、窄带物联网（NB-IoT）和 LTE Cat M1。

1. Zig-Bee

Zig-Bee 是基于 IEEE802.15.4 标准而建立的一种短距离、低功耗的无线通信技术。Zig-Bee 来源于蜜蜂群的通信方式，由于蜜蜂（Bee）是靠飞翔和"嗡嗡"（Zig）地抖动翅膀来与同伴确定食物源的方向、位置和距离等信息，从而构成了蜂群的通信网络。具有如下特点：

（1）低功耗。在低耗电待机模式下，2 节 5 号干电池可支持 1 个节点工作 6~24 个月，甚至更长。这是 ZigBee 的突出优势。相比较，蓝牙能工作数周、Wi-Fi 可工作数小时。

TI 公司和德国的 Micropelt 公司共同推出新能源的 Zig-Bee 节点。该节点采用 Micropelt 公司的热电发电机给 TI 公司的 Zig-Bee 提供电源。

（2）低成本。通过大幅简化协议（不到蓝牙的 1/10），降低了对通信控制器的要求，按预测分析，以 8051 的 8 位微控制器测算，全功能的主节点需要 32KB 代码，子功能节点少至 4KB 代码，而且 Zig-Bee 免协议专利费。每块芯片的价格大约为 2 美元。

（3）低速率。Zig-Bee 工作在 20~250kbps 的速率，分别提供 250kbps（2.4GHz）、40kbps（915MHz）和 20kbps（868MHz）的原始数据吞吐率，满足低速率传输数据的应用需求。

（4）近距离。传输范围一般介于 10~100m，在增加发射功率后，亦可增加到 1~3km。这指的是相邻节点间的距离。如果通过路由和节点间通信的接力，传输距离将可以更远。

（5）短时延。Zig-Bee 的响应速度较快，一般从睡眠转入工作状态只需 15ms，节点连接进入网络只需 30ms，进一步节省了电能。相比较，蓝牙需要 3~10s，Wi-Fi 需要 3s。

（6）高容量。Zig-Bee 可采用星状、片状和网状网络结构，由一个主节点管理若干子节点，最多一个主节点可管理 254 个子节点；同时主节点还可由上一层网络节点管理，最多可组成 65 000 个节点的大网。

（7）高安全。Zig-Bee 提供了三级安全模式，包括安全设定、使用访问控制清单（Access Control List，ACL）防止非法获取数据以及采用高级加密标准（AES128）的对称密码，以灵活确定其安全属性。

（8）免执照频段。使用工业科学医疗（ISM）频段，915MHz（美国）、868MHz（欧洲）、2.4GHz（全球），由于此 3 个频带物理层并不相同，其各自信道带宽也不同，分别为 0.6MHz、2MHz 和 5MHz。分别有 1 个、10 个和 16 个信道。

这 3 个频带的扩频和调制方式亦有区别。扩频都使用直接序列扩频（DSSS），但从 bit 到码片的变换差别较大。调制方式都用了调相技术，但 868MHz 和 915MHz 频段采用的是 BPSK，而 2.4GHz 频段采用的是 OQPSK。

在发射功率为 0dBm 的情况下，蓝牙通常能有 10m 的作用范围。而 Zig-Bee 在室内通常能达到 30~50m 的作用距离，在室外空旷地带甚至可以达到 400m（TICC2530 不加功率放大）。

所以 Zig-Bee 可归为低速率的短距离无线通信技术。

2. 蓝牙（Bluetooth）

蓝牙是一种无线技术标准，可实现固定设备、移动设备和楼宇个人域网之间的短距离数据交换。蓝牙技术最初由电信巨头爱立信公司于 1994 年创制，当时是作为 RS232 数据线的替代方案。蓝牙可连接多个设备，克服了数据同步的难题。

能够在 10m 的半径范围内实现点对点或一点对多点的无线数据和声音传输，其数据传输带宽可达 1Mbps 通信介质为频率在 2.402~2.480GHz 的电磁波。蓝牙技术可以广泛应用于局域网络中各类数据及语音设备，如 PC、拨号网络、笔记本电脑、打印机、传真机、数码相机、移动电话和高品质耳机等，实现各类设备之间随时随地进行通信。

（1）传输与应用。蓝牙使用跳频技术，将传输的数据分割成数据包，通过 79 个指定的蓝牙频道分别传输数据包。每个频道的频宽为 1MHz。蓝牙 4.0 使用 2 MHz 间距，可容纳 40 个频道。第一个频道始于 2 402 MHz，每 1 MHz 一个频道，至 2 480 MHz。有了适配跳频（Adaptive Frequency-Hopping，AFH）功能，通常每秒跳 1 600 次。

最初，高斯频移键控（Gaussian frequency-shift keying，GFSK）调制是唯一可用的调制方案。然而蓝牙 2.0+EDR 使得 π/4-DQPSK 和 8DPSK 调制在兼容设备中的使用变为可能。运行 GFSK 的设备据说可以以基础速率（Basic Rate，BR）运行，瞬时速率可达 1Mbit/s。增强数据率（Enhanced Data Rate，EDR）一词用于描述 π/4-DPSK 和 8DPSK 方案，分别可达 2Mbit/s 和 3Mbit/s。在蓝牙无线电技术中，两种模式（BR 和 EDR）的结合统称为"BR/EDR 射频"。

蓝牙是基于数据包、有着主从架构的协议。一个主设备至多可和同一微微网中的 7 个从设备通信。所有设备共享主设备的时钟。分组交换基于主设备定义的、以 312.5μs 为间隔运行的基础时钟。两个时钟周期构成一个 625μs 的槽，两个时间隙就构成了一个 1 250μs 的缝隙对。在单槽封包的简单情况下，主设备在双数槽发送信息、单数槽接受信息。而从设备则正好相反。封包容量可长达 1 个、3 个或 5 个时间隙，但无论是哪种情况，主设备都会从双数槽开始传输，从设备从单数槽开始传输。

（2）通信连接。蓝牙主设备最多可与一个微微网（一个采用蓝牙技术的临时计算机网络）中的 7 个从设备通信，当然并不是所有设备都能够达到这一最大量。设备之间可通过协议转换角色，从设备也可转换为主设备（比如，一个头戴式耳机如果向手机发起连接请求，它作为连接的发起者，自然就是主设备，但是随后也许会作为从设备运行）。

蓝牙核心规格提供两个或以上的微微网连接以形成分布式网络，让特定的设备在这些微微网中自动同时地分别扮演主和从的角色。

数据传输可随时在主设备和其他设备之间进行（应用极少的广播模式除外）。主设备可选择要访问的从设备；典型的情况是，它可以在设备之间以轮替的方式快速转换。因为是主设备来选择要访问的从设备，理论上从设备就要在接收槽内待命，主设备的负担要比从设备少一些。主设备可以与 7 个从设备相连接，但是从设备却很难与 1 个以上的主设备相连。规格对于散射网中的行为要求是模糊的。

许多 USB 蓝牙适配器或"软件狗"是可用的，其中一些还包括一个 IrDA 适配器。

（3）蓝牙协议栈。蓝牙被定义为协议层架构，包括核心协议、电缆替代协议、电话传送控制协议、选用协议。所有蓝牙堆栈的强制性协议包括：LMP、L2CAP 和 SDP。此外，与蓝牙通信的设备基本普遍都能使用 HCI 和 RFCOMM 这些协议。

①LMP。链路管理协议（LMP）用于两个设备之间无线链路的建立和控制。应用于控制器上。

②L2CAP。逻辑链路控制与适配协议（L2CAP）常用来建立两个使用不同高级协议的设备之间的多路逻辑连接传输。提供无线数据包的分割和重新组装。

在基本模式下，L2CAP 能最大提供 64kb 的有效数据包，并且有 672B 作为默认 MTU（最大传输单元），以及最小 48B 的指令传输单元。

在重复传输和流控制模式下，L2CAP 可以通过执行重复传输和 CRC 校验（循环冗余校验）来检验每个通道数据是否正确或者是否同步。

在蓝牙核心规格中添加了两个附加的 L2CAP 模式。这些模式有效的否决了原始的重传和流控模式。

a. 增强型重传模式（Enhanced Retransmission Mode，ERTM）：该模式是原始重传模式的改进版，提供可靠的 L2CAP 通道。

b. 流模式（Streaming Mode，SM）：这是一个非常简单的模式，没有重传或流控。该模式提供不可靠的 L2CAP 通道。

其中任何一种模式的可靠性都是可选择的，并/或由底层蓝牙 BDR/EDR 空中接口通过配置重传数量和刷新超时而额外保障的。顺序排序是由底层保障的。

只有 ERTM 和 SM 中配置的 L2CAP 通道才有可能在 AMP 逻辑链路上运作。

③SDP。服务发现协议（SDP）允许一个设备发现其他设备支持的服务，和与这些服务相关的参数。比如当用手机去连接蓝牙耳机［其中包含耳机的配置信息、设备状态信息，以及高级音频分类信息（A2DP）等］。并且这些众多协议的切换需要被每个连接它们的设备设置。每个服务都会被全局独立性识别号（UUID）所识别。根据官方蓝牙配置文档给出了一个 UUID 的简短格式（16 位）。

④RFCOMM。射频通信（RFCOMM）常用于建立虚拟的串行数据流。RFCOMM 提供了基于蓝牙带宽层的二进制数据转换和模拟 EIA-232（即早前的 RS232）串行控制信号，也就是说，它是串口仿真。

RFCOMM 向用户提供了简单而且可靠的串行数据流。类似 TCP。它可作为 AT 指令的载体直接用于许多电话相关的协议，以及通过蓝牙作为 OBEX 的传输层。

许多蓝牙应用都使用 RFCOMM 由于串行数据的广泛应用和大多数操作系统都提供了

可用的 API。所以使用串行接口通信的程序可以很快地移植到 RFCOMM 上面。

⑤BNEP。网络封装协议（BNEP）用于通过 L2CAP 传输另一协议栈的数据。主要目的是传输个人区域网络配置文件中的 IP 封包。BNEP 在无线局域网中的功能与 SNAP 类似。

⑥AVCTP。音频/视频控制传输协议（AVCTP）被远程控制协议用来通过 L2CAP 传输 AV/C 指令。立体声耳机上的音乐控制按钮可通过这一协议控制音乐播放器。

⑦AVDTP。音视频分发传输协议（AVDTP）被高级音频分发协议用来通过 L2CAP 向立体声耳机传输音乐文件。适用于蓝牙传输中的视频分发协议。

⑧TCS。电话控制协议——二进制（TCS BIN）是面向字节协议，为蓝牙设备之间的语音和数据通话的建立定义了呼叫控制信令。此外，TCS BIN 还为蓝牙 TCS 设备的群组管理定义了移动管理规程。TCS-BIN 仅用于无绳电话协议，因此并未引起广泛关注。

⑨采用的协议。采用的协议是由其他标准制定组织定义、并包含在蓝牙协议栈中，仅在必要时才允许蓝牙对协议进行编码。采用的协议包括：

a. 点对点协议（PPP）：通过点对点链接传输 IP 数据报的互联网标准协议。

b. TCP/IP/UDP：TCP/IP 协议组的基础协议。

c. 对象交换协议（OBEX）：用于对象交换的会话层协议，为对象与操作表达提供模型。

d. 无线应用环境/无线应用协议（WAE/WAP）：WAE 明确了无线设备的应用框架，WAP 是向移动用户提供电话和信息服务接入的开放标准。

（4）蓝牙基带纠错。根据不同的封包类型，每个封包可能受到纠错功能的保护，或许是 1/3 速率的前向纠错（FEC），或者是 2/3 速率。此外，出现 CRC 错误的封包将会被重发，直至被自动重传请求（ARQ）承认。

（5）蓝牙设置连接。任何可发现模式下的蓝牙设备都可按需传输以下信息：

a. 设备名称。

b. 设备类别。

c. 服务列表。

d. 技术信息（例如设备特性、制造商、所使用的蓝牙版本、时钟偏移等）。

任何设备都可以对其他设备发出连接请求，任何设备也都可能添加可回应请求的配置。但如果试图发出连接请求的设备知道对方设备的地址，它就总会回应直接连接请求，且如果有必要会发送上述列表中的信息。设备服务的使用也许会要求配对或设备持有者的接受，但连接本身可由任何设备发起，持续至设备走出连接范围。有些设备在与一台设备建立连接之后，就无法再与其他设备同时建立连接，直至最初的连接断开，才能再被查询到。

每个设备都有一个唯一的 48bit 的地址。然而这些地址并不会显示于连接请求中。但是用户可自行为他的蓝牙设备命名（蓝牙设备名称），这一名称即可显示在其他设备的扫描结果和配对设备列表中。

多数手机都有蓝牙设备名称（Bluetooth Name），通常默认为制造商名称和手机型号。多数手机和手提电脑都会只显示蓝牙设备名称，想要获得远程设备的更多信息则需要有特定的程序。当某一范围内有多个相同型号的手机（如 Sony Ericsson T610）时，也许会让人难以分辨哪个才是它的目标设备（详见 Bluejacking）。

（6）蓝牙配对和连接。

①动机。蓝牙所能提供的很多服务都可能显示个人数据或受控于相连的设备。出于安全上的考量，有必要识别特定的设备，以确保能够控制哪些设备能与蓝牙设备相连的。同时，蓝牙设备也有必要让蓝牙设备能够无须用户干预即可建立连接（比如在进入连接范围的同时）。

为解决该矛盾，蓝牙可使用一种叫 Bonding（连接）的过程。Bond 是通过配对（Paring）过程生成的。配对过程通过或被自用户的特定请求引发而生成 Bond（比如用户明确要求"添加蓝牙设备"），或是当连接到一个出于安全考量要求需要提供设备 ID 的服务时自动引发。这两种情况分别称为 Dedicated Bonding 和 General Bonding。

配对通常包括一定程度上的用户互动，已确认设备 ID。成功完成配对后，两个设备之间会形成 Bond，日后再相连时则无须为了确认设备 ID 而重复配对过程。用户也可以按需移除连接关系。

②实施。配对过程中，两个设备可通过创建一种称为链路字的共享密钥建立关系。如果两个设备都存有相同的链路字，它们就可以实现 Paring 或 Bonding。一个只想与已经 Bonding 的设备通信的设备可以使用密码验证对方设备的身份，以确保这是之前配对的设备。一旦链路字生成，两个设备间也许会加密一个认证的异步无连接（Asynchronous Connection-Less，ACL）链路，以防止交换的数据被窃取。用户可删除任何一方设备上的链路字，即可移除两设备之间的 Bond，也就是说一个设备可能存有一个已经不在与其配对的设备的链路字。

蓝牙服务通常要求加密或认证，因此要求在允许设备远程连接之前先配对。一些服务，比如对象推送模式，选择不明确要求认证或加密，因此配对不会影响服务用例相关的用户体验。

③配对机制。在蓝牙 2.1 版本推出安全简易配对（Secure Simple Pairing）之后，配对机制有了很大的改变。以下是关于配对机制的简要总结：

a. 旧有配对：这是蓝牙 2.0 版及其早前版本配对的唯一方法。每个设备必须输入 PIN 码；只有当两个设备都输入相同的 PIN 码方能配对成功。任何 16bit 的 UTF-8 字符串都能用作 PIN 码。然而并非所有的设备都能够输入所有可能的 PIN 码。

有限的输入设备：显而易见的例子是蓝牙免提耳机，它几乎没有输入界面。这些设备通常有固定的 PIN，如"0000"或"1234"，是设备硬编码的。

数字输入设备：比如移动电话就是经典的这类设备。用户可输入长达 16bit 的数值。

字母数字输入设备：比如个人电脑和智能电话。用户可输入完整的 UTF-8 字符作为 PIN 码。如果是与一个输入能力有限的设备配对，就必须考虑对方设备的输入限制，并没有可行的机制能够让一个具有足够输入能力的设备去决定应该如何限制用户可能使用的输入。

b. 安全简易配对（SSP）：这是蓝牙 2.1 版本要求的，尽管蓝牙 2.1 版本的也许设备只能使用旧有配对方式和早前版本的设备互操作。安全简易配对使用一种公钥密码学（Public Key Cryptography），某些类型还能防御中间人（Man in the middle，MITM）攻击。SSP 有以下特点：

即刻运行（Just Works）：正如其字面含义，这一方法可直接运行，无须用户互动。但是设备也许会提示用户确认配对过程。此方法的典型应用见于输入输出功能受限的耳机，且较固定 PIN 机制更为安全。此方法不提供中间人（MITM）保护。

数值比较（Numeric Comparison）：如果两个设备都有显示屏，且至少一个能接受二进制的"是/否"用户输入，他们就能使用数值比较。此方法可在双方设备上显示 6 位数的数字代码，用户需比较并确认数字的一致性。如果比较成功，用户应在可接受输入的设备上确认配对。此方法可提供中间人（MITM）保护，但需要用户在两个设备上都确认，并正确地完成比较。

万能钥匙进入（Passkey Entry）：此方法可用于一个有显示屏的设备和一个有数字键盘输入的设备（如计算机键盘），或两个有数字键盘输入的设备。第一种情况下，显示屏上显示 6 位数字代码，用户可在另一设备的键盘上输入该代码。第二种情况下，两个设备需同时在键盘上输入相同的 6 位数字代码。两种方式都能提供中间人（MITM）保护。

非蓝牙传输方式（OOB）：此方法使用外部通信方式，如近场通信（NFC），交换在配对过程中使用的一些信息。配对通过蓝牙射频完成，但是还要求非蓝牙传输机制提供信息。这种方式仅提供 OOB 机制中所体现的 MITM 保护水平。

SSP 被认为简单的原因如下：

- 多数情况下无需用户生成万能钥匙。
- 用于无需 MITM 保护和用户互动的用例。
- 用于数值比较，MITM 保护可通过用户简单的等式比较来获得。
- 使用 NFC 等 OOB，当设备靠近时进行配对，而非需要一个漫长的发现过程。

④安全性担忧。蓝牙 2.1 之前版本是不要求加密的，可随时关闭。而且，密钥的有效时限也仅有约 23.5h。单一密钥的使用如超出此时限，则简单的 XOR 攻击有可能窃取密钥。

一些常规操作要求关闭加密，如果加密因合理的理由或安全考量而被关闭，就会给设备探测带来问题。

蓝牙2.1版本从以下几个方面进行了说明：

a. 加密是所有非-SDP（服务发现协议）连接所必需的。

b. 新的加密暂停和继续功能用于所有要求关闭加密的常规操作，更容易辨认是常规操作还是安全攻击。

c. 加密必须在过期之前再刷新。

链路字可能储存于设备文件系统，而不是在蓝牙芯片本身。许多蓝牙芯片制造商将链路字储存于设备。然而，如果设备是可移动的，就意味着链路字也可能随设备移动。

（7）蓝牙空中接口。这一协议在无须认证的2.402~2.480GHz ISM频段上运行。为避免与其他使用2.45 GHz频段的协议发生干扰，蓝牙协议将该频段分割为间隔为1MHz的79个频段并以1 660 hop/s的跳频速率变化通道。1.1和1.2版本的速率可达723.1kbit/s。2.0版本有蓝牙增强数据率（EDR）功能，速率可达2.1Mbit/s；这也导致了相应的功耗增加。在某些情况下，更高的数据速率能够抵消功耗的增加。

蓝牙技术被广泛应用于无线办公环境、汽车工业、信息家电、医疗设备以及学校教育和工厂自动控制等领域，蓝牙目前存在的主要问题是芯片大小和价格较高；抗干扰能力较弱。

3. 无线宽带（Wi-Fi）

无线宽频（Wireless Broadband），一种无线通信技术，在广大区域中提供高速的无线上网，或是电脑网络存取。Wi-Fi第一个版本发表于1997年，其中定义了介质访问接入控制层（MAC层）和物理层。物理层定义了工作在2.4GHz的ISM频段上的两种无线调频方式和一种红外传输的方式，总数据传输速率设计为2Mbit/s。两个设备之间的通信可以自由直接（ad hoc）的方式进行，也可以在基站（Base Station，BS）或者访问点（Access Point，AP）的协调下进行。

1999年加上了两个补充版本：IEEE802.11a定义了一个在5GHz ISM频段上的数据传输速率可达54Mbit/s的物理层，IEEE802.11b定义了一个在2.4GHz的ISM频段上但数据传输速率高达11Mbit/s的物理层。

2.4GHz的ISM频段为世界上绝大多数国家通用，因此IEEE802.11b得到了最为广泛的应用。苹果公司把自己开发的IEEE802.11标准起名叫AirPort。1999年工业界成立了Wi-Fi联盟，致力解决符合IEEE802.11标准的产品的生产和设备兼容性问题。

（1）运作原理。Wi-Fi的设置至少需要一个Access Point（AP）和一个或一个以上的Client（用户端）。AP每100ms将SSID（Service Set Identifier）经由Beacons（信号台）封包广播一次，Beacons封包的传输速率是1 Mbit/s，并且长度相当短，所以这个广播动作对网络效能的影响不大。因为Wi-Fi规定的最低传输速率是1 Mbit/s，所以确保所有的Wi-Fi Client端都能收到这个SSID广播封包，Client可以借此决定是否要和这一个SSID的AP

连线。使用者可以设定要连线到哪一个 SSID。Wi-Fi 系统总是对用户端开放其连接标准,并支援漫游,这就是 Wi-Fi 的好处。但也意味着,一个无线适配器有可能在性能上优于其他的适配器。由于 Wi-Fi 通过空气传送信号,所以和非交换以太网有相同的特点。近 2 年,出现一种 Wi-Fi over cable 的新方案。此方案属于 EOC(Ethernet over cable)中的一种技术。通过将 2.4G Wi-Fi 射频降频后在 Cable 中传输。此种方案已经在中国大陆小范围内试商用。

(2)热点。Wi-Fi 热点是通过在互联网连接上安装访问点来创建的。这个访问点将无线信号通过短程进行传输,一般覆盖 300 英尺。当一台支持 Wi-Fi 的设备(例如 Pocket PC)遇到一个热点时,这个设备可以用无线方式连接到那个网络。大部分热点都位于供大众访问的地方,例如机场、咖啡店、旅馆、书店以及校园等。许多家庭和办公室也拥有 Wi-Fi 网络。虽然有些热点是免费的,但是大部分稳定的公共 Wi-Fi 网络是由私人互联网服务提供商(ISP)提供的,因此会在用户连接到互联网时收取一定费用。其网络成员和结构如下:

①站点(Station)。网络最基本的组成部分。

②基本服务单元(Basic Service Set,BSS)。网络最基本的服务单元。最简单的服务单元可以只由两个站点组成。站点可以动态的联结(Associate)到基本服务单元中。

③分配系统(Distribution System,DS)。分配系统用于连接不同的基本服务单元。分配系统使用的媒介(Medium)逻辑上和基本服务单元使用的媒介是截然分开的,尽管它们物理上可能会是同一个媒介,例如同一个无线频段。

④接入点(Acess Point,AP)。接入点既有普通站点的身份,又有接入到分配系统的功能。

⑤扩展服务单元(Extended Service Set,ESS)。由分配系统和基本服务单元组合而成。这种组合是逻辑上,并非物理上的,不同的基本服务单元有可能在地理位置相去甚远。分配系统也可以使用各种各样的技术。

⑥关口(Portal)。关口也是一个逻辑成分。用于将无线局域网和有线局域网或其他网络联系起来。

这里有 3 种媒介,站点使用的无线的媒介,分配系统使用的媒介,以及和无线局域网集成一起的其他局域网使用的媒介。物理上它们可能互相重叠。

IEEE802.11 只负责在站点使用的无线的媒介上的寻址(Addressing)。分配系统和其他局域网的寻址不属无线局域网的范围。

IEEE802.11 没有具体定义分配系统,只是定义了分配系统应该提供的服务(Service)。整个无线局域网定义了 9 种服务,5 种服务属于分配系统的任务,分别为联接(Association)、结束联接(Diassociation)、分配(Distribution)、集成(Integration)、再联接(Reassociation)。4 种服务属于站点的任务,分别为鉴权(Authentication)、结束鉴权

(Deauthentication)、隐私（Privacy）、MAC 数据传输（MSDU delivery）。

Wi-Fi 是一种无线传输的规范，一般带有这个标志的产品表明可以利用它们方便地组建一个无线局域网。而无线局域网又有什么好处呢？很明显，无须布线和使用相对自由。

（3）特点。

①传输距离远。无线电波的覆盖范围广，基于蓝牙技术的电波覆盖范围较小，半径大约 50 英尺，约合 15m，而 Wi-Fi 的半径则为 300 英尺左右，约合 100m，可在整栋大楼中使用。近期研发的新型交换机能够把目前 Wi-Fi 无线网络 300 英尺的通信距离扩大到 4 英里，约 6.5km。

②传输速度快。由 Wi-Fi 技术传输的无线通信传输速度非常快，可以达到 11Mbps，符合个人和社会信息化的需求。

③业务集成。Wi-Fi 技术在设计结构的第二层以上与以太网完全一致，所以能够将 Wi-Fi 集成到已有的宽带网络中，也能将已有的宽带业务应用到 Wi-Fi 中。这样，就可以利用已有的宽带有线接入资源，迅速地部署网络，形成无缝覆盖。

④建设便捷。Wi-Fi 最主要的优势在于不需要布线，不受布线条件的限制，因此非常适合移动办公用户的需要，具有广阔市场前景。目前它已经从传统的医疗保健、库存控制和管理服务等特殊行业向更多行业拓展开去，甚至开始进入家庭以及教育机构等领域。

⑤使用安全。IEEE802.11 规定的发射功率不可超过 100mW，实际发射功率 60~70mW，明显低于手机 200mW 至 1W、手持对讲机 5W 的发射功率，而且无线网络使用方式并非像手机直接接触人体，是绝对安全的。

4. 超宽带（UWB）

超宽带技术（Ultra Wide Band，UWB）技术是一种新型的无线通信技术。它通过对具有很陡上升和下降时间的冲击脉冲进行直接调制，使信号具有 GHz 量级的带宽。

超宽带技术解决了困扰传统无线技术多年的有关传播方面的重大难题，它具有对信道衰落不敏感、发射信号功率谱密度低、低截获能力、系统复杂度低、能提供数厘米的定位精度等优点。

超宽带（UWB）在早期被用来应用在近距离高速数据传输，近年来国外开始利用其亚纳秒级超窄脉冲来做近距离精确室内定位。

（1）信号及其特点。美国联邦通信委员会规定：部分带宽 $\frac{2 \times (f_H - f_L)}{f_H + f_L} > 25\%$ 的信号称为 UWB 信号。其中，部分带宽为信号功率谱密度在 -10dB 处测量的值。一种典型的脉位调制（PPM）方式的 UWB 信号形式为：

$$s_{tr}^{(k)}(t) = \sum_{j=-\infty}^{+\infty} w(t - jT_f - c_j^{(k)}T_c - \delta d_{j/N_s}^{(k)})$$

式中，$s_{tr}^{(k)}(t)$ 表示第 k 个用户的发射信号，它是大量的具有不同时移的单周期脉冲之和；$w(t)$ 表示传输的单周期脉冲波形，可以为单周期高斯脉冲或其一阶、二阶微分脉冲，从该发射机时钟的零时刻 $[t(k)=0]$ 开始。第 j 个脉冲的起始时间为 $jT_f + c_j^{(k)}T_c + \delta d_{j/N_s}^{(k)}$。

仔细分析每个时移分量：

①相同时移的脉冲序列。相同时移的脉冲序列：$\sum_{j=-\infty}^{+\infty} w(t - jT_f)$ 形式的脉冲表示时间步长为 T_f 的单周期脉冲，其占空比极低，帧长或脉冲重复时间 T_f（Frame Time）的典型值为单周期脉冲宽度的 100~1 000 倍。类似于 ALOHA 系统，这样的脉冲序列极容易导致随机碰撞。

②伪随机跳时码。为减少多址接入时的冲突，给每个用户分配一个特定的伪随机序列 $\{c_j^{(k)}\}$，称为跳时码，其周期为 N_p。跳时码的每个码元都是整数，且满足 $0 \leq c_j^{(k)} < N_h$。这样跳时码给每个脉冲附加了时移，第 j 个单周期脉冲的附加时移为 $c_j^{(k)}T_c$ 秒。由于读出单周期脉冲相关器的输出要占用一定的时间，$N_h T_c / T_f$ 应严格小于 1。然而如果 $N_h T_c$ 太小，那么多个用户接入时发生冲突的概率仍然会很大。相反，如果 $N_h T_c$ 足够大且跳时码设计合理，就可以将多用户干扰近似为加性高斯白噪声 AWGN（Additive White Gauss Noise）信号。由于跳时码是周期为 N_p 的周期序列，那 $\sum_j w(t - jT_f - c_j^{(k)} T_c)$ 也为 N_p 周期序列，其周期为 $T_p = N_p T_f$。跳时码的另外一个作用是使 UWB 信号的功率谱密度更为平坦。

③数据调制。第 k 个用户发送的数据序列 $\{di(k)\}$ 为二进制数据流。每个码元传输 N_s 个单周期脉冲，这样增加了信号的处理增益。在这种调制方式下，一个符号（或码元）的持续时间为 $T_s = N_s T_f$。对于固定的脉冲重复时间 T_f，二进制的符号速率 R_s，为：

$$R_s = \frac{1}{T_s} = \frac{1}{N_s T_f}$$

显然，采用上述信号的超宽带脉冲通信系统具有以下特点：信号持续时间极短，为纳秒、亚纳秒级脉冲，信号占空比极低（0.1%~1%），故有很好的多径免疫力；频谱相当宽，达 GHz 量级，且功率谱密度低，故 UWB 信号对其他系统干扰小、抗截获能力强；UWB 系统处理增益很高，其总处理增益 PC 为：

$$PG = 10\log(\frac{T_f}{T_c}) + 10\log(N_s)$$

例如，当某二进制 UWB 通信系统 $T_f = 1\mu s$，$T_c = 1ns$，$N_s = 100$，比特速率 $R_s = 10kbps$ 时，该系统 UWB 信号的处理增益为 50dB。与其他通信系统相比，其处理增益非常高。另外，UWB 信号为极窄脉冲的序列，故有非常强的穿透能力，可以辨别出隐藏的物体或墙体后运动着的物体，能实现雷达、定位、通信三种功能的结合，适合军用战术通信。

（2）发射机、接收机基本结构。

①发射机和相关接收机模型。与传统的无线收发信机结构相比，UWB 收发信机的结

构相对简单。在发射端,数据直接对射频脉冲调制,再通过可编程延时器件对脉冲进一步时延控制,最后通过超宽带天线发射出去。在接收端,信号通过相关器与本地模板波形相乘,积分后通过抽样保持电路送到基带信号处理电路中,由捕获跟踪部分、时钟振荡器和(跳时)码产生器控制可编程延时器,根据相应的时延产生本地模板波形,与接收信号相乘。整个收发信机几乎全部由数字电路构成,便于降低成本和小型化。

②Rake 接收机模型。由于 UWB 信号需要用时域的方法进行分析,多用于户内密集多径(多径可达到 30 条)的条件下,而且每条路径的信号能量都很小,难以对每条信道做出估计,所以使 UWB 信号的 Rake 接收成为可能。Rake 接收机使原来能量很小的多径信号经过能量合并后提高信噪比,以此提高系统性能。

(3) 性能特点。UWB 是一种"特立独行"的无线通信技术,它将会为无线局域网 LAN 和个人局域网 PAN 的接口卡和接入技术带来低功耗、高带宽并且相对简单的无线通信技术。UWB 具有以下特点:

①抗干扰性能。UWB 信号,在发射时将微弱的无线电脉冲信号分散在宽阔的频带中,输出功率甚至低于普通设备产生的噪声。接收时将信号能量还原出来,在解扩过程中产生扩频增益。因此,与 IEEE 802.11a、IEEE 802.11b 和蓝牙相比,在同等码速条件下,UWB 具有更强的抗干扰性。

②传输速率高。UWB 的数据速率可以达到几十兆比特每秒到几百兆比特每秒,有望高于蓝牙 100 倍,也可以高于 IEEE 802.11a 和 IEEE 802.11b。

③带宽极宽。UWB 使用的带宽在 1GHz 以上,高达几吉赫兹,并且可以和窄带通信系统同时工作而互不干扰。这在频率资源日益紧张时开辟了一种新的时域无线电资源。

④系统容量大。因为不需要产生正弦载波信号,可以直接发射冲激序列,因而 UWB 系统具有很宽的频谱和很低的平均功率,有利于与其他系统共存,从而提高频谱利用率,带来了极大的系统容量。

⑤发射功率低。在短距离的通信应用中,超宽带发射机的发射功率通常可做到低于 1mW,从理论上而言,超宽带信号所产生的干扰仅相当于一宽带的白噪声。这样有助于超宽带与现有窄带通信之间的良好共存,对提高无线频谱的利用率具有很大的意义,更好地缓解日益紧张的无线频谱资源问题。并且超宽带信号的隐蔽性较强,不容易被发现和拦截,具有较高的保密性。

⑥保密性好。UWB 保密性表现为两方面:一方面是采用跳时扩频,接收机只有已知发送端扩频码时才能解出发射数据;另一方面是系统的发射功率谱密度极低。用传统的接收机无法接收。

⑦通信距离短。信号传输受到距离的影响和高频信号强度会衰减很快,因此超宽频带的使用更加适用于短距离之间的通信。

⑧多径分辨率。因为其采用的是持续时间极短的窄脉冲,所以其在时间和空间上的分

辨率都是很强的，方便进行测距、定位、跟踪等活动的开展，并且窄脉冲具有良好的穿透性，所以超宽带在红外通信中也得到广泛的使用。

⑨便携。此技术使用基带传输，无须射频调制和解调，因此其设备功耗小，成本也较低，灵活的使用特性也使其更适合于便携型无线通信的使用。

（4）技术应用。由于 UWB 通信利用了一个相当宽的带宽，就好像使用了整个频谱，并且它能够与其他的应用共存，因此 UWB 可以应用在很多领域，如个域网、智能交通系统、无线传感网、射频标识、成像应用。

①个域网中应用。UWB 可以在限定的范围内（比如 4m）以很高的数据速率（比如 480Mbit/s）、很低的功率（200μW）传输信息，这比蓝牙好很多。蓝牙的数据速率是 1 Mbit/s，功率是 1mW。UWB 能够提供快速的无线外设访问来传输照片、文件、视频。因此 UWB 特别适合于个域网。通过 UWB，可以在家里和办公室里方便地以无线的方式将视频摄像机中的内容下载到 PC 中进行编辑，然后送到 TV 中浏览，轻松地以无线的方式实现个人数字助理（PDA）、手机与 PC 数据同步、装载游戏和音频/视频文件到 PDA、音频文件在 MP3 播放器与多媒体 PC 之间传送等。

②智能交通应用。利用 UWB 的定位和搜索能力，可以制造防碰和防障碍物的雷达。装载了这种雷达的汽车会非常容易驾驶。当汽车的前方、后方、旁边有障碍物时，该雷达会提醒司机。在停车的时候，这种基于 UWB 的雷达是司机强有力的助手。利用 UWB 可还以建立智能交通管理系统，这种系统应该由若干个站台装置和一些车载装置组成无线通信网，两种装置之间通过 UWB 进行通信完成各种功能。例如，实现不停车的自动收费、汽车的实时定位、道路信息和行驶建议的随时获取、站台方对移动汽车的定位搜索和速度测量等。

③传感器联网。利用 UWB 低成本、低功耗的特点，可以将 UWB 用于无线传感网。在大多数的应用中，传感器被用在特定的局域场所。传感器通过无线的方式而不是有线的方式传输数据将特别方便。作为无线传感网的通信技术，它必须是低成本的；同时它应该是低功耗的，以免频繁地更换电池。UWB 是无线传感网通信技术的最合适候选者。

④成像应用。由于 UWB 具有好的穿透墙、楼层的能力，UWB 可以应用于成像系统。利用 UWB 技术，可以制造穿墙雷达、穿地雷达。穿墙雷达可以用在战场上和警察的防暴行动中，定位墙后和角落的敌人；地面穿透雷达可以用来探测矿产，在地震或其他灾难后搜寻幸存者。基于 UWB 的成像系统也可以用于避免使用 X 射线的医学系统。

由于 UWB 有着很多优点，它还可以用于智能标识、有线网络的无线延伸以及在军事方面用来实现超保密的通信系统。

5. NFC

近场通信（Near Field Communication，NFC）又称近距离无线通信，是一种新兴的技术，一种短距离的高频无线通信技术，允许电子设备之间进行非接触式点对点数据传输，交换数据。这个技术由免接触式射频识别（RFID）演变而来，由飞利浦和索尼共同研制开发，其基础是 RFID 及互联技术。近场通信是一种短距高频的无线电技术，在 13.56MHz 频率运行于 20cm 距离内。其传输速度有 106kbit/s、212kbit/s 或者 424kbit/s 三种。使用了 NFC 技术的设备（比如手机）可以在彼此靠近的情况下进行数据交换，通过在单一芯片上集成感应式读卡器、感应式卡片和点对点通信的功能，利用移动终端实现移动支付、电子票务、门禁、移动身份识别、防伪等应用。

近场通信业务结合了近场通信技术和移动通信技术，实现了电子支付、身份认证、票务、数据交换、防伪、广告等多种功能，是移动通信领域的一种新型业务。近场通信业务改变了用户使用移动电话的方式，使用户的消费行为逐步走向电子化，建立了一种新型的用户消费和业务模式。

NFC 技术的应用在世界范围内受到了广泛关注，国内外的电信运营商、手机厂商等不同角色纷纷开展应用试点，一些国际性协会组织也积极进行标准化促进工作。据业内相关机构预测，基于近场通信技术的手机应用将会成为移动增值业务的下一个杀手级应用。

（1）原理。近场通信的技术原理非常简单，它可以通过主动与被动两种模式交换数据。在被动模式下，启动近场通信的设备，也称为发起设备（主设备），在整个通信过程中提供射频场（RF-field）。它可以选择 106kbps、212kbps 或 424kbps 其中一种传输速度，将数据发送到另一台设备。另一台设备称为目标设备（从设备），不必产生射频场，而使用负载调制（Load modulation）技术，以相同的速度将数据传回发起设备。而在主动模式下，发起设备和目标设备都要产生自己的射频场，以进行通信。

近场通信的传输距离极短，建立连接速度快。因此近场通信技术通常作为芯片内置在设备中，或者整合在手机的 SIM 卡或 microSD 卡中，当设备进行应用时，通过简单的碰一碰即可以建立连接。例如，在用于门禁管制或验票之类的应用时，用户只需将储存有票证或门禁代码的设备靠近阅读器即可；在移动付费之类的应用中，用户将设备靠近后，输入密码确认交易，或者接受交易即可；在数据传输时，用户将两台支持近场通信的设备靠近，即可建立连接，进行下载音乐、交换图像或同步处理通讯录等操作。

（2）技术标准。近场通信技术是由诺基亚（Nokia）、飞利浦（Philips）和索尼（Sony）共同制定的标准，在 ISO 18092、ECMA 340 和 ETSI TS 102 190 框架下推动标准化，同时也兼容应用广泛的 ISO 14443、Type-A、ISO 15693、B 以及 Felica 标准非接触式智能卡的基础架构。

2003 年 12 月 8 日通过 ISO/IEC（International Organization for Standardization/International Electrotechnical Commission）机构的审核而成为国际标准，在 2004 年 3 月 18 日由 ECMA（European Computer Manufacturers Association）认定为欧洲标准，已通过的标准编列有 ISO/IEC 18092（NFCIP-1）、ECMA-340、ECMA-352、ECMA-356、ECMA-362、ISO/IEC 21481（NFCIP-2）。

近场通信标准详细规定近场通信设备的调制方案、编码、传输速度与 RF 接口的帧格式，以及主动与被动近场通信模式初始化过程中数据冲突控制所需的初始化方案和条件，此外还定义了传输协议，包括协议启动和数据交换方法等。

（3）特征。近场通信是基于 RFID 技术发展起来的一种近距离无线通信技术。与 RFID 一样，近场通信信息也是通过频谱中无线频率部分的电磁感应耦合方式传递，但两者之间还是存在很大的区别。近场通信的传输范围比 RFID 小，RFID 的传输范围可以达到 0～1m，但由于近场通信采取了独特的信号衰减技术，相对于 RFID 来说近场通信具有成本低、带宽高、能耗低等特点。近场通信技术的主要特征如下：

①用于近距离（10cm 以内）安全通信的无线通信技术。

②射频频率：13.56MHz。

③射频兼容：ISO 14443、ISO 15693、Felica 标准。

④数据传输速度：106kbit/s、212 kbit/s、424kbit/s。

（4）应用类型。NFC 设备可以用作非接触式智能卡、智能卡的读写器终端以及设备对设备的数据传输链路。其应用广泛，NFC 应用可以分为 4 个基本类型：

①接触、完成。诸如门禁管制或交通/活动检票之类的应用，用户只需将储存有票证或门禁代码的设备靠近阅读器即可。还可用于简单的数据撷取应用，例如从海报上的智能标签读取网址。

②接触、确认。移动付费之类的应用，用户必须输入密码确认交易，或者仅接受交易。

③接触、连接。将两台支持 NFC 的设备链接，即可进行点对点网络数据传输，例如下载音乐、交换图像或同步处理通讯录等。

④接触、探索。NFC 设备可能提供不止一种功能，消费者可以探索了解设备的功能，找出 NFC 设备潜在的功能与服务。

NFC 的一般应用模式 NFC 采用了双向的识别和连接，NFC 手机具有 3 种功能模式：NFC 手机作为识读设备（读写器）、NFC 手机作为被读设备（卡模拟）、NFC 手机之间的点对点通信应用。

（5）业务模式。

①使用途径。近场通信有 3 种不同的使用方法：

a. 与手机完全整合。近场通信，尤其在较新的设备上，可以完全与手机整合。这意味着近场通信控制器（负责实际通信的构件）和安全构件（与近场通信控制器连接的安全数据区域）都整合进了手机本身。完全整合了近场通信的手机的一个实例就是 Google 和三星合作发布的 Google Nexus S。

b. 整合到 SIM 卡上。另外，近场通信还可以整合进 SIM 卡上——可以在运营商的蜂窝网络上识别手机订阅者的卡。

c. 整合到 microSD 卡上。近场通信技术也能被整合进 microSD 卡，microSD 卡是一种使用闪存的移动存储卡。很多手机用户使用 microSD 卡储存图片、视频、应用和其他文件，以节省手机本身上的储存空间。对于没有 microSD 卡槽的手机，可用手机套配件代替使用。例如，Visa 专门就为 iPhone 推出了一个手机套，装有 microSD 卡，从而将近场通信技术带给了 iPhone 用户。

②近场通信使用模式。

a. 仿信用卡模式。在仿信用卡模式中，近场通信设备可以作为信用卡、借记卡、标识卡或门票使用。仿信用卡模式可以实现"移动钱包"功能。

b. 读机模式。在读机模式中，近场通信设备可以读取标签。这与如今的条形码扫描工作原理最类似。例如，你可以使用手机上的应用程序扫描条形码获取其他信息。最终，近场通信将会取代条形码阅读变成更为普及的技术。

c. P2P 模式（点对点模式）。在 P2P 模式中，近场通信设备之间可以交换信息。例如，两个有近场通信功能的手机可以交换联系方式，这和 iPhone 和 Android 手机上 Bump 之类的应用交换联系的方式类似，但是他们采用的技术不同。

（6）业务系统。

①用户卡。

a. 支持 SWP 协议。利用 SIM 卡上当前没有被使用的 C6 管脚进行 SWP 的通信。

b. 支持多线程操作模式。用户可以使用多个近场通信业务，要求卡片上的多个应用应允许同时处于激活状态。

c. 支持 GP 框架。为保证卡上交易应用的安全性以及交易应用的空中下载，要求按照 Global Platform 2.1.1 要求实现用户卡的应用管理架构。

d. 支持 Java 卡标准。为保证行业应用提供商及可信任的第三方能够独立开发交易应用，用户卡应同时支持 Java 卡标准，以保证卡片及应用互操作性，要求支持 Javacard 2.2.1。

e. 支持 BIP 功能。为了使运营商能够提供更多元化的动态服务，需要保证高速的数据传输，移动台与非接触式用户卡之间要满足对 BIP(Bearer Independent Protocol)功能支持。

②近场通信终端。移动台要求集成近场通信控制芯片及天线，支持单线协议，保证近场通信控制芯片与用户卡之间的数据通信和处理。

a. 集成近场通信芯片及天线以支持 SWP 协议。

b. 将近场通信芯片与用户卡的 C6 管脚相连，以保证近场通信芯片与用户卡的通信。

c. 支持 HCI 协议并实现手机主控芯片与近场通信芯片的通信。

d. 实现 BIP 协议以支持用户卡通过 TCP/IP 通道与远端服务器进行通信。

③近场通信业务管理平台。业务管理平台由卡片发行商管理平台和应用提供商管理平台组成，卡片发行商管理平台由卡片管理系统、应用管理系统（用于自有应用）、密钥管

理系统、证书管理系统组成。应用提供方管理平台由应用管理系统、密钥管理系统、证书管理系统组成。其中，证书管理系统仅在非对称密钥情况下使用，在对称密钥情况下不使用。这些设备可以合设在一个物理实体上，也可以各自成为一个单独物理实体。

（7）技术应用。日本 NTT DoCoMo 公司自 2004 年 7 月推出基于非接触式 IC 卡式手机钱包业务，希望用手机钱包逐步替代人们在钱包中放置的所有物品。

韩国 SK Telecom 公司推出的基于非接触 IC 卡技术的 MONETA 业务，利用手机与银行信用卡结合，使用户使用手机进行现场支付业务。

诺基亚推出了新款 6131 近场通信手机，并进行了关于电子钱包、公交应用、数据业务下载等应用的试验；美国银行试点利用手机提供万事达卡 PayPass 应用；法国巴黎公交与地铁系统采用近场通信技术，实现了手机购买车票与扣费乘车，并推出了商用版本的 SAGEM 非接触手机终端和相应的 SIM 卡；从欧洲到北美近场通信应用已经从试点工作逐步走向试商用。

2006 年 6 月诺基亚、厦门移动、厦门易通卡公司、菲利浦公司共同在厦门启动中国首个近距离通信手机支付现场试验。使用 Nokia3220 手机实现厦门易通卡覆盖的公交汽车、轮渡、餐厅、电影院、便利店等营业网点的手机支付。

2007 年 3 月 13 日正式在上海推出了移动认证业务，这个业务由诺基亚公司和上海质监、上海消防联合实施。执法人员只需持定制防伪应用的近场通信手机，即可随时随地读取烟花爆竹所贴电子标签的全球识别码，并实时上传至防伪服务器与数据库校验。

2007 年 5 月 17 日由重庆移动、重庆市商业银行、结行商务有限公司联合发行的长江掌中行卡正式投入商用。它有标准的非接触 IC 卡和手机粘贴卡两种体现形式，可广泛应用于传统零售业、网络数字产品消费、公用事业代收费业务、智能化管理领域等，如图 3-11 所示。

6. LoRa

LoRa（Long Range Radio）即远距离无线电，它最大特点是在同样的功耗条件下比其他无线方式传播的距离更远，实现了低功耗和远距离的统一，它在同样的功耗下比传统的无线射频通信距离扩大 3~5 倍。

（1）技术原理。1944 年，好莱坞 26 岁女影星 Hedy Lamarr 发明了扩频通信技术，这种跳频技术可以有效地抗击干扰和实现加密。

后来人们发现，扩频技术可以得到如下收益：从各种类型的噪声和多径失真中获得免疫性；得到信噪比的增益。换句话说，使用扩频通信抗干扰性更强，通信距离更远。CDMA 和 Wi-Fi 都使用了扩频技术。

扩频调制的示意图如图 3-12 所示，用户数据的原始信号与扩展编码位流进行 XOR（异或）运算，生成发送信号流，这种调制带来的影响是传输信号的带宽有显著增加（扩展了频谱）。

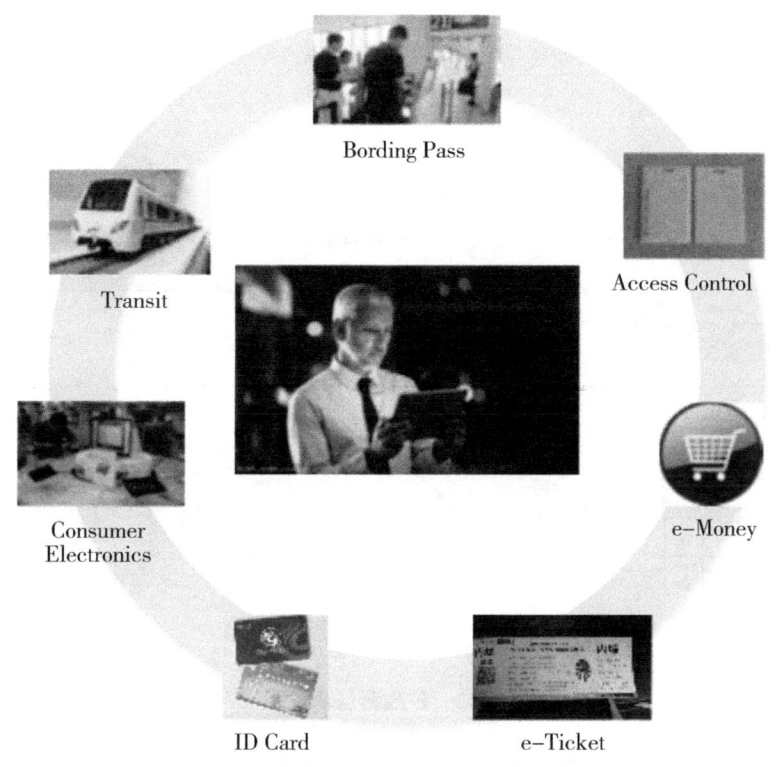

图 3-11 NFC 技术应用

当然扩频技术也不是万能的,它至少有 2 个弊端:扩展编码调制生成更多片的数据流导致通信数据率下降;较复杂的调制和解调机制。

长期以来,要提高通信距离常用的办法是提高发射功率,同时也带来更多的能耗。电池供电的设备(如水表)一般只能使用微功率无线通信,这样一来就限制了其通信距离。现在,SemTech 公司推出的 LoRa 射频,因为采用了扩频调制技术,从而在同等的功耗下取得更远的通信距离。

LoRa 采用的是多个信息码片来代表有效负载信息的每个位,扩频信息的发送速度称为符号速率(R_s),而码片速率与标称的 R_s 比值即为扩频因子(Spreading Factor,SF),表示了每个信息位发送的符号数量。LoRa 以其独有的专利技术提供了最大 168dB 的链路预算和+20dBm 的功率输出。一般地,在城市中无线距离范围是 1~2km,在郊区无线距离最高可达 20km。接受灵敏度达到了惊人的-148dbm,与业界其他先进水平的 sub-GHz 芯片相比,最高的接收灵敏度改善了 20db 以上,这确保了网络连接可靠性。调制解调器采用专利扩频调制和前向纠错技术。与传统的 FSK、OOK 调制技术相比,LoRa 扩大了无线通信链路的覆盖范围(实现了远距离无线传输),提高了链路的鲁棒性。每个 LoRa 数据包的部分内容通过 MCU 管理设置的跳频信道,即所要"跳"的频率(根据频率查询表)发送出去,在预定的跳频周期结束后,即该部分数据发送完成,则发射机和接收机切换到跳

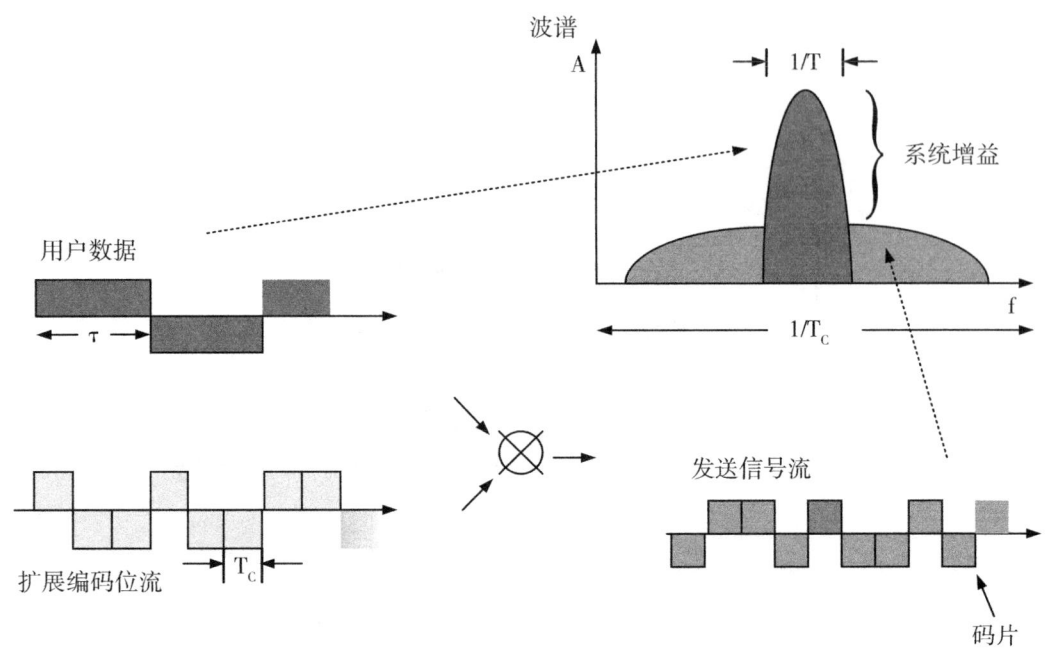

图 3-12 扩频调制示意图

频预定义列表的下一个信道，以便继续发送和接收数据包的下一部分内容。

LoRa 目前提供了近似广域网络的连接能力，且网关市场上已有室外、室内甚至桌上型路由大小的设备，人人都可以搭建自有的 LoRa 网络，如同使用 Wi-Fi 连接一样便利，因此两者互为补充，应用场景也会互助成长。LoRa 使用的是免授权 ISM 频段，但各国或地区的 ISM 频段使用情况是不同的。由于 LoRa 是工作在免授权频段的，无须申请即可进行网络建设，网络架构简单，运营成本也低。LoRa 联盟正在全球大力推进标准化的 LoRaWAN 协议，使得符合 LoRaWAN 规范的设备可以互联互通。

LoRa 调制解调是 PHY，LoRaWAN 是 MAC 协议，用于大容量远距离低功耗的星形网络，LoRa 联盟正在对低功耗广域网（LPWAN）进行标准化。LoRaWAN 协议针对低功耗、电池供电的传感器进行了优化，包括了不同级别的终端节点以优化网络延迟和电池寿命间的平衡关系。LoRaWAN 网络结构通常部署成一个星型拓扑结构，其中网关是一个透明桥接，在终端设备和后台中央网络服务器之间中继消息。网关通过标准 IP 连接到网络服务器，而终端设备使用单跳无线通信到一个或多个网关。所有终端节点通信一般都是双向的，但还支持如组播操作实现软件空中升级（OTA）或其他大量信息分发以减少空中通信时间。

（2）技术特点。

①传输距离远，最远可达 15km 的传输距离。

②低功耗，一颗纽扣电池可以让感测节点运作 1 年。

③低成本，免牌照的频段、基础设施以及节点/终端的低成本让网络建设运维都十分容易。

7. 窄带物联网（NB-IoT）

窄带物联网（Narrow Band Internet of Things，NB-IoT）成为万物互联网络的一个重要分支，构建于蜂窝网络，只消耗大约 180kHz 的带宽，可直接部署于 GSM 网络、UMTS 网络或 LTE 网络，以降低部署成本、实现平滑升级。

NB-IoT 是 IoT 领域一个新兴的技术，支持低功耗设备在广域网的蜂窝数据连接，也被叫作低功耗广域网（LPWAN）。NB-IoT 支持待机时间长、对网络连接要求较高设备的高效连接。据说 NB-IoT 设备电池寿命可以提高至少 10 年，同时还能提供非常全面的室内蜂窝数据连接覆盖。具备以下四大特点：

（1）广覆盖，将提供改进的室内覆盖，在同样的频段下，NB-IoT 比现有的网络增益 20dB，相当于提升了 100 倍覆盖区域的能力。

（2）具备支撑连接的能力，NB-IoT 一个扇区能够支持 10 万个连接，支持低延时敏感度、超低的设备成本、低设备功耗和优化的网络架构。

（3）更低功耗，NB-IoT 终端模块的待机时间可长达 10 年。

（4）更低的模块成本，企业预期的单个接连模块不超过 5 美元。

8. LTE Cat M1

LTE Cat M1 是专为物联网（IoT）和机器对机器（M2M）通信而专门设计的新型低功率广域（Low-power wide area，LPWA）蜂窝技术。它已被开发用于支持低于 1Mbps 的上传/下载数据速率的低到中等数据速率应用，并且可以在半双工或全双工模式中使用。

LTE Cat M1 使用现有的 LTE 网络进行操作，但是不同于 NB-IoT（其使用未使用的频谱或者位于保护频带中的频谱进行操作）的是 LTE Cat M1 在与用于蜂窝应用中的相同 LTE 频带内进行工作。其优点之一是它具有从一个小区站点向另一个小区站点之间切换的能力，这使得可以在移动应用中使用该技术；而 NB-IoT 不允许从一个小区站点移动切换至另一个小区站点，因此只能用于固定应用，即仅限于单个小区站点覆盖的区域内的应用。

由于 LTE Cat M1 技术能够与 2G、3G 和 4G 移动网络共存，因此它具有移动网络的所有安全和隐私功能的优点，例如，支持用户身份保密性、实体认证、机密性、数据完整性以及对移动设备鉴定的功能等。

最新的 LTE Cat M1 规格于 2016 年 6 月在 3GPP 规范（LTE-Advanced Pro）的第 13 版协议（3GPP Release 13，http：//www.3gpp.org/release-13）中得到批准。根据 Release 13 的定义，LTE Cat M1 的技术规格如下：

- 部署：LTE 频段带内；
- Downlink（下行）峰值数据速率：1Mbps；

- Uplink（上行）峰值数据速率：1Mbps；
- 延迟时间：10~15ms；
- 技术带宽：1.08MHz；
- 双工技术：全双工或者半双工；
- 发射功率等级：20/23dBm。

（二）远距离无线传输技术

目前偏远地区广泛应用的无线通信技术主要有 GPRS/CDMA、数传电台、扩频微波、无线网桥及卫星通信、短波通信技术等。它主要使用在较为偏远或不宜铺设线路的地区，如煤矿、海上、有污染或环境较为恶劣地区等。2019 年 6 月 6 日，工信部正式向中国电信、中国移动、中国联通、中国广电发放 5G 商用牌照，中国正式进入 5G 商用元年。

1. 5G

第五代移动电话行动通信标准，也称第五代移动通信技术，外语缩写为 5G，也是 4G 之后的延伸，5G 网络的理论传输速度超过 10Gbps（相当于下载速度 1.25GB/s）。

（1）关键技术。

①非正交多址技术（Non-Orthogonal Multiple Access，NOMA）。NOMA 的基本思想是在发送端采用非正交传输，主动引入干扰信息，在接收端通过串行干扰删除（SIC）实现正确解调。虽然采用 SIC 接收机会提高设计接收机的复杂度，但是可以很好地提高频谱效率，NOMA 的本质即为通过提高接收机的复杂度来换取良好的频谱效率。

假设 UE_1 位于小区中心，信道条件较好；UE_2 位于小区边缘，信道条件较差。根据 UE 的信道条件来给 UE 分配不同的功率，信道条件差的分配更多功率，即 UE_2 分配的功率比 UE_1 多。

a. 发射端。假设基站发送给 UE_1 的符号为 x_1，发送给 UE2 的数据为 x_2，功率分配因子为 a。则基站发送的信号为：

$$s = sqrt(a) x_1 + sqrt(1-a) x_2$$

因为 UE_2 位于小区边缘，信道条件较差，所以我们给 UE_2 分配较多的功率，即 $0 < a < 0.5$。

b. 接收端。UE_2 收到的信号为：

$$y_2 = h_2 s + n_2 = h_2(sqrt(a) x_1 + sqrt(1-a) x_2) + n_2$$

因为 UE_2 的信号 x_2 分配的功率较多，所以 UE_2 可以直接把 UE_1 的信号 x_1 当作噪声，直接解调解码 UB_2 的信号即可。UE_1 收到的信号为：

$$y_1 = h_1 s + n_1 = h_1(sqrt(a) x_1 + sqrt(1-a) x_2) + n_1$$

因为 UE_1 的信号 x_1 分配较少的功率，所以 UE_1 不能直接调节解码 UE_1 自己的数据。相反，UE_1 需要先跟 UE_2 一样先解调解码 UE_2 的数据 x_2。解出 x_2 后，再用 y_1 减去归一化的 x_2

得到 UE$_1$ 自己的数据，$y_1 - h_2 sqrt(1-a)x_2$。最后再解调解码 UE$_1$ 自己的数据。

c. 非正交多址技术的技术特点。

NOMA 在接收端采用 SIC 接收机来实现多用户检测。串行干扰消除技术的基本思想是采用逐级消除干扰策略，在接收信号中对用户逐个进行判决，进行幅度恢复后，将该用户信号产生的多址干扰从接收信号中减去，并对剩下的用户再次进行判决，如此循环操作，直至消除所有的多址干扰。

发送端采用功率复用技术。SIC 接收机在接收端消除多址干扰（MAI），需要在接收信号中对用户进行判决来排出消除干扰的用户的先后顺序，而判决的依据就是用户信号功率大小。基站在发送端会对不同的用户分配不同的信号功率，来获取系统最大的性能增益，同时达到区分用户的目的，这就是功率复用技术。功率复用技术在其他几种传统的多址方案没有被充分利用，其不同于简单的功率控制，而是由基站遵循相关的算法来进行功率分配。

不依赖用户反馈 CSI。在现实的蜂窝网中，因为流动性、反馈处理延迟等一些原因，通常用户并不能根据网络环境的变化反馈出实时有效的网络状态信息。虽然在目前，有很多技术已经不再那么依赖用户反馈信息就可以获得稳定的性能增益，但是采用了 SIC 技术的 NOMA 方案可以更好地适应这种情况，从而 NOMA 技术可以在高速移动场景下获得更好的性能，并能组建更好的移动节点回程链路。

②大规模多天线阵列。理解大规模天线首先需要了解波束成形技术。

传统通信方式是基站与手机间单天线到单天线的电磁波传播，而在波束成形技术中，基站端拥有多根天线，可以自动调节各个天线发射信号的相位，使其在手机接收点形成电磁波的叠加，从而达到提高接收信号强度的目的。

从基站方面看，这种利用数字信号处理产生的叠加效果就如同完成了基站端虚拟天线方向图的构造，因此称为"波束成形"（Beamforming）。通过这一技术，发射能量可以汇集到用户所在位置，而不向其他方向扩散，并且基站可以通过监测用户的信号，对其进行实时跟踪，使最佳发射方向跟随用户的移动，保证在任何时候手机接收点的电磁波信号都处于叠加状态。打个比方，传统通信就像灯泡，照亮整个房间，而波速成形就像手电筒，光亮可以智能地汇集到目标位置上。

在实际应用中，多天线的基站也可以同时瞄准多个用户，构造朝向多个目标客户的不同波束，并有效减少各个波束之间的干扰。这种多用户的波束成形在空间上有效地分离了不同用户间的电磁波，是大规模天线的基础所在。

大规模天线阵列，即 Large scale MIMO，也称为 Massive MIMO，正是基于多用户波束成形的原理，在基站端布置几百根天线，对几十个目标接收机调制各自的波束，通过空间信号隔离，在同一频率资源上同时传输几十条信号。这种对空间资源的充分挖掘，可以有效利用宝贵而稀缺的频带资源，并且几十倍地提升网络容量。

图 3-13 是美国莱斯大学的大规模天线阵列原型机中看到由 64 个小天线组成的天线阵列，这很好地展示了大规模天线系统的雏形。

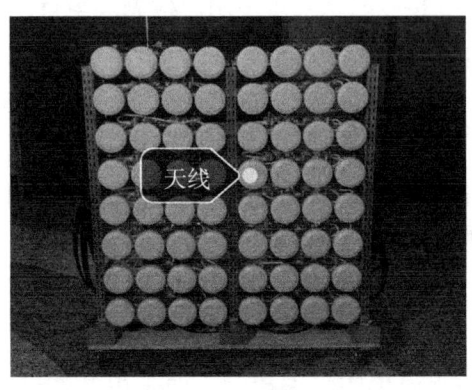

图 3-13　64 个小天线组成的天线阵列

大规模天线并不只是简单地扩增天线数量，因为量变可以引起质变。依据大数定理和中心极限定理，样本数趋向于无穷，均值趋向于期望值，而独立随机变量的均值分布趋向于正态分布。随机变量趋于稳定，这正是"大"的美。

在单天线对单天线的传输系统中，由于环境的复杂性，电磁波在空气中经过多条路径传播后在接收点可能相位相反，互相削弱，此时信道很有可能陷于很强的衰落，影响用户接收到的信号质量。而当基站天线数量增多时，相对于用户的几百根天线就拥有了几百个信道，他们相互独立，同时陷入衰落的概率便大大减小，这对于通信系统而言变得简单而易于处理。

大规模天线优势：

第一，当然是大幅度提高网络容量。

第二，因为有一堆天线同时发力，由波速成形形成的信号叠加增益将使得每根天线只需以小功率发射信号，从而避免使用昂贵的大动态范围功率放大器，减少了硬件成本。

第三，大数定律造就的平坦衰落信道使得低延时通信成为可能。传统通信系统为了对抗信道的深度衰落，需要使用信道编码和交织器，将由深度衰落引起的连续突发错误分散到各个不同的时间段上（交织器的目即将不同时间段的信号糅杂，从而分散某一段时间内的连续错误），而这种糅杂过程导致接收机需完整接受所有数据才能获得信息，造成时延。在大规模天线下，得益于大数定理而产生的衰落消失，信道变得良好，对抗深度衰弱的过程可以大大简化，因此时延也可以大幅降低。

值得一提的是，与大规模天线形成完美匹配的是 5G 的另一项关键技术——毫米波。毫米波拥有丰富的带宽，可是衰减强烈，而大规模天线的波束成形正好补齐了其短板。

③滤波组多载波技术（FBMC）。在 OFDM 系统中，各个子载波在时域相互正交，它们的频谱相互重叠，因而具有较高的频谱利用率。OFDM 技术一般应用在无线系统的数据

传输中，在 OFDM 系统中，由于无线信道的多径效应，从而使符号间产生干扰。为了消除符号间干扰（IS1），在符号间插入保护间隔。插入保护间隔的一般方法是符号间置零，即发送第一个符号后停留一段时间（不发送任何信息），接下来再发送第二个符号。在 OFDM 系统中，这样虽然减弱或消除了符号间干扰，由于破坏了子载波间的正交性，从而导致了子载波之间的干扰（ICI）。因此，这种方法在 OFDM 系统中不能采用。在 OFDM 系统中，为了既可以消除 ISI，又可以消除 ICI，通常保护间隔是由循环前缀（Cycle Prefix，CP）来充当。CP 是系统开销，不传输有效数据，从而降低了频谱效率。

而 FBMC 利用一组不交叠的带限子载波实现多载波传输，FMC 对于频偏引起的载波间干扰非常小，不需要 CP，较大地提高了频率效率。

④毫米波技术。毫米波（Millimeter wave）：波长为 1~10mm 的电磁波称毫米波，通常对应于 30~300GHz 的无线电频谱。它位于微波与远红外波相交叠的波长范围，因而兼有两种波谱的特点。毫米波的理论和技术分别是微波向高频的延伸和光波向低频的发展。

毫米波在通信、雷达、遥感和射电天文等领域有大量的应用。要想成功地设计并研制出性能优良的毫米波系统，必须了解毫米波在不同气象条件下的大气传播特性。影响毫米波传播特性的因素主要有：构成大气成分的分子吸收（氧气、水蒸气等）、降水（包括雨、雾、雪、雹、云等）、大气中的悬浮物（尘埃、烟雾等），以及环境（包括植被、地面、障碍物等），这些因素的共同作用，会使毫米波信号受到衰减、散射、改变极化和传播路径，进而在毫米波系统中引进新的噪声，这诸多因素将对毫米波系统的工作造成极大影响，因此我们必须详细研究毫米波的传播特性。

由于足够量的可用带宽，较高的天线增益，毫米波技术可以支持超高速的传输率，且波束窄，灵活可控，可以连接大量设备（图 3-14）。

蓝色手机处于 4G 小区覆盖边缘，信号较差，且有建筑物（房子）阻挡，此时，就可以通过毫米波传输，绕过建筑物阻挡，实现高速传输。同样，粉色手机同样可以使用毫米波实现与 4G 小区的连接，且不会产生干扰。当然，由于绿色手机距离 4G 小区较近，可以直接和 4G 小区连接。

毫米波由于其频率高、波长短，具有如下特点：

a. 频谱宽，配合各种多址复用技术的使用可以极大提升信道容量，适用于高速多媒体传输业务。

b. 可靠性高，较高的频率使其受干扰很少，能较好抵抗雨水天气的影响，提供稳定的传输信道。

c. 方向性好，毫米波受空气中各种悬浮颗粒物的吸收较大，使得传输波束较窄，增大了窃听难度，适合短距离点对点通信。

d. 波长极短，所需的天线尺寸很小，易于在较小的空间内集成大规模天线阵。

e. 不容易穿过建筑物或者障碍物，并且可以被叶子和雨水吸收。这也是 5G 网络将会

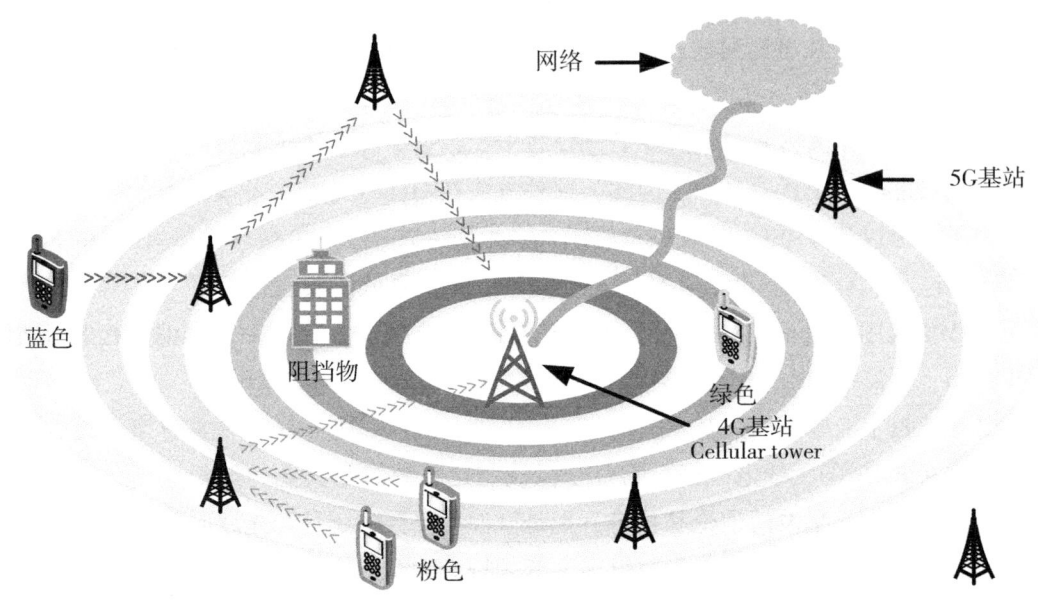

图 3-14 毫米波技术

采用小基站的方式来加强传统的蜂窝塔的原因。

⑤认知无线电技术（Cognitive Radio Spectrum Sensing Techniques）。认知无线电技术最大的特点就是能够动态的选择无线信道。在不产生干扰的前提下，手机通过不断感知频率，选择并使用可用的无线频谱。

⑥超密度异构网络（ultra-dense Hetnets）。立体分层网络（HetNet）是指，在宏蜂窝网络层中布放大量微蜂窝（Microcell）、微微蜂窝（Picocell）、毫微微蜂窝（Femtocell）等接入点，来满足数据容量增长要求。

为应对未来持续增长的数据业务需求，采用更加密集的小区部署将成为 5G 提升网络总体性能的一种方法。通过在网络中引入更多的低功率节点可以实现热点增强、消除盲点、改善网络覆盖、提高系统容量的目的。但是，随着小区密度的增加，整个网络的拓扑也会变得更为复杂，会带来更加严重的干扰问题。因此，密集网络技术的一个主要难点就是要进行有效的干扰管理，提高网络抗干扰性能，特别是提高小区边缘用户的性能。

密集小区技术也增强了网络的灵活性，可以针对用户的临时性需求和季节性需求快速部署新的小区。在这一技术背景下，未来网络架构将形成"宏蜂窝+长期微蜂窝+临时微蜂窝"的网络架构（图 3-15）。这一结构将大大降低网络性能对于网络前期规划的依赖，为 5G 时代实现更加灵活自适应的网络提供保障。

到了 5G 时代，更多的物-物连接接入网络，HetNet 的密度将会大大增加。与此同时，小区密度的增加也会带来网络容量和无线资源利用率的大幅度提升。仿真表明，当小区用

图 3-15 超密集网络组网的网络架构

户数为 200 户时,仅仅将微蜂窝的渗透率提高到 20%,就可能带来理论上 1 000 倍的小区容量提升。同时,这一性能的提升会随着用户数量的增加而更加明显。考虑 5G 主要的服务区域是城市中心等人员密度较大的区域,因此,这一技术将会给 5G 的发展带来巨大潜力。当然,密集小区所带来的小区间干扰也将成为 5G 面临的重要技术难题。目前,在这一领域的研究中,除了传统的基于时域、频域、功率域的干扰协调机制外,3GPP Rel-11 提出了进一步增强的小区干扰协调技术(eICIC),包括通用参考信号(CRS)抵消技术、网络侧的小区检测和干扰消除技术等。这些 eICIC 技术均在不同的自由度上,通过调度使得相互干扰的信号互相正交,从而消除干扰。除此之外,还有一些新技术的引入也为干扰管理提供了新的手段,如认知技术、干扰消除和干扰对齐技术等。随着相关技术难题的陆续解决,在 5G 中,密集网络技术将得到更加广泛的应用。

⑦多技术载波聚合。3GPP R12 已经提到多技术载波聚合技术标准。从发展趋势来看,未来的网络会是一个融合的网络,载波聚合技术不但要实现 LTE 内载波间的聚合,还要扩展到与 3G、Wi-Fi 等网络的融合。多技术载波聚合技术与 HetNet 一起,最终将实现万物间的无缝连接。

(2)技术指标。标志性能力指标为"Gbps 用户体验速率",一组关键技术包括大规模天线阵列、超密集组网、新型多址、全频谱接入和新型网络架构。大规模天线阵列是提升系统频谱效率的最重要技术手段之一,对满足 5G 系统容量和速率需求将起到重要的支撑作用;超密集组网通过增加基站部署密度,可实现百倍量级的容量提升,是满足 5G 千倍容量增长需求的最主要手段之一;新型多址技术通过发送信号的叠加传输来提升系统的接入能力,可有效支撑 5G 网络千亿设备连接需求;全频谱接入技术通过有效利用各类频谱资源,可有效缓解 5G 网络对频谱资源的巨大需求;新型网络架构基于 SDN、NFV 和云计算等先进技术可实现以用户为中心的更灵活、智能、高效和开放的 5G 新型网络。

2. GPRS 无线通信技术

移动通信技术从第一代的模拟通信系统发展到第二代的数字通信系统,以及之后的

3G、4G、5G，正以突飞猛进的速度发展。在第二代移动通信技术中，GSM 的应用最广泛。但是 GSM 系统只能进行电路域的数据交换，且最高传输速率为 9.6kbit/s，难以满足数据业务的需求。因此，欧洲电信标准委员会（ETSI）推出了通用分组无线业务（General Packet Radio Service，GPRS）。

分组交换技术是计算机网络上一项重要的数据传输技术。为了实现从传统语音业务到新兴数据业务的支持，GPRS 在原 GSM 网络的基础上叠加了支持高速分组数据的网络，向用户提供 WAP 浏览（浏览因特网页面）、E-mail 等功能，推动了移动数据业务的初次飞跃发展，实现了移动通信技术和数据通信技术（尤其是 Internet 技术）的完美结合。

GPRS 是介于 2G 和 3G 之间的技术，也被称为 2.5G。它后面还有个弟弟 EDGE，被称为 2.75G。它们为实现从 GSM 向 3G 的平滑过渡奠定了基础。

GPRS 主要是在移动用户和远端的数据网络（如支持 TCP/IP、X.25 等网络）之间提供一种连接，从而给移动用户提供高速无线 IP 和无线 X.25 业务，它将使得通信速率从 56kbps 一直上升到 114kbps，以 GPRs 为技术支撑，可为实现电子邮件、电子商务、移动办公、网上聊天、基于 WAP 的信息浏览、互动游戏、FLASH 画面、多和弦铃声、PDA 终端接入、综合定位技术等，并且支持计算机和移动用户的持续连接。较高的数据吞吐能力使得可以使用手持设备和笔记本电脑进行电视会议和多媒体页面以及类似的应用。GPRS 可以让多个用户共享某些固定的信道资源，数据速率最高可达 164kb/s。

通常 GPRS 移动台分为 3 类。一是 GPRS A 类手机。A 类手机具有同时提供 GPRS 和电路交换承载业务的能力。即在同一时间内既进行一般的 GSM 话音业务，又可以接收 GPRS 数据包。GPRS 业务推出后，用户将可以戴着基于蓝牙技术的集成式麦克风耳机，使用具有人类特性的 PDA，边打电话边在网上冲浪。二是 GPRS B 类手机。如果 MS 能同时侦听两个系统的寻呼信息，MS 可以同时附着在 GSM 系统和 GPRS 系统。三是 GPRS C 类手机。MS 要么附着在 GSM 网络上，要么附着在 GPRS 网络上。它只能通过人工的方式进行切换，没有办法同时进行两种操作。

（1）网络结构。GPRS 是在 GSM 网络的基础上增加新的网络实体来实现分组数据业务，GPRS 新增的网络实体：

①GSN（GPRS Support Node，GPRS 支持节点）。GSN 是 GPRS 网络中最重要的网络部件，有 SGSN 何 GGSN 两种类型。

a. SGSN（Serving GPRS Support Node，服务 GPRS 支持节点）。SGSN 的主要作用是记录 MS 的当前位置信息，提供移动性管理和路由选择等服务，并且在 MS 和 GGSN 之间完成移动分组数据的发送和接收。

b. GGSN（Gateway GPRS Support Node，GPRS 网关支持节点）。GGSN 起网关作用，把 GSM 网络中的分组数据包进行协议转换，之后发送到 TCP/IP 或 X.25 网络中。

②PCU（Packet Control Unit，分组控制单元）。PCU 位于 BSS，用于处理数据业务，

并将数据业务从 GSM 语音业务中分离出来。PCU 增加了分组功能，可控制无线链路，并允许多用户占用同一无线资源。

③BG（Border Gateways，边界网关）。BG 用于 PLMN 间 GPRS 骨干网的互联，主要完成分属不同 GPRS 网络的 SGSN、GGSN 之间的路由功能，以及安全性管理功能，此外还可以根据运营商之间的漫游协定增加相关功能。

④CG（Charging Gateway，计费网关）。CG 是在电信网络核心网与计费中心之间的数据库系统，完成原始话单采集，话单预处理，话单存储，话单自动删除与备份工作。

⑤DNS（Domain Name Server，域名服务器）。GPRS 网络中存在两种 DNS。一种是 GGSN 同外部网络之间的 DNS，主要功能是对外部网络的域名进行解析，作用等同于因特网上的普通 DNS。另一种是 GPRS 骨干网上的 DNS，主要功能是在 PDP 上下文激活过程中根据确定的 APN（Access Point Name，接入点名称）解析出 GGSN 的 IP 地址，并且在 SGSN 间的路由区更新过程中，根据原路由区号码，解析出原 SGSN 的 IP 地址。

（2）关键指标。

①容量指标。

a. PDCH 分配成功率。

PDCH 分配成功率（%）=（1-分配失败次数/分配尝试次数）×100

该指标反映了信道的拥塞情况，用来反映当符合信道分配条件，PCU 将 TCH 用做 PDCH 的成功率。

b. 每兆字节 PDCH 被清空次数。

每兆字节 PDCH 被清空次数=使用状态下的 PDCH 被清空次数/忙时流量

该指标反映了全部信道（TCH、PDCH）的拥塞情况。

c. PCU 资源拥塞率。

PCU 资源拥塞率（%）= PCU 资源不足造成的信道分配失败次数/分配尝试次数×100

该指标反映了 PCU 的公共设备资源是否存在不足。

d. 忙时平均激活 PDCH 数。该指标反映了小区或 BSC 内 PDCH 数量，与 TCH 资源相比可以反映出 PDCH 占用无线资源的比例。

e. 忙时数据总流量。分为上行流量和下行流量，下行流量更能反映业务量的情况。

f. 忙时每 PDCH 负荷。

忙时每 PDCH 负荷=忙时数据总流量/忙时平均激活 PDCH 数

该指标反映了每个 PDCH 单位时间承载的数据量。这个指标要控制在 4kbit/s 以下。

②干扰指标。

- C/I；
- 下行 BLER；
- 上行 BLER。

③移动性能指标。

- 每兆字节小区重选次数=小区重选次数/忙时流量
- 短时间重选率（%）=短时间小区重选次数/小区重选总次数×100
- 乒乓重选率（%）=乒乓重选次数/小区重选总次数×100

（3）应用特点。手机上网还显得有些不尽如人意。因此，全面的解决方法 GPRS 也就这样应运而生了，这项全新技术可以在任何时间、任何地点都能快速方便地实现连接，同时费用又很合理。简单地说，速度上去了，内容丰富了，应用增加了，而费用却更加合理。

①速数据传输。速度 10 倍于 GSM，还可以稳定地传送大容量的高质量音频与视频文件，可谓是巨大的进步。

②永远在线。由于建立新的连接几乎无需任何时间（即无须为每次数据的访问建立呼叫连接），因而随时都可与网络保持联系，举个例子，若无 GPRS 的支持，当您正在网上漫游，而此时恰有电话接入，大部分情况下不得不断线后接通来电，通话完毕后重新拨号上网。这对大多数人来说，的确是件非常令人恼火的事。而有了 GPRS，您就能轻而易举地解决这一冲突。

③仅按数据流量计费。即根据传输的数据量（如网上下载信息时）来计费，而不是按上网时间计费也就是说，只要不进行数据传输，哪怕一直"在线"，也无须付费。做个"打电话"的比方，在使用 GSM+WAP 手机上网时，就好比电话接通便开始计费；而使用 GPRS+WAP 上网则要合理得多，就像电话接通并不收费，只有对话时才计算费用。总之，它真正体现了少用少付费的原则。

（4）技术特点。数据实现分组发送和接收，按流量计费；56~115kbps 的传输速度。

GPRS 的应用，迟些还会配合 Bluetooth（蓝牙技术）的发展。到时，数码相机加了 Bluetooth，就可以马上通过手机，把图片传送到遥远的地方，也不过一刻钟的时间。GPRS 是基本分组无线业务，采用分组交换的方式，数据速率最高可达 164kbit/s，它可以给 GSM 用户提供移动环境下的高速数据业务，还可以提供收发 E-mail、Internet 浏览等功能。在连接建立时间方面，GSM 需要 10~30s，而 GPRS 只需要极短的时间就可以访问到相关请求；而对于费用而言，GSM 是按连接时间计费的，而 GPRS 只需要按数据流量计费；GPRS 对于网络资源的利用率而相对远远高于 GSM。

（5）技术优势。

①相对低廉的连接费用。GPRS 首先引入了分组交换的传输模式，使得原来采用电路交换模式的 GSM 传输数据方式发生了根本性的变化，这在无线资源稀缺的情况下显得尤为重要。按电路交换模式来说，在整个连接期内，用户无论是否传送数据都将独自占有无线信道。在会话期间，许多应用往往有不少的空闲时段，如上 Internet 浏览、收发 E-mail 等。对于分组交换模式，用户只有在发送或接收数据期间才占用资源，这意味着多个用户

可高效率地共享同一无线信道，从而提高了资源的利用率。GPRS 用户的计费以通信的数据量为主要依据，体现了"得到多少、支付多少"的原则。实际上，GPRS 用户的连接时间可能长达数小时，却只需支付相对低廉的连接费用。

②传输速率高。GPRS 可提供高达 115kbps 的传输速率（最高值为 171.2kbps，不包括 FEC）。这意味着在数年内，通过便携式电脑，GPRS 用户能和 ISDN 用户一样快速地上网浏览，同时也使一些对传输速率敏感的移动多媒体应用成为可能。

③接入时间短。分组交换接入时间缩短为少于 1s，能提供快速即时的连接，可大幅度提高一些事务（如银行卡转账、远程监控等）的效率，并可使已有的 Internet 应用（如 E-mail、网页浏览等）操作更加便捷、流畅。

3. CDMA 无线通信技术

CDMA（码分多址）是一种信道复用技术，允许每个用户在同一时刻、同一信道上使用同一频带进行通信，它将扩频技术应用于通信系统中，不仅抗干扰能力强、保密性好，而且具有抗衰落、抗多径和多址能力。

（1）通信原理。CDMA 通信系统中，不同用户传输信息所用的信号不是靠频率不同或时隙不同来区分，而是用各自不同的编码序列来区分，或者说，靠信号的不同波形来区分。如果从频域或时域来观察，多个 CDMA 信号是互相重叠的。接收机用相关器可以在多个 CDMA 信号中选出其中使用预定码型的信号。其他使用不同码型的信号因为和接收机本地产生的码型不同而不能被解调。它们的存在类似于在信道中引入了噪声和干扰，通常称为多址干扰。

在 CDMA 蜂窝通信系统中，用户之间的信息传输是由基站进行转发和控制的。为了实现双工通信，正向传输和反向传输各使用一个频率，即通常所谓的频分双工。无论正向传输或反向传输，除去传输业务信息外，还必须传送相应的控制信息。为了传送不同的信息，需要设置相应的信道。但是，CDMA 通信系统既不分频道又不分时隙，无论传送何种信息的信道都靠采用不同的码型来区分。类似的信道属于逻辑信道，这些逻辑信道无论从频域或者时域来看都是相互重叠的，或者说它们均占用相同的频段和时间。

①扩频原理。扩频原理框图如图 3-16 所示，发射端是将待传输的信息码 $a(t)$ 经编码后，先对伪随机码 $c(t)$ 进行扩频调制，然后再对射频进行调制，得到输出信号为：

$$s(t) = b(t)c(t)$$

式中，$c(t)$ 的速率（chip/s）为 Rc；$b(t)$ 的速率（bit/s）为 Rb。通常 Rc 远大于 Rb，因而调制后的扩频信号带宽主要取决于 $c(t)$ 带宽。

信号通过无线传输后，将会受到噪声和其他信号的干扰。因此，接收端所收到的信号除有用信号外，还包含有干扰信号。即：

$$s'(t) = b(t)c(t)\cos[\omega_c t + \varphi(t)] + n(t)$$

式中，$n(t)$ 为噪声和干扰信号的总和。

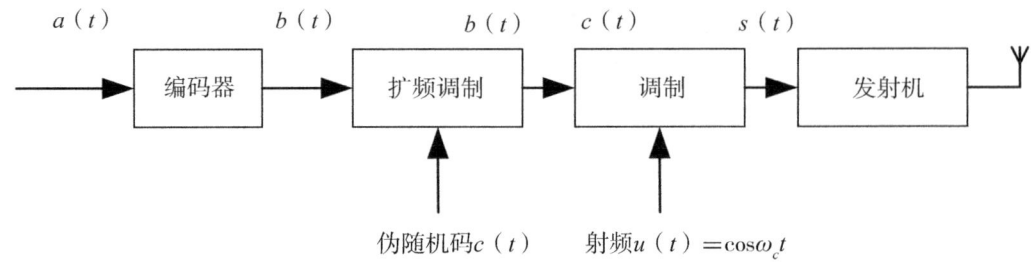

图 3-16 扩频原理

接收机接收到的信号先用相干载波进行解调。

$$z(t) = s'(t)u'(t) = \{b(t)c(t)\cos[\omega_c t + \phi(t)] + n(t)\}\cos[\omega_c t + \phi(t)]$$
$$= \frac{1}{2}b(t)c(t)\{1 + \cos[2\omega_c t + 2\phi(t)]\} + n(t)\cos[\omega_c t + \phi(t)]$$

$z(t)$ 经宽带（带宽约为码片速率）滤波后，得：

$$G(t) = \frac{1}{2}b(t)c(t) + n'(t)$$

并将 $G(t)$ 与本地伪随机码 $c'(t)$ 相乘，即进行解扩处理。因 $c'(t)$ 与发射端的 $c(t)$ 码完全一致，所以输出信号 $V_0(t)$ 再经基带滤波器，基带滤波器的带宽为信号 $b(t)$ 的带宽，远小于解扩之前的宽带滤波器带宽，但还是宽带信号，经基带滤波后就只剩下很小一部分噪声功率。处理后其信号功率不变。所以解扩输出的信噪比要比解扩输入的信噪比大得多。再经解码器，就恢复成原始信号。

②扩频系统对噪声和干扰的抑制能力。扩频系统引入"处理增益" G_p 的概念来衡量对噪声和干扰的抑制能力，G_p 定义为接收机解扩器输出信噪比与输入信噪比之比，即：

$$G_p = \frac{(SNR)_0}{(SNR)_i}$$

G_p 越大，则抗干扰性能越强。

扩频系统有如下的抗噪声和抗干扰性能：

首先，扩频系统具有较强的抗白噪声性能。由于白噪声的功率谱是均匀分布在整个频率范围内，经解扩器后，其噪声功率谱密度分布不变，而信号经过相关解扩后，却变为窄带信号，但信号功率不变。我们可以用一个窄带滤波器排除带外的噪声，于是窄带内的信噪比就大大提高了。

若白噪声功率谱密度为 N_0，则解扩器的输入信噪比和输出信噪比分别为：

$$(SNR)_i = \frac{S}{N_0 \cdot B_P}$$

和

$$(SNR)_0 = \frac{S}{N_0 \cdot B_m}$$

式中，B_P 为扩频后（解扩前）信号所占有的带宽；B_m 为扩频前（解扩后）信号所占有的带宽。于是有：

$$G_p = \frac{S/(N_0 \cdot B_m)}{S/(N_0 \cdot B_P)} = \frac{B_P}{B_m} = \frac{R_P}{R_m}$$

该式说明扩频系统对白噪声干扰的处理增益等于扩频后信号所占的带宽 B_P（或信息速率 R_P）与扩频前信号所占的带宽 B_m（或信息速率 R_m）之比。

其次，扩频系统具有抗单频和窄带干扰能力。单频干扰是一条线谱，经过相关解扩后，线谱被扩展为 B_P 宽的功率谱，这时通过带通滤波器的干扰功率仅为输入干扰功率的 B_m/B_P 倍。所以，处理增益同样为：

$$G_p = \frac{B_P}{B_m} = \frac{R_P}{R_m}$$

扩频系统还具有抗宽带干扰性能。宽带干扰是指那些所占频带与扩频信号频带可以相比拟的信号，如多径干扰和多址干扰信号。由于这些干扰信号对有用信号是不相关的，经解扩后能量有所分散，不能像有用信号那样成为窄带信号。如果干扰信号的频谱足够宽时，则处理增益与白噪声的处理增益相同，即：

$$G_p = \frac{B_P}{B_m} = \frac{R_P}{R_m}$$

（2）技术特点。

①CDMA 是扩频通信的一种，它具有扩频通信的以下特点：

a. 抗干扰能力强。这是扩频通信的基本特点，是所有通信方式无法比拟的。

b. 宽带传输，抗衰落能力强。

c. 由于采用宽带传输，在信道中传输的有用信号的功率比干扰信号的功率低得多，因此信号好像隐蔽在噪声中；即功率谱密度比较低，有利于信号隐蔽。

d. 利用扩频码的相关性来获取用户的信息，抗截获的能力强。

②在扩频 CDMA 通信系统中，由于采用了新的关键技术而具有一些新的特点：

a. 采用了多种分集方式。除了传统的空间分集外。由于是宽带传输起到了频率分集的作用，同时在基站和移动台采用了 RAKE 接收机技术，相当于时间分集的作用。

b. 采用了话音激活技术和扇区化技术。因为 CDMA 系统的容量直接与所受的干扰有关，采用话音激活和扇区化技术可以减少干扰，可以使整个系统的容量增大。

c. 采用了移动台辅助的软切换。通过它可以实现无缝切换，保证了通话的连续性，减少了掉话的可能性。处于切换区域的移动台通过分集接收多个基站的信号，可以减低自身的发射功率,从而减少了对周围基站的干扰,这样有利于提高反向联路的容量和覆盖范围。

d. 采用了功率控制技术。这样降低了平准发射功率。

e. 具有软容量特性。可以在话务量高峰期通过提高误帧率来增加可以用的信道数。当相邻小区的负荷一轻一重时,负荷重的小区可以通过减少导频的发射功率,使本小区的边缘用户由于导频强度的不足而切换到相邻小区,使负担分担。

f. 兼容性好。由于 CDMA 的带宽很大,功率分布在广阔的频谱上,功率话密度低,对窄带模拟系统的干扰小,因此两者可以共存。即兼容性好。

g. CDMA 的频率利用率高。不需频率规划,这也是 CDMA 的特点之一。

h. CDMA 高效率的 OCELP 话音编码。话音编码技术是数字通信中的一个重要课题。OCELP 是利用码表矢量量化差值的信号,并根据语音激活的程度产生一个输出速率可变的信号。这种编码方式被认为是效率最高的编码技术,在保证有较好话音质量的前提下,大大提高了系统的容量。这种声码器具有 8kbit/s 和 13kbit/s 两种速率的序列。8kbit/s 序列从 1.2~9.6kbit/s 可变,13kbit/s 序列则从 1.8~14.4kbt/s 可变。最近,又有一种 8kbit/s EVRC 型编码器问世,也具有 8kbit/s 声码器容量大的特点,话音质量也有了明显的提高。

(3) 技术优势。CDMA 移动通信网是由扩频、多址接入、蜂窝组网和频率复用等几种技术结合而成,含有频域、时域和码域三维信号处理的一种协作,因此它具有抗干扰性好,抗多径衰落,保密安全性高,同频率可在多个小区内重复使用,容量和质量之间可做权衡取舍等属性。这些属性使 CDMA 比其他系统有很大的优势。

①系统容量大。理论上,在使用相同频率资源的情况下,CDMA 移动网比模拟网容量大 20 倍,实际使用中比模拟网大 10 倍,比 GSM 要大 4~5 倍。

②系统容量的配置灵活。在 CDMA 系统中,用户数的增加相当于背景噪声的增加,造成话音质量的下降。但对用户数并无限制,操作者可在容量和话音质量之间折中考虑。另外,多小区之间可根据话务量和干扰情况自动均衡。

这一特点与 CDMA 的机理有关。CDMA 是一个自扰系统,所有移动用户都占用相同带宽和频率,打个比方,将带宽想象成一个大房子,所有的人将进入唯一的大房子。如果他们使用完全不同的语言,他们就可以清楚地听到同伴的声音而只受到一些来自别人谈话的干扰。在这里,屋里的空气可以被想象成宽带的载波,而不同的语言即被当作编码,可以不断地增加用户直到整个背景噪声被限制住了。如果能控制住用户的信号强度,在保持高质量通话的同时,就可以容纳更多的用户。

③通话质量更佳。TDMA 的信道结构最多只能支持 4kb 的语音编码器,它不能支持 8kb 以上的语音编码器。而 CDMA 的结构可以支持 13kb 的语音编码器。因此可以提供更好的通话质量。CDMA 系统的声码器可以动态地调整数据传输速率,并根据适当的门限值

选择不同的电平级发射。同时门限值根据背景噪声的改变而变，这样即使在背景噪声较大的情况下，也可以得到较好的通话质量。另外，TDMA 采用一种硬移交的方式，用户可以明显地感觉到通话的间断，在用户密集、基站密集的城市中，这种间断就尤为明显，因为在这样的地区每分钟会发生 2~4 次移交的情形。而 CDMA 系统"掉话"的现象明显减少，CDMA 系统采用软切换技术，"先连接再断开"，这样完全克服了硬切换容易掉话的缺点。

④频率规划简单。用户按不同的序列码区分，所以不同 CDMA 载波可在相邻的小区内使用，网络规划灵活，扩展简单。

⑤建网成本低。CDMA 技术通过在每个蜂窝的每个部分使用相同的频率，简化了整个系统的规划，在不降低话务量的情况下减少所需站点的数量，从而降低部署和操作成本。CDMA 网络覆盖范围大，系统容量高，所需基站少，降低了建网成本。

CDMA 数字移动技术与众所周知的 GSM 数字移动系统不同。模拟技术被称为第一代移动电话技术，GSM 是第二代，CDMA 是属于移动通信第二代半技术，比 GSM 更先进。

4. 数传电台通信

无线数传电台又可称为"数传电台"，是指借助 DSP 技术和无线电技术实现的高性能专业数据传输电台。数传电台的使用从最早的按键电码、电报、模拟电台加无线 MODEM，发展到目前的数字电台和 DSP、软件无线电；传输信号也从代码、低速数据（300~1 200bps）到高速数据（N×64K~N×E1），可以传输包括遥控遥测数据、数字化语音、动态图像等业务。

无线数传电台大致分为两种，一种是传统的模拟电台，另一种为采用 DSP 技术的数字电台，传统的模拟电台一般是射频部分后面加调制解调器转换为数字信号方式来传输数据，全部调制、解调、滤波和纠错由模拟量处理完成，如果需要进行数据的任何其他处理，那么附加的部件、专用的芯片或微处理机必须加到设计中。因为收发机相当多的功能是在硬件中完成，任何校准或无线电的调整必须在硬件级上进行；例如，扭动一个螺丝调整或更换部件。又因为设计是以硬件为基础的，因而它是一个固定的设计。这就是说，不改变硬件就不能改变功能和性能。

数传电台的工作频率大多使用 220~240MHz 或 400~470MHz 频段，具有数话兼容、数据传输实时性好、专用数据传输通道、一次投资、没有运行使用费、适用于恶劣环境、稳定性好等优点。数传电台的有效覆盖半径约有几十千米，可以覆盖一个城市或一定的区域。数传电台通常提供标准的 RS232 数据接口，可直接与计算机、数据采集器、RTU、PLC、数据终端、GPS 接收机、数码相机等连接。已经在各行业取得广泛的应用，在航空航天、铁路、电力、石油、气象、地震等各个行业均有应用，在遥控、遥测、遥信、遥感等 SCADA 领域也取得了长足的进步和发展。

5. 扩频微波通信

扩频通信，即扩展频谱通信技术是指其传输信息所用信号的带宽远大于信息本身带宽的一种通信技术。最早始用于军事通信。它传输的基本原理是将所传输的信息用伪随机码序列（扩频码）进行调制，伪随机码的速率远大于传送信息的速率，这时发送信号所占据带宽远大于信息本身所需的带宽实现了频谱扩展，同时发射到空间的无线电功率谱密度也有大幅度的降低。在接收端则采用相同的扩频码进行相关解调并恢复信息数据。其主要特点是：抗噪声能力极强；抗干扰能力极强；抗衰落能力强；抗多径干扰能力强；易于多媒体通信组网；具有良好的安全通信能力；不干扰同类的其他系统等，同时具有传输距离远、覆盖面广等特点，特别适合野外联网应用，主要应用在以下几个方面。

（1）语音接入（点对点）。现有的扩频微波，速率为64kb/s至8Mb/s，可传1~120路（PCM）语音。特别是E1、2×E1和4×E1可取代常规的30路、60路和120路中小容量微波，抗干扰性极强，误码率可低到10^{-10}量级，准光纤水平。时分双工（TDD）E1，距离近些；频分双工（FDD）E1，距离还可远些，在视距通信范围扩频微波可取代超短波（VHF/UHF）、常规小微波，以及电缆和光纤。它可以单独或与各种复用设备结合，用于卫星通信最后"一公里"、局间中继、GMS系统基站到交换机间通信等很多场合。

（2）数据接入。采用扩频Modem和复用器，可以实现点对点的数据通信，再逐级汇集，也可组成很大的专用数据网，例如银行的同城结算，可应用于ISDN和DDN、FR网。

（3）视频接入。采用N×64kb/s或2Mb/s的扩频Modem加上会议电视终端可传会议电视信息。若将多个点对点扩频信道和MCU相连，可以组成良好的多点扩频会议电视系统。采用每秒可输出22~25帧的图像编解码器（Codec），利用扩频E1，就可传送实时动态电视图像。

（4）多媒体接入。采用复用器，可在扩频信道上同时传送语音、数据和视频图像等多媒体信息。现在已有的扩频Modem与当前的多媒体通信发展水平相适应，设备轻巧，易安装，是较好的无线多媒体接入手段。

（5）因特网（Internet）接入。采用小型扩频发射器和全向天线，用户终端只需配备一个很小的Modem即可实现无线上网，甚至是在一定范围内的可移动上网（如Wi-Fi）。

6. 无线网桥

无线网桥顾名思义就是无线网络的桥接，它利用无线传输方式实现在两个或多个网络之间搭起通信的桥梁；无线网桥从通信机制上分为电路型网桥和数据型网桥。

无线网桥是为使用无线（微波）进行远距离数据传输的点对点网间互联而设计。它是一种在链路层实现LAN互联的存储转发设备，可用于固定数字设备与其他固定数字设备之间的远距离（可达50km）、高速（可达百兆bps）无线组网。扩频微波和无线网桥技术都可以用来传输对带宽要求相当高的视频监控等大数据量信号传输业务。

（1）点对点方式。点对点型（PTP），即"直接传输"。无线网桥设备可用来连接分别位于不同建筑物中两个固定的网络。它们一般由一对桥接器和一对天线组成。两个天线必须相对定向放置，室外的天线与室内的桥接器之间用电缆相连，而桥接器与网络之间则是物理连接。

(2) 中继方式。即"间接传输"。BC 两点之间不可视，但两者之间可以通过一座 A 楼间接可视。并且 AC 两点，BA 两点之间满足网桥设备通信的要求。可采用中继方式，A 楼作为中继点。BC 各放置网桥，定向天线。A 点可选方式有：Ⅰ放置一台网桥和一面全向天线，这种方式适合对传输带宽要求不高，距离较近的情况；Ⅱ如果 A 点采用的是单点对多点型无线网桥可在中心点 A 的无线网桥上插两块无线网卡，两块无线网卡分别通过馈线接两部天线，两部天线分别指向 B 网和 C 网；Ⅲ放置两台网桥和两面定向天线。

(3) 点对多点传输。由于无线网桥往往由于构建网络时的特殊要求，很难就近找到供电。因此，具有 PoE（以太网供电）能力就非常重要，如可以支持 802.3af 国际标准的以太网供电，可以通过 5 类线为网桥提供 12V 的直流电源。一般网桥都可以通过 Web 方式来进行管理，或者通过 SNMP 方式管理。它还具有先进的链路完整性检测能力，当其作为 AP 使用的时候，可以自动检测上联的以太网连接是否工作正常，一旦发现上联线路断线，就会自动断开与其连接的无线工作站，这样被断开的工作站可以及时被发现，并搜寻其他可用的 AP，明显地提高了网络连接的可靠性，并且也为及时锁定并排除问题提供了方便。总之，随着无线网络的成熟和普及，无线网桥的应用也将会大大普及。

(4) 无线网桥的工作方法。这些独立的网络段通常位于不同的建筑内，相距几百米到几十千米。所以说它可以广泛应用在不同建筑物间的互联。同时，根据协议不同，无线网桥又可以分为 2.4GHz 频段的 802.11b 或 802.11G 或者 802.11GN 以及采用 5.8GHz 频段的 802.11a 或 802.11an 无线网桥。无线网桥有多种工作方式，每种差别略有差异，但是原理相同：网桥、AP、APC、透传客户端、中继模式、路由模式等。特别适用于城市中的近距离、远距离通信。它有 2 种接入方式，IP 接口接入、IP+E1 双接口接入。

7. 卫星通信

卫星通信是指利用人造地球卫星作为中继站来转发无线电信号，从而实现在多个地面站之间进行通信的一种技术，它是地面微波通信的继承和发展。卫星通信系统通常由两部分组成，分别是卫星端、地面端。卫星端在空中，主要用于将地面站发送的信号放大再转发给其他地面站。地面站主要用于对卫星的控制、跟踪以及实现地面通信系统接入卫星通信系统。

卫星可分为同步卫星和非同步卫星，同步卫星在空中的运行方向和周期与地球的自转方向及周期相同，从地面的任何位置看，该卫星都是静止不动的；非同步卫星的运行周期大于或小于地球的运行周期，其轨道高度"倾角"形状都可根据需要调整。

卫星通信的特点是：覆盖范围广、工作频带宽、通信质量好、不受地理条件限制，成本与通信距离无关等。其主要用在国际通信、国内通信、军事通信、移动通信和广播电视等领域。卫星通信的主要缺点是通信具有一定的延迟，比如打卫星电话时，不能立即听到对方回话，主要原因是卫星通信的传输距离较长，无线电波在空中传输是有一定延迟的。

8. 短波通信

按照国际无线电咨询委员会的划分，短波是指频率为 3~30MHz（对应波长为 10~100m）的无线电波。短波通信是指利用短波进行的无线电通信，又称高频（HF）通信。短波通信可分为地波传播和天波传播。地波传播的衰耗随工作频率的升高而递增，在同样的地面条件下，频率越高，衰耗越大。利用地波只适用于近距离通信，其工作频率一般选在 5MHz 以下。地波传播受天气影响小，比较稳定，信道参数基本不随时间变化，故信道可视为恒参信道。天波传播是无线电波经电离层反射来进行远距离通信的方式，倾斜投射的电磁波经电离层反射后，可以传到几千米外的地面。天波的传播损耗比地波小得多，经地面与电离层之间多次反射之后，可以达到极远的地方，因此，利用天波可以进行环球通信。天波传播因受电离层变化和多径传播的严重影响极不稳定，其信道参数随时间而急剧变化，因此称为变参信道。短波通信的特点是：建设维护费用低，周期短，设备简单，电路调度容易，抗毁能力强，频段窄，通信容量小，天波信道信号传输稳定性差等。

三、各种主流无线通信技术之间的比较

当前流行的无线通信技术有：RFID、GPRS、Bluetooth、Wi-Fi、IrDA、UWB、ZigBee 和 NFC。各种无线通信技术的适用频段、调制方式、最大作用距离、数据率和应用领域各有不同，这些无线通信技术的数据率越高，作用距离就越短。

1. RFID

RFID 是一种简单的无线系统，只有两个基本器件，该系统用于控制、检测和跟踪物体。系统由一个询问器和很多应答器组成。

应答器：由天线、耦合元件及芯片组成，一般来说都是用标签作为应答器，每个标签具有唯一的电子编码，附着在物体上标识目标对象。

阅读器：由天线、耦合元件、芯片组成，读取（有时还可以写入）标签信息的设备，可设计为手持式 RFID。

应用软件系统：是应用层软件，主要是把收集的数据进一步处理，并为人们所使用。

2. GPRS

GPRS 通过监控中心与 Internet 相连，可以支持一些比较复杂的应用，另外支持的通信方式比较多，使用户可以随时随地以多种通信方式来监控实际应用点。该方案还可以让监控中心同时和多个 GPRS 模块通信，从而监控多个工作现场。

3. Bluetooth

蓝牙系统由无线单元、链路控制器、链路管理器和提供到主机端接口功能的支持单元组成。

蓝牙无线单元是一个微波跳频扩频通信系统，数据和话音信息分组在指定时隙，指定

跳频频率发送和接收。跳频序列由主设备地址决定，采用寻呼和查询方式建立信道连接。链路控制（基带控制）器包括基带数字信号处理的硬件部分并完成基带协议和其他底层链路规程。链路管理器（LM）软件实现链路的建立、验证、链路配置及其协议。链路管理器可以发现其他的链路管理器，并通过连接管理协议 LMP 建立通信联系。链路管理器通过链路控制器提供的服务实现上述功能。

4. Wi-Fi

Wi-Fi 方案的设计相对其他方案比较简单，仅需要通过 MCU 控制 Wi-Fi 模块，通过 CAN 总线与主板通信，然后通过 Wi-Fi 模块传输信息到 Internet。通过连接服务器，然后服务器对数据进行处理。

5. IrDA

红外通信主要由 3 部分组成：

发射器部分：目前已有红外无线数字通信系统的信息源包括语音、数据、图像等。

信道部分：它们的作用是整形、滤波、视场变换、频段划分等。

终端部分：红外无线数字通信系统终端部分包括光接收部分、采样、滤波、判决、量化、均衡和解码等部分。

6. UWB

UWB（Ultra Wide Band）是一种无载波通信技术，利用纳秒至微微秒级的非正弦波窄脉冲传输数据。通过在较宽的频谱上传送极低功率的信号，UWB 能在 10m 左右的范围内实现数百 Mbit/s 至数 Gbit/s 的数据传输速率。

7. Zig-Bee

Zig-Bee 技术是一种近距离、低复杂度、低功耗、低速率、低成本的双向无线通信技术。主要用于距离短、功耗低且传输速率不高的各种电子设备之间进行数据传输以及典型的有周期性数据、间歇性数据和低反应时间数据传输的应用。

8. NFC

与 RFID 一样，NFC 信息也是通过频谱中无线频率部分的电磁感应耦合方式传递，但两者之间还是存在很大的区别。首先，NFC 是一种提供轻松、安全、迅速的通信无线连接技术，其传输范围比 RFID 小。其次，NFC 与现有非接触智能卡技术兼容，已经成为得到越来越多主要厂商支持的正式标准。最后，NFC 还是一种近距离连接协议，提供各种设备间轻松、安全、迅速而自动的通信。与无线世界中的其他连接方式相比，NFC 是一种近距离的私密通信方式。

第四章 食用菌工厂化生产分析决策关键技术

随着信息化智能化技术在食用菌工厂化生产中的应用，产生的数据越来越多，不仅包括生产环境数据，还包括食用菌本身的表型数据、智能化作业装备的状态数据、生产报表等，随着数据的增多，传统的分析决策技术已不能满足生产分析决策需求，需要利用大数据分析分析处理方法进行分析生产决策。本章阐述了农业大数据的概念与特征、传统数据分析和大数据分析方法。

第一节 农业大数据

一、大数据

对于"大数据"（Big data）研究机构 Gartner 给出了这样的定义："大数据"是需要新处理模式才能具有更强的决策力、洞察发现力和流程优化能力来适应海量、高增长率和多样化的信息资产。

麦肯锡全球研究所给出的定义是：一种规模大到在获取、存储、管理、分析方面大大超出了传统数据库软件工具能力范围的数据集合，具有海量的数据规模、快速的数据流转、多样的数据类型和价值密度低四大特征。

1. 大数据的特点

大数据的特点包括五个"V"：数据量（Volume）、数据多样性（Variety）、数据速度（Velocity）、数据真实性（Veracity）和数据价值（Value）。

（1）Volume（数据量）。大数据通常意味着数据量非常庞大，达到 PB（千兆字节）甚至 EB（千万兆字节）级别。数据来源可以是社交媒体、传感器、互联网交易、企业数据仓库等。

（2）Variety（数据多样性）。大数据包括多种不同类型的数据，包括结构化数据（如数据库中的表格数据）、半结构化数据（如 XML 文件）、非结构化数据（如文本、图片、视频等）。

（3）Velocity（数据速度）。大数据往往产生和流动非常迅速，需要实时处理或接近实时处理。例如，社交媒体的实时数据流、金融市场的交易数据等。

（4）Veracity（数据真实性）。大数据的质量和真实性问题，可能包含不准确、缺失或者错误的数据，因此需要通过数据清洗和验证等手段提升数据的准确性。

（5）Value（数据价值）。大数据本身的价值不是直接呈现的，必须通过合适的分析工具和技术提取出有价值的信息，进而驱动决策、预测和优化。

2. 大数据结构

大数据是指规模巨大、多样化和高速产生的数据集合。这些数据集合通常包括结构化数据（如数据库中的表格）、半结构化数据（如 XML 文件）和非结构化数据（如文本、图像和音频）。

想要认知大数据，可从三个层面来理解：

第一层面是理论，理论是认知的必经途径，也是被广泛认同和传播的基线。从大数据的特征定义理解行业对大数据的整体描绘和定性；从对大数据价值的探讨来深入解析大数据的珍贵所在；洞悉大数据的发展趋势；从大数据隐私这个特别而重要的视角审视人和数据之间的长久博弈。

第二层面是技术，技术是大数据价值体现的手段和前进的基石。需要从云计算、分布式处理技术、存储技术和感知技术的发展来说明大数据从采集、处理、存储到形成结果的整个过程。

第三层面是实践，实践是大数据的最终价值体现。从互联网的大数据、政府的大数据、企业的大数据和个人的大数据四个方面来描绘大数据已经展现的美好景象及即将实现的蓝图。

二、农业大数据

农业大数据是指通过大数据技术对农业生产、管理、销售等各环节的数据进行收集、存储、处理和分析，从而为农业生产提供更加精准的决策支持。农业大数据不仅包括传统的气象、土壤、作物生长等自然环境数据，还涵盖了农田管理、农业机械、供应链管理、市场销售等各类数据。通过对这些数据的深度分析，可以帮助农民提高生产效率、优化资源配置、减少成本、提升产品质量，同时促进农业可持续发展。

1. 农业大数据的主要应用领域

（1）精准农业。

精准施肥与灌溉：利用传感器、遥感技术、卫星图像等数据，对土壤的水分、温度、养分等进行实时监控,从而精准控制水肥的使用,提高作物产量并减少资源浪费。

作物健康监测:通过无人机、卫星影像等技术监测作物的生长状况,及时发现病虫害、营养不良等问题,帮助农民做出快速响应,减少损失。

(2)农业生产决策。

气象数据分析:通过对气象数据的收集与分析,农民可以提前预测天气变化,从而合理安排播种、收获等农事活动。

农作物生长模型:基于大数据和机器学习算法,可以构建作物生长模型,预测作物的生长周期、产量等,帮助农民进行更科学的决策。

(3)农业供应链优化。

市场需求预测:农业大数据可以帮助分析消费者需求和市场趋势,优化产品的生产和流通,提高农业供应链的效率和减少浪费。

物流与仓储管理:通过对物流和库存数据的实时监控和分析,可以优化运输路线、减少仓储成本,并确保农产品及时到达市场。

(4)农业金融与保险。

风险评估与保险定价:大数据分析可以帮助保险公司更准确地评估农业生产中的自然灾害风险(如干旱、洪水等),并为农民提供定制化的农业保险产品。

精准贷款评估:农业大数据可以帮助金融机构更好地评估农民的信用风险,为农业提供更合适的金融服务,如精准贷款和资金支持。

(5)农业政策与监管。

农业政策优化:政府可以通过大数据分析农业生产、市场价格、气候变化等信息,及时调整政策,支持农业生产的稳定发展。

食品安全追溯:通过对农业生产全过程的数据追溯(例如种植、收割、运输等),确保食品的安全性,从源头上防止食品污染。

2. 农业大数据技术支持

(1)传感器技术。农业领域使用大量的传感器进行数据采集,包括土壤传感器、气象传感器、作物生长传感器等,这些传感器能实时收集各类环境和农业生产数据。

(2)物联网(IoT)。物联网技术使得各种农业设备(如灌溉系统、农机设备等)可以互联互通,实时采集和传输数据,为精准农业提供重要支撑。

(3)遥感技术与卫星影像。遥感技术能够提供大范围、长时间周期的农业监测数据,可以通过卫星或无人机拍摄的影像来分析土地利用、作物生长状态、气候变化等信息。

(4)云计算与大数据存储。农业大数据的存储和处理需要大量的计算资源,云计算平台可以提供弹性计算和大规模数据存储能力,支持数据的实时处理和分析。

(5)人工智能与机器学习。人工智能(AI)和机器学习(ML)可以通过对农业数据的分析,自动发现数据中的模式和趋势,进行作物预测、病虫害预测、智能灌溉等优化决策。

(6) 区块链技术。区块链可以提供透明、安全的数据管理,特别是在农产品溯源、农产品交易等方面,能够确保数据的真实性和不可篡改。

3. 农业大数据的挑战与前景

(1) 挑战。

数据隐私与安全:农业大数据涉及大量的敏感信息,包括农民的个人信息、生产数据等,如何确保数据的安全性和隐私性是一个重要问题。

数据标准化与共享:农业大数据涉及众多不同领域和环节,如何统一数据标准,促进数据共享与交换是一个难题。

技术普及与操作成本:对于小规模农业经营者来说,部署大数据技术可能需要较高的资金和技术投入,如何降低成本并提高技术普及率是亟待解决的问题。

(2) 前景。

推动农业现代化:随着技术的不断发展,农业大数据将成为推动农业现代化的重要力量。农民可以通过数据支持的精准决策提高农业生产效率,减少资源浪费,促进农业可持续发展。

农业智能化:未来,农业将更多依赖人工智能、物联网、自动化设备等技术,农业大数据将作为其核心支撑,推动农业向智能化、自动化发展。

农业大数据不仅是单纯的数据收集,而是通过数据分析和智能化决策,帮助农业生产变得更加高效、可持续并智能化。随着技术的发展,农业大数据有望成为农业现代化转型的关键工具,为全球农业生产带来更多的机遇和挑战。

第二节 传统数据分析

传统数据分析较为常用方法有手动分析和基于数学模型的分析,更侧重于理论推导、假设验证、模型拟合等基础分析。常见的传统数据分析方法:描述性统计分析、推断性统计分析、相关性分析、时间序列分析、主成分分析、聚类分析、因子分析、卡方检验和贝叶斯统计,这种方法在处理小规模数据集时表现良好,但在面对大数据时效率低下。

一、描述性统计分析

描述性统计主要用于总结和描述数据的主要特征,常用以下分析方法:

1. 均值

均值(Mean),也称算术平均数,是描述一组数据中心趋势的最常用的统计量之一。

它表示所有数据点的总和除以数据点的数量。均值是最基础且常用的统计指标，适用于衡量数据的集中趋势。

算术平均数分为简单算术平均数和加权算术平均数。简单算术平均数是加权平均数的一种特殊形式（特殊在各项的权重相等）。在实际问题中，当各项权重不相等时，计算平均数时就要采用加权平均数；当各项权相等时，计算平均数就要采用简单算术平均数。它主要适用于数值型数据，不适用于品质数据。根据表现形式的不同，算术平均数有不同的计算形式和计算公式。

（1）简单算术平均数。设一组数据为 $x_1, x_2, \cdots, x_n$，简单的算术平均数的计算公式为：

$$M = \frac{x_1 + x_2 + \cdots + x_n}{n}$$

简单算术平均数主要用于未分组的原始数据。

（2）加权算术平均数。设原始数据为被分成 k 组，各组中的值为 $x_1, x_2, \cdots, x_k$，各组的频数分别为 $f_1, f_2, \cdots, f_k$，加权算术平均数的计算公式为：

$$M = \frac{x_1 \times f_1 + x_2 \times f_2 + \cdots + x_k \times f_k}{f_1 + f_2 + \cdots + f_k}$$

加权算术平均数主要用于处理经分组整理的数据。

（3）特点。算术平均数是一个良好的集中量数，具有反应灵敏、确定严密、简明易解、计算简单、适合进一步演算和较小受抽样变化的影响等优点。

简单算术平均数易受极端值的影响，这是因为平均数反应灵敏，每个数据的或大或小的变化都会影响到最终结果。

加权算术平均数同时受到两个因素的影响，一个是各组数值的大小，另一个是各组分布频数的多少。在数值不变的情况下，一组的频数越多，该组的数值对平均数的作用就大，反之，越小。

2. 中位数

中位数（Median）又称中值，统计学中的专有名词，是按顺序排列的一组数据中居于中间位置的数，代表一个样本、种群或概率分布中的一个数值，其可将数值集合划分为相等的上下两部分。对于有限的数集，可以通过把所有观察值高低排序后找出正中间的一个作为中位数。如果观察值有偶数个，通常取最中间的两个数值的平均数作为中位数。

（1）中位数的计算方法。这里用 $m_{0.5}$ 来表示中位数，有一组数据：

$$X_1, X_2, \cdots, X_N$$

将其按从小到大的顺序排序为：

$X_{(1)}, X_{(2)}, \cdots, X_{(N)}$

则当 N 为奇数时，中位数 $m_{0.5} = X_{(N+1)/2}$；当 N 为偶数时，中位数 $m_{0.5}$

$$= \frac{X_{N/2} + X_{(N/2+1)}}{2}。$$

(2) 中位数的特点。中位数是一个重要的统计量，尤其在面对不对称分布或包含极端值的数据时，能够提供更加稳健的中心趋势指标。特点如下：

稳健性：与均值不同，中位数不容易受到极端值（离群值）的影响。即使数据中存在非常大的或非常小的数值，中位数依然能够代表数据的中心位置。

适用于偏态分布：如果数据的分布是偏斜的（例如，收入分布通常是右偏的），均值可能会偏离数据的实际中心，而中位数能更好地反映数据的真实中心位置。

3. 众数

众数（Mode）是指在统计分布上具有明显集中趋势点的数值，代表数据的一般水平。也是一组数据中出现次数最多的数值，用 M 表示。如果一组数据中有多个数值出现次数相同且为最大次数，则这组数据被称为多众数（Multimodal）。如果没有任何数值重复出现，则该数据集没有众数。

(1) 众数计算方法。

①观察法。若数据已归类，则出现频数最多的数据即为众数；若数据已分组，则频数最多的那一组的组中值即为众数。用观察法求得的众数，一般是粗略众数。

②金氏插入法。根据计算公式：

$$M_0 = L + \frac{f_a}{f_a + f_b} \times i$$

或

$$M_0 = U + \frac{f_b}{f_a + f_b} \times i$$

式中，M_0 表示众数；L 表示众数所在组的精确下限；U 表示众数所在组的精确上限；f_a 为与众数组下限相邻的频数；f_b 为与众数组上限相邻的频数；i 为组距。

③皮尔逊经验法。根据计算公式：

$$M_0 = \xi - 3 \times (\xi - M_{0.5})$$

式中，M_0 表示众数；ξ 表示样本均值；$M_{0.5}$ 为中数，用皮尔逊公司计算所得众数近似于理论众数，常称为皮尔逊近似众数。众数是皮尔逊最先提出并在生物统计学中使用的，以上是数据出自离散型随机变量时求众数的方法，对连续型随机变量 ξ，若概率密度函数为 f，且 f 恰有一个最大值，则此最大值称为 ξ 的众数，有时也把 f 的极大值称为众数；f 有两个以上极大值时，亦称为复众数。

(2) 众数的特点。

易于理解：众数直观地反映了数据中最常见的值，特别适用于类别数据或计数数据。

适用于不同类型的数据：即使是非数值型数据（如颜色、品牌等），也可以计算众数。

不受极端值影响：众数是基于出现次数计算的，不容易被数据中的极端值或离群值所干扰。

可以有多个众数：数据集可能有一个众数（单峰分布）、多个众数（多峰分布）或没有众数（所有数值出现次数相同）。

4. 标准差

标准差（Standard Deviation）是统计学中用来衡量数据集离散程度的一个指标，它表示数据点与均值之间的平均偏离程度。标准差越大，表示数据的分布越分散；标准差越小，表示数据点集中在均值附近。

标准差是离均差平方的算术平均数（即方差）。计算方法为：先计算每个数值与平均数的差，然后求其平方值，再把所有平方值相加后除以总数，最后再对结果进行平方根运算。如果是对整个总体进行计算，则标准差记为 σ，如果是对样本进行计算，则标准差记为 S。

（1）总体标准差。总体标准差是描述总体数据离散程度的统计量，公式如下：

$$\sigma = \sqrt{\frac{\sum_{i=1}^{n}(x_i - \mu)^2}{n}}$$

式中，σ 表示总体标准差；n 表示总体容量（即总体中数据的个数）；x_i 表示总体中的某个数据；μ 表示总体均值（即总体中所有数据的平均值）。

（2）样本标准差。样本标准差是描述样本数据离散程度的统计量，公式如下：

$$S = \sqrt{\frac{\sum_{i=1}^{n}(x_i - \bar{x})^2}{n-1}}$$

式中，S 表示样本标准差；n 表示样本容量（即样本中数据的个数）；x_i 表示样本中的第 i 个数据；$\bar{x}$ 表示样本均值（即样本中所有数据的平均值）。

（3）特点。

①非负性。标准差的非负性指标准差的值始终为非负数，即标准差不可能为负数。因为标准差是一个衡量数据分散程度的统计量，它是平均值和每个数据点之间的差的平方的平均值的平方根。平方根的结果始终为非负数，所以标准差也始终为非负数。

②可加性。标准差的可加性是指在满足一定条件下，两个或多个相互独立随机变量的标准差可以相加。如果有多个随机变量，例如 X、Y、Z 等，它们各自具有自己的标准差 s，想要计算它们的总体标准差 s，可以将每个随机变量的标准差平方相加，然后再将其和开平方即可得到总体标准差。使用以下公式：

$$s = \sqrt{\sigma_1^2 + \sigma_2^2 + \sigma_3^2}$$

③标准差及正态分布。标准差的正态分布是指，对于一个服从正态分布的随机变量，其标准差的取值也服从一个正态分布。正态分布是由它的平均数 μ 和标准差 σ 唯一决定

的，常把它记为 $N(\mu, \sigma^2)$，即标准差 $\sigma = 1$ 条件下的正态分布记为 $N(0, 1)$。

从形态上看，正态分布是一条单峰、对称钟形的曲线，其对称轴为 $x = \mu$，并在 $x = \mu$ 时取最大值，从 $x = \mu$ 点开始，曲线向正负两个方向递减延伸，不断逼近 x 轴，但永不与 x 轴相交，因此说曲线在正负两个方向都是以 x 轴为渐近线的。

（4）实际应用。

①比较不同数据集。当需要比较两个或多个数据集时，可以通过计算它们的标准差来进行比较。标准差较大的数据集具有较高的离散程度，而标准差较小的数据集具有较低的离散程度。通过比较标准差，可以判断哪个数据集更稳定、更具代表性。

②预测和建模。在统计学和机器学习领域，标准差常用于预测和建模。在回归分析中，可以通过计算自变量和因变量的标准差来评估模型的拟合效果。在时间序列分析中，可以通过计算时间序列数据的标准差来估计其波动性。这些应用有助于更准确地预测未来的数据趋势和变化。

③质量控制。标准差常用于评估质量控制的稳定性和精确性。通过监测测试结果的标准差，可以评估生产过程的稳定性和产品质量的一致性。如果某个关键指标的测量数据标准偏差较小，说明生产过程稳定，产品质量一致性好；若标准偏差较大，则可能提示生产过程存在问题，需要进行调整和改进。

5. 方差

方差（Variance）是统计学中衡量一组数据离散程度的一个重要指标，它描述了数据点与均值（平均值）之间的偏离程度。方差越大，表示数据的波动越大；方差越小，表示数据点集中在均值附近。常用的符号有 σ^2、s^2、$Var(X)$、$D(X)$ 等。

（1）方差计算步骤。

计算均值：先求出数据集的均值 M。

计算每个数据点与均值的差：对于每个数据点 x_i，计算它与均值 M 的差异 $(x_i - M)$。

平方差异：将每个差异值进行平方，得到 $(x_i - M)^2$。

求平均：对所有平方后的差异求平均值，得到方差。

$$s^2 = \frac{(x_1 - M)^2 + (x_2 - M)^2 + \cdots + (x_n - M)^2}{n}$$

（2）性质。方差之所以成为刻画散布度的最重要的数字特征，原因之一是它具有一些优良的数学性质。

①方差是非负数。

②常数的方差为 0。

③设为 X 随机变量，C 为常数，则 $Var(X + C) = Var(X)$。

④若 C 为常数，则 $Var(CX) = C^2 Var(X)$。

⑤设 X 与 Y 为两个随机变量，则 $Var(X \pm Y) = Var(X) + Var(Y) \pm 2Cov(X, Y)$。特别

地，当 X，Y 相互独立时，$Cov(X, Y) = 0$，则 $Var(X \pm Y) = Var(X) + Var(Y)$。

⑥方差的单位是原数据单位的平方。如果数据的单位是米，那么方差的单位就是米^2。

⑦方差通过平方差异来衡量数据的离散程度，因此它对极端值（离群值）较为敏感。

⑧标准差是方差的平方根，表示与均值的平均偏差，具有与原数据相同的单位。因此，标准差更易于理解和解释。

6. 最小值和最大值

最小值和最大值是统计学中描述数据集的基本指标，它们分别表示数据集中最小和最大的数值。最小值是数据集中最小的数值，也就是数据中的最低点。通常在描述数据分布时，最小值可以帮助了解数据的下界或数据的起始位置。最大值是数据集中最大的数值，也就是数据中的最高点。它通常用来表示数据集的上界或数据的结束位置。

最小值和最大值常用于计算数据的范围，范围是最大值和最小值之差。最小值和最大值帮助我们了解数据的极限值，通常在数据可视化（如箱形图、直方图等）中用于描述数据的分布和离散程度。

7. 四分位数和箱线图

（1）四分位数。四分位数是将数据集分成四个等份的三个数值，它们分别标志着数据集的分布情况。四分位数将数据分为四部分，使每一部分包含相等数量的数据点。

在一个已经排序的数列中，四分位数通常包括以下几个值：

①第一四分位数（Q_1）。也称为下四分位数，表示数据集的下25%位置。它是将数据集从小到大排序后，数据集前25%的位置上的值。

②第二四分位数（Q_2）。也称为中位数，表示数据集的中间位置，正好将数据集分成两部分，50%的数据位于它的左侧，50%位于它的右侧。

③第三四分位数（Q_3）。也称为上四分位数，表示数据集的上25%位置，它是将数据集从小到大排序后，数据集后25%的位置上的值。

计算方法：

a. 对数据进行排序。

b. 找到 Q_1，即排序后的数据集的第25%的位置。

c. 找到 Q_2，即排序后的数据集的中位数。

d. 找到 Q_3，即排序后的数据集的第75%的位置。

（2）箱线图。箱线图（又称箱型图或盒式图）是用来显示数据分布特征的图形，尤其是它的中位数、四分位数、异常值等。箱线图通过"箱子"和"须"来描述数据的分布情况。

①构成。

箱子：箱子的两端表示数据的第一四分位数（Q_1）和第三四分位数（Q_3），即箱子的上边界是 Q_3，下边界是 Q_1。箱子的高度表示数据的中间50%的分布情况。

中位数线：箱子内的一条横线表示第二四分位数（Q_2，即中位数），它将数据集分为两部分。

须：从箱子的两端延伸出来的线称为"须"，它们表示数据的范围。须的长度通常是到达 $Q_1 - 1.5 \times IQR$ 和 $Q_3 + 1.5 \times IQR$ 之间的值（IQR 是四分位距，定义为 $IQR = Q_3 - Q_1$）。

异常值：数据点如果落在"须"之外，通常被视为异常值，并用单独的点表示出来。

②步骤。

绘制箱子：确定 Q_1 和 Q_3，绘制箱子的上边界为 Q_3，下边界为 Q_1。

绘制中位数线：绘制一条穿过箱子的横线，表示中位数 Q_2。

绘制须：从箱子的两端延伸出"须"，它们的长度取决于数据集的分布和异常值。

标出异常值：任何落在须的外部的数据点会被视为异常值。

③箱线图的意义。

箱子的长度：表示数据的分布范围，反映了数据的离散程度。箱子越长，数据越分散。

中位数：数据集的中心趋势。

须的长度：表示数据的范围。较长的须表示数据的扩展范围较大。

异常值：可能存在的极端数据，箱线图能够直观显示它们。

二、推断性统计分析

推断性统计分析（Inferential Statistics）是统计学的一个分支，主要通过样本数据来推断总体的特征或做出决策，目的是从样本中得出关于总体的结论。推断性统计与描述性统计不同，后者仅限于总结数据的特征（如均值、方差、频数等），而推断性统计则涉及从样本数据推断总体特性并做出预测或决策。

推断性统计分析通常依赖于概率理论，利用样本数据来估计总体的参数、测试假设，或者做出预测。以下是推断性统计的几种常见方法和概念：

1. 点估计与区间估计

（1）点估计（Point Estimation）。通过样本数据对总体参数进行单一的估计。例如，样本均值可以作为总体均值的点估计。

（2）区间估计（Interval Estimation）。给出总体参数的一个估计区间，这个区间包含了参数的可能值。常见的形式是置信区间（Confidence Interval），它提供了某个总体参数的估计范围，并且伴随有一定的置信度。例如，估计某个总体均值的置信区间为［10，20］，95%的置信度意味着有95%的概率认为总体均值落在这个区间内。

2. 假设检验

用于通过样本数据对有关总体的假设进行验证。假设检验的过程可以分为以下几个步骤：

（1）提出假设。

①零假设（Null Hypothesis，H_0）。通常是没有效果、无差异或无关系的假设。

②备择假设（Alternative Hypothesis，H_1）。与零假设相对的假设，通常是有影响或有差异的假设。

（2）选择显著性水平。选择显著性水平（Significance Level，α）。通常设定（$\alpha = 0.05$）或5%，即如果假设检验结果的 $P<0.05$，就拒绝零假设。

（3）选择检验方法。根据数据的类型和假设的内容，选择适当的统计检验方法，如 t 检验、卡方检验、F 检验等。

（4）计算检验统计量。根据选择的检验方法，计算检验统计量（如 t 统计量、z 统计量等）。

（5）做出决策。比较检验统计量和临界值，或者查看 P 值。如果 P 值小于显著性水平（α），则拒绝零假设。

3. 回归分析

回归分析是用于研究变量之间关系的推断方法。它通过建立数学模型来描述一个或多个自变量（解释变量）与因变量（响应变量）之间的关系。回归分析不仅可以预测因变量的值，还能为变量之间的关系提供定量分析。

（1）简单线性回归。研究一个自变量和一个因变量之间的线性关系。

（2）多元回归分析。研究多个自变量和一个因变量之间的关系，常用于预测和解释复杂的数据模式。

（3）逻辑回归（Logistic Regression）。当因变量是分类变量时，使用逻辑回归来预测因变量的概率。

回归分析中的推断通常集中在估计回归系数（模型参数）及其显著性检验，以验证自变量是否对因变量有显著的影响。

4. 方差分析

方差分析（Analysis of Variance）用于检验多个组之间是否存在显著差异。它通过分析组间的方差与组内的方差来决定是否拒绝零假设。

（1）单因素方差分析。比较一个因素（例如不同药物的效果）下不同组的均值差异。

（2）双因素方差分析。考虑两个因素（例如不同药物和不同剂量）对结果的影响。

（3）重复测量方差分析。适用于同一组样本在多个时间点或条件下的比较。

5. 置信区间与假设检验的关系

置信区间和假设检验是推断性统计中的两种常见方法，它们之间有着紧密的联系。实际上，假设检验的结果可以通过置信区间来解释。

如果一个置信区间包含了零假设的值（如0或某个已知值），则我们没有足够证据拒绝零假设。

如果置信区间不包含零假设的值，则我们可以拒绝零假设。

6. 贝叶斯推断

贝叶斯推断是一种基于贝叶斯定理的推断方法，它将先验知识与观测数据结合起来进行推理。在贝叶斯框架下，假设检验和区间估计不再是传统的频率学派方法，而是通过后验分布进行分析。

先验分布：对参数的先验信念。

似然函数：根据数据计算得到的关于参数的概率。

后验分布：结合先验分布和似然函数，通过贝叶斯定理计算得到的参数的概率分布。

贝叶斯推断在一些复杂问题中提供了更加灵活和直观的推断方式，尤其在样本量较小或数据不完全时有优势。

三、相关性分析

相关性分析（Correlation Analysis）是统计学中用来衡量两个或多个变量之间关系强度与方向的分析方法。通过相关性分析，可以确定变量之间的关系是正向还是负向，以及这种关系的强弱程度。

相关性分析的主要目的是研究两个变量之间是否存在某种线性或非线性的关联，以及这种关联的强度。通常，相关性分析用于以下几个方面：

衡量两个变量的关系强度：相关性值（相关系数）越接近1或-1，表示变量之间的关系越强。

判断变量之间的关系方向：相关系数为正表示正相关，负值表示负相关。

预测：通过相关性分析，可以用一个变量预测另一个变量的变化趋势。

四、时间序列分析

1. 卡方（χ^2）测试

卡方测试是一种非参数统计检验，分析离散变量之间是否存在显著关系。卡方（χ^2）统计量的公式为：

$$\chi^2 = \sum \frac{(O-E)^2}{E}$$

式中，χ^2 为卡方统计量，表示实际观测值和期望值之间的差异程度；

O 为实际观测值；

E 为期望值，计算公式：

$$E = \frac{行合计总计 \times 列合计总计}{总样本数}$$

当 χ^2 值越大,表明实际观测值与期望值之间的差距越大,两变量的关联性越强。

2. 皮尔逊相关系数

皮尔逊相关系数是衡量两个连续变量之间线性相关程度的指标,公式为:

$$r = \frac{\sum (X_i - \overline{X})(Y_i - \overline{Y})}{\sqrt{\sum (X_i - \overline{X})^2 \times (Y_i - \overline{Y})^2}}$$

式中,r 为皮尔逊相关系数;

X_i、Y_i 为变量 X 和 Y 的样本值;

$\overline{X}$、$\overline{Y}$ 为变量 X 和 Y 的均值;

分子为两个变量的中心化偏差的乘积之和,表示变量之间的协同变化;

分母为变量 X 和 Y 的标准差乘积,用于归一化,确保结果在 [-1, 1] 范围内。

r 值介于 -1 和 1 之间:

$r > 0$:正相关,值越接近 1,正相关越强。

$r < 0$:负相关,值越接近 -1,负相关越强。

$r = 0$:两个变量之间没有线性相关。

皮尔逊相关系数只衡量线性相关性,不适用于非线性关系。描述了变量 X 和 Y 偏离均值的方向和程度是否一致。如果变量 X 和 Y 同时偏高或偏低,相关系数趋近于 1;若变量 X 和高时 Y 偏低,则趋近于 -1。

3. 协方差

协方差用于分析两个变量的变化方向是否一致,计算公式:

$$Cov(X, Y) = \frac{\sum (X_i - \overline{X})(Y_i - \overline{Y})}{n - 1}$$

式中,$Cov(X, Y)$ 为协方差;

X_i、Y_i 为变量 X 和 Y 的具体取值;

$\overline{X}$、$\overline{Y}$ 为变量 X 和 Y 的均值;

n 为样本数量。

4. 总结(表 4-1)

表 4-1 总结表

方法	适用场景	输出结果
卡方测试	分类变量	χ^2 值
皮尔逊系数	连续变量	r 值,[-1, 1]
协方差	连续变量	$Cov(X, Y)$ 值,表示变化方向一致性

五、主成分分析

主成分分析（Principal Component Analysis，PCA）是一种常用的降维技术，广泛应用于数据分析、特征提取、模式识别、图像处理等领域。其主要目的是通过线性变换将数据从高维空间投影到低维空间，以便更好地理解数据的结构，并减少冗余信息。

1. 主成分分析的基本概念

主成分分析的核心思想是将原始数据集中的多个变量通过线性组合转化为少数几个新的变量，这些新的变量称为主成分。这些主成分是原始变量的加权和，且具有以下特性：

（1）正交性。主成分之间互相独立，即它们不相关。

（2）方差最大化。主成分按照数据的方差大小排序，第一个主成分解释了数据中最多的方差，第二个主成分解释的是剩余方差中最多的部分，依此类推。

通过 PCA，能够在保持数据特征的同时，减少数据维度，从而降低计算复杂度，提高模型的训练速度，或帮助可视化高维数据。

2. 主成分分析的步骤

（1）标准化数据。主成分分析对数据的尺度非常敏感，尤其是当数据的每个特征具有不同的量纲时，标准化数据变得尤为重要。标准化的步骤是将每个特征的均值设为 0，方差设为 1，使每个特征的尺度相同，避免某些变量对主成分分析的结果产生过大的影响。

标准化公式：

$$Z = \frac{X - \mu}{\sigma}$$

式中，Z 是标准化的数据，是原始数据；μ 是特征的均值；σ 是特征的标准差。

（2）计算协方差矩阵。协方差矩阵用于衡量不同特征之间的关系。如果协方差值较大，说明两个特征之间有较强的线性关系。协方差矩阵是一个对称矩阵，矩阵中的元素表示每两个特征之间的协方差。标准化后的数据矩阵 Z 的协方差矩阵 C 可以通过 Z 的转置与其自身的乘积，再除以样本数 $n-1$ 得到，公式如下：

$$C = \frac{1}{n-1} Z^T Z$$

（3）计算特征值和特征值向量。协方差矩阵 C 是一个对称矩阵，对其进行特征值分解，得到其特征值 λ 和特征向量 v。特征值分解的公式为：

$$Cv = \lambda v$$

特征向量 v 表示数据的新轴，特征值 λ 表示每个特征向量对应轴的方差大小。

特征值：表示各个主成分所能解释的方差大小。特征值越大，表示该主成分在数据中的信息量越大。

特征向量：表示数据在各个主成分方向上的权重。特征向量的方向即为新坐标轴的方向。

（4）选择主成分。根据特征值的大小，选择前几个主成分。这些主成分能够最大化地解释数据中的方差。通常，选择累计方差占比达到某一阈值（如95%）的前几个主成分。

（5）构造新的数据集。最后，通过将原始数据矩阵与特征向量相乘，可以得到投影后的低维数据集。这个新数据集就是降维后的数据。

3. 主成分分析的数学原理

PCA的核心数学原理可以通过特征值分解或奇异值分解（SVD）来实现：

（1）特征值分解（Eigenvalue Decomposition）。对协方差矩阵进行特征值分解，得到特征值和特征向量。

（2）奇异值分解（Singular Value Decomposition，SVD）。SVD是PCA的另一种常用实现方式，通过SVD可以直接分解数据矩阵，并提取出主成分。

无论使用哪种方法，PCA的目标是选择具有最大方差的方向，并将数据投影到这些方向上。

4. 主成分分析的应用

PCA被广泛应用于多个领域，主要用途包括：

（1）降维。将高维数据降至低维，减少数据冗余，并提高计算效率。常用于数据预处理，尤其是在机器学习模型的训练过程中。

（2）数据可视化。将高维数据映射到二维或三维空间中，便于可视化分析。例如，PCA常用于对复杂数据集（如图像数据）进行降维，便于观察其结构。

（3）特征提取。从原始数据中提取出最重要的特征，保留主要信息，丢弃噪声和冗余数据。

（4）噪声过滤。通过去除方差较小的主成分，减少数据中的噪声成分。

5. 主成分分析的优缺点

（1）优点。

降维效果显著：PCA能够有效减少数据的维度，同时保留尽可能多的原始信息。

去除冗余信息：通过选择最重要的主成分，可以去除数据中的冗余信息，提升分析效率。

提高计算效率：降维后，数据的维度减少，后续模型的训练和推断速度通常会有所提升。

改善可视化：高维数据降至二维或三维，便于直观观察数据结构。

（2）缺点。

无法保留原始特征：降维后的主成分是原始特征的线性组合，无法直接解释为原始特征。对于解释性强的应用，PCA 可能不够直观。

对异常值敏感：PCA 对数据中的异常值（离群点）非常敏感，可能会导致降维效果不理想。因此，在使用 PCA 之前，通常需要先进行数据清洗。

假设线性关系：PCA 是一种线性方法，假设数据中的关系是线性的。对于非线性数据，PCA 的降维效果可能不如预期。

六、聚类分析

聚类分析（Clustering Analysis）是一种无监督学习方法，它通过将数据集中的对象分成若干个簇（Cluster），使同一簇中的对象尽可能相似，不同簇中的对象尽可能不同。聚类分析广泛应用于数据挖掘、图像处理、市场营销、社会网络分析等领域。

1. 聚类分析的基本概念

聚类的目标是把一组样本数据按照相似性划分为若干个组别（簇），使簇内的数据点相似度高，簇间的相似度低。

（1）相似性。聚类算法通常通过计算样本之间的相似度或距离来判断样本是否属于同一簇。常用的距离度量方法有欧几里得距离、曼哈顿距离、余弦相似度等。

（2）簇。聚类的结果是将数据集分成多个簇，每个簇中的样本具有较高的内聚性（簇内样本间的相似性高），而不同簇之间具有较高的分离性（簇间样本的相似性低）。

2. 聚类分析的主要方法

根据不同的聚类算法，聚类分析的方法主要分为以下几类：

（1）基于划分的聚类方法。这种方法通过直接划分数据集来实现聚类，最典型的算法是 K-means 聚类。

K-means 聚类：K-means 算法是最常用的基于划分的聚类方法。其基本步骤如下：

①选择 K 个初始中心点（即簇的中心）。

②将每个数据点分配到最近的中心点所在的簇。

③重新计算每个簇的中心点，即簇内所有点的均值。

④重复步骤②和③，直到簇的分配不再变化或变化很小。

K-means 聚类的优点是算法简单、效率高，但其缺点是需要预先设定簇的数量（K 值），而且对初始中心点敏感，可能会陷入局部最优解。

（2）基于层次的聚类方法。基于层次的聚类方法通过逐步合并或划分簇来实现聚类，最常用的算法有凝聚层次聚类和分裂层次聚类。

凝聚层次聚类（Agglomerative Hierarchical Clustering）：自底向上地进行聚类。开始时，每个数据点被视为一个簇，然后每次合并两个最相似的簇，直到所有簇合并成一个簇为止。生成的簇可以通过树状图（Dendrogram）来表示。

分裂层次聚类（Divisive Hierarchical Clustering）：自顶向下地进行聚类。开始时，所有数据点都在一个簇中，逐步将簇分裂成更小的簇，直到每个数据点都成一个簇为止。

层次聚类的优点是结果易于理解，并且不需要事先指定簇的个数，但计算复杂度较高，特别是对于大数据集时效率较低。

（3）基于密度的聚类方法。基于密度的聚类方法通过数据点的密度来定义簇，这类方法能够识别形状不规则、大小不等的簇，最常用的算法是基于密度的空间聚类算法（Density-Based Spatial Clustering of Applications with Noise，DBSCAN）。

DBSCAN根据数据点的密度进行聚类，它将密度较高的区域划分为一个簇，而稀疏区域则认为是噪声或边界点。DBSCAN的关键参数是"邻域半径"（epsilon）和"最小点数"（MinPts），即每个簇最少应包含的点数和簇的密度要求。

DBSCAN的优点是能够识别出任意形状的簇，并且能够自动识别噪声点。

DBSCAN的缺点是对参数的选择较为敏感，特别是邻域半径和最小点数的选择。

（4）基于模型的聚类方法。基于模型的聚类方法假设数据点是由某种概率分布生成的，最常用的算法是高斯混合模型（Gaussian Mixture Model，GMM）。

GMM假设数据集是由多个高斯分布（或正态分布）混合而成。每个簇对应一个高斯分布，GMM通过最大期望算法（EM算法）来估计每个簇的参数，并且能够为每个数据点计算其属于每个簇的概率。GMM的优点是能够处理簇的形状和大小的变化，但其计算复杂度较高，并且对初始参数的选择敏感。

3. 聚类评价标准

（1）内聚性和分离性。

内聚性（Cohesion）：簇内样本点的相似度。内聚性越高，簇内样本越相似。

分离性（Separation）：不同簇之间样本点的相似度。分离性越高，簇之间的差异越明显。

（2）轮廓系数（Silhouette Coefficient）。轮廓系数是评估聚类结果的一种常用方法，取值范围为-1~1，越接近1说明聚类效果越好，越接近-1说明聚类效果较差。轮廓系数结合了簇内紧密度和簇间分离度两个方面的信息。

（3）Calinski-Harabasz指数。该指数又称方差比准则，衡量了簇间的分离度和簇内的紧密度，值越大，表示聚类结果越好。

（4）Davies-Bouldin指数。该指数通过计算每对簇之间的相似度来评价聚类效果，值越小，表示聚类效果越好。

4. 聚类分析的应用

（1）市场细分。在市场营销中，聚类分析常用来根据消费者的购买行为、兴趣等特征，将顾客分成不同的群体，从而制定个性化的营销策略。

（2）图像处理。在图像处理领域，聚类算法可以用于图像的分割、降噪等任务。

(3) 异常检测。聚类分析可用于检测不符合一般模式的异常点，如金融欺诈检测、网络入侵检测等。

(4) 文档分类。聚类方法常用于文档或文本数据的分类，尤其是在没有标签的情况下。

(5) 基因表达分析。在生物学中，聚类分析常用于分析基因表达数据，将基因按其表达模式分组。

5. 聚类分析的优缺点

(1) 优点。

无监督学习：不需要预先定义类别标签，适用于没有标签的数据集。

发现数据结构：能够自动发现数据中的潜在结构，帮助理解数据的内在规律。

广泛应用：在市场分析、医学、图像处理等多个领域有广泛应用。

(2) 缺点。

对初始值敏感：例如 K-means 聚类对于初始簇心敏感，可能陷入局部最优解。

需要指定参数：一些聚类算法（如 K-means）需要事先指定簇的个数，可能影响结果。

对噪声和离群点敏感：一些算法（如 K-means）容易受噪声和离群点的影响，导致聚类效果不理想。

聚类分析是数据挖掘中重要的一类无监督学习方法，通过根据样本之间的相似性将其分组，帮助发现数据中的潜在结构。常见的聚类方法有 K-means、层次聚类、DBSCAN 和高斯混合模型等，每种方法都有其优缺点和适用场景。理解这些方法的特点和应用场景，对于实际问题的解决至关重要。

七、因子分析

因子分析（Factor Analysis）是一种用于数据降维的统计技术，旨在通过识别潜在的因素（因子）来解释变量之间的相关性。这些潜在的因素通常是无法直接观察到的，它们是影响观测数据的隐含变量。因子分析通过将多个相关的观测变量归纳为少数几个潜在的因子，从而简化数据的结构，减少维度，并揭示数据的内在结构。

1. 因子分析的基本概念

因子分析的核心思想是：观测到的多个变量实际上是由较少的潜在因子共同影响的。通过因子分析，可以：

(1) 识别和总结影响数据的潜在因子。

(2) 降低数据的维度，简化数据的结构。

(3) 提取有意义的因子，将多个相关的变量归结为一个因子。

(4)理解变量之间的关系,找出它们背后可能的共同因素。

2. 因子分析的主要步骤

(1)选择变量。需要选择一组相关的变量。这些变量应当具有较高的相关性,因为因子分析的目标就是从这些相关变量中提取潜在因子。

(2)相关矩阵的构建。计算所选变量之间的相关系数矩阵。相关矩阵能够反映出各个变量之间的相关程度。因子分析的基本假设是,这些相关变量是由少数潜在因子所引起的。

(3)提取因子。提取因子是因子分析的核心步骤,常见的提取方法有:

①主成分分析(Principal Component Analysis,PCA)。这是一种常见的因子提取方法,侧重于通过正交变换将原始数据投影到少数主成分上,从而最大化方差。

②最大似然法(Maximum Likelihood,ML)。通过构建似然函数来估计因子模型中的参数,并选择最能解释数据的因子。

(4)旋转因子。在提取因子后,通常需要进行因子的旋转以使其更易于解释。旋转因子分为两种方式:

①正交旋转(Orthogonal Rotation)。旋转后的因子保持正交(独立)。常用方法有Varimax旋转,它最大化每个因子的方差,使每个因子更为清晰,便于解释。

②斜交旋转(Oblique Rotation)。旋转后的因子可能相关。常用方法有Promax旋转,适用于因子之间可能存在相关性的情况。

(5)因子得分的计算。在完成因子的提取和旋转后,可以计算每个观察对象在各个因子上的得分。因子得分可以用来进行进一步的分析,比如聚类分析、回归分析等。

(6)评估因子模型的拟合度。因子分析通常需要评估模型的拟合程度。常见的评估指标包括:

①KMO(Kaiser-Meyer-Olkin)检验。用来检测数据是否适合进行因子分析,KMO值越接近1,表示数据适合因子分析。

②巴特利特球形度检验(Bartlett's Test of Sphericity)。检验变量间是否存在足够的相关性,适合进行因子分析。

3. 因子分析的应用

因子分析广泛应用于社会科学、心理学、市场营销、医学等领域,常见的应用包括:

(1)心理学测量。在心理学中,因子分析常用于开发心理测试和问卷。例如,五大人格理论就是通过因子分析将人的个性归纳为五个维度:外向性、神经质、开放性、宜人性和责任心。

(2)市场研究与消费者行为分析。因子分析能够帮助市场研究人员理解消费者的潜在需求和行为模式。例如,消费者的购买决策可以通过因子分析揭示出背后的一些关键因素,如价格、品牌、质量等。

（3）金融分析。在金融领域，因子分析可以帮助分析股票市场中的潜在因子，如市场风险、行业特定风险、公司财务状况等。

（4）医学和生物学研究。因子分析在医学研究中有广泛应用，尤其是在基因表达数据分析、疾病研究和临床诊断中，因子分析有助于找出疾病的潜在病因和相关的临床特征。

4. 因子分析的优缺点

（1）优点。

降维效果显著：因子分析可以将多个相关变量压缩成少数几个潜在因子，简化数据的复杂性。

发现潜在结构：通过因子分析，可以揭示数据中可能隐藏的潜在结构，帮助研究者理解数据的内在规律。

广泛适用性：因子分析可被应用于多种不同领域，如心理学、社会学、市场研究等。

（2）缺点。

数据要求较高：因子分析对数据有一定的要求，尤其是数据需要满足一定的相关性，且变量应当具有一定的连续性。

解释复杂性：尽管因子分析有降维效果，但因子本身通常难以解释，尤其是当因子间存在较强的相关性时，可能需要进一步的理论支持来解释因子的意义。

需要一定的样本量：为了保证因子分析结果的稳定性和可靠性，通常需要较大的样本量。

5. 因子分析与主成分分析（PCA）的区别

因子分析和主成分分析（PCA）有很多相似之处，它们都用于降维和简化数据，但二者的目标和方法有所不同：

（1）目标不同。

主成分分析的目标是找到一组新的不相关的变量（主成分），它们能够最大程度地解释原始数据的方差。

因子分析的目标是找到潜在因子，这些因子能够解释观察变量之间的相关性。

（2）方法不同。

主成分分析通过对数据进行线性变换得到新的变量（主成分），这些新变量是数据的线性组合。

因子分析则假设观测变量由多个共同因子和独特因素共同决定，它关注的是解释相关性而非方差。

（3）结果的解释不同。

主成分分析的主成分通常不具备可直接解释的意义。

因子分析提取出的因子通常具备一定的实际意义，能解释变量间的潜在关系。

因子分析是一种有效的降维和数据简化方法，通过提取潜在因子，可以帮助理解和解释多个相关变量之间的内在结构。因子分析在心理学、社会学、市场研究等领域得到了广泛应用。虽然因子分析有很强的解释能力和降维能力,但其结果的可靠性和解释性也依赖于数据的质量和研究者对潜在因子的理解。

第三节 大数据分析

大数据分析是指通过各种技术手段对大量、高维、复杂的数据进行处理、挖掘和分析,从中提取出有价值的信息或知识、趋势和模式,以支持决策、优化流程和提高效率,从而为企业或组织提供更准确的决策依据。

一、大数据分析的核心步骤

(一)大数据采集与集成

1. 大数据采集

大数据采集是指从不同的数据源获取和收集大量、多样化的数据,目的是为进一步分析、处理和挖掘提供基础。大数据采集涉及的过程通常包括数据的收集、传输、存储和管理等方面,广泛应用于各个领域,如商业分析、物联网、社交媒体监测、金融监控等。大数据的采集方式多种多样,主要包括以下几种方法:

(1)批量采集。批量采集(Batch Collection)是指在特定的时间周期内对数据进行定期采集,这种方式适合数据量大且不要求实时处理的场景。

应用场景:如每天或每周采集一次企业销售数据、用户行为日志等。

特点:数据延迟较高,不适合需要实时处理的场景。

技术工具:Hadoop、ETL 工具等。

(2)流式采集。流式采集(Stream Collection)是指通过持续不断的方式实时采集数据,适用于需要对实时数据进行处理的场景,如物联网、金融交易监控等。

应用场景:物联网设备数据采集、社交媒体实时数据采集、金融市场数据采集等。

特点:数据实时性要求高,能够及时发现异常和趋势,支持实时决策。

技术工具:Apache Kafka、Apache Flink、Apache Storm、AWS Kinesis 等。

(3)Web 数据抓取。Web 抓取(Web Scraping)是一种通过自动化脚本或爬虫程序从网页上提取数据的方式。这种方式广泛应用于从互联网获取结构化或非结构化数据。

应用场景:新闻网站、社交媒体、产品价格监控等。

工具和技术:BeautifulSoup、Selenium、Scrapy 等 Python 库,或专门的抓取工具。

(4) 传感器数据采集。通过各种传感器（如温度、湿度、运动传感器等）收集物理世界中的数据，广泛应用于智能家居、环境监测、工业自动化等场景。

应用场景：物联网、智能城市、智能家居、工业4.0等。

技术工具：传感器、数据采集系统（DAQ）以及协议如MQTT、CoAP等。

(5) API数据采集。通过调用第三方提供的API接口，获取特定的数据。很多平台和服务提供公开API，允许开发者或应用获取数据。

应用场景：社交媒体数据（如Twitter API、Facebook API）、天气数据、金融数据等。

工具和技术：RESTful API、GraphQL、Postman等。

大数据采集是获取和收集海量数据的基础，它不仅是大数据分析的第一步，也是整个数据流转过程中至关重要的一环。随着物联网、社交媒体、传感器等技术的发展，数据采集的范围和方式愈加丰富，企业和机构可以通过不同的采集手段获取多种类型的数据，从而为后续的分析、处理和决策提供支持。

2. 大数据清洗与预处理

对原始数据进行清洗，去除重复、错误或不完整的数据，进行格式化和标准化处理，确保数据的质量和可用性。大数据清洗与预处理是数据分析和挖掘的前置工作，它的目标是提高数据的质量，使数据适用于后续的分析和建模。因为大数据通常包含大量的噪音、缺失值、不一致性或重复数据，所以清洗和预处理是确保数据有效性和可靠性的关键步骤。大数据清洗与预处理的过程可以分为以下几个主要步骤：

(1) 去除重复数据（Deduplication）。重复数据会导致分析结果的偏差，增加计算成本。去除重复数据通常是清洗过程的第一步。

方法：检查数据中是否有相同或相似的记录，并去除或合并这些记录。

工具：Pandas、Apache Spark、Hadoop等。

(2) 处理缺失值（Handling Missing Values）。缺失数据是大数据中常见的问题。缺失值可能会影响分析结果，因此需要合理处理。

方法如下：

①删除缺失值：删除包含缺失值的记录（适用于缺失数据较少的情况）。

②填充缺失值：使用均值、中位数、众数或其他算法（如插值、预测模型）填充缺失值。

③标记缺失值：有些分析可能希望保留缺失值并进行特殊标记，用于后续处理。

工具：Pandas（Python）、Spark、SQL。

(3) 数据转换（Data Transformation）。数据转换是指将数据从一种形式转变为另一种形式，以适应分析需求。这包括：

标准化/归一化：将数据缩放到一个统一的范围，通常用于机器学习中的特征工程，避免不同尺度的特征对模型产生不平衡的影响。

标准化（Z-score normalization）：将数据转换为均值为0、标准差为1的分布。

归一化（Min-Max normalization）：将数据缩放到特定的范围（通常是[0,1]）。

特征工程：根据数据的特点，创建新的特征或对现有特征进行转换，以便模型能更好地学习。

例如，将时间戳转换为日期、月份、星期等特征，或者将类别数据转换为数值型数据（如独热编码、标签编码）。

类型转换：有时数据的存储格式不适合分析，例如，将日期时间字符串转换为日期类型，将类别特征转化为整数或浮动值等。

工具：Pandas、Spark、Numpy、Scikit-learn（Python）、SQL。

（4）处理异常值（Outlier Detection and Removal）。异常值是指与其他数据显著不同的值，可能会影响数据分析和建模结果。常见的异常值处理方法包括：

识别异常值：通过统计分析（如Z-score、IQR）或图形化工具（如箱线图）检测异常值。

处理异常值如下：

删除异常值：如果异常值被认为是错误的数据，直接删除它。

修正异常值：将异常值替换为合理的值，例如用均值、中位数填充。

标记异常值：将异常值作为单独的类别处理。

工具：Pandas、Numpy、Scikit-learn等。

（5）数据合并与分割（Data Merging and Splitting）。

数据合并：有时数据分布在多个数据源或多个文件中，需要将它们合并成一个统一的格式。这通常通过连接（Join）操作完成。

数据分割：在某些情况下，需要将数据集分割成不同的子集（如训练集和测试集）以进行进一步的分析。

工具：Pandas、SQL、Spark等。

（6）文本数据处理（Text Processing）。对于包含文本数据的情况，通常需要做额外的处理：

去除停用词：停用词是指在文本分析中没有实际意义的词汇（如"的""是"）。

分词：特别是对于中文文本，分词是将长文本切分为词汇的过程。

词干提取和词形还原：将词汇转化为其基础形式，简化分析过程。

工具：NLTK、SpaCy、Jieba（中文分词）、Gensim等。

（7）数据编码（Data Encoding）。对于分类数据，需要将其转换为数字类型以便于算法处理。

独热编码（One-Hot Encoding）：为每个类别值创建一个新的二元特征。

标签编码（Label Encoding）：将每个类别值映射到一个整数。

目标编码（Target Encoding）：根据目标变量对每个类别值进行编码（常用于类别较多的变量）。

工具：Scikit-learn、Pandas、TensorFlow 等。

3. 大数据集成

大数据集成（Big Data Integration）是指将来自不同来源的数据进行整合，形成一个统一的数据集，以便进行分析、决策和应用。随着数据量的不断增大、来源的多样化（如结构化数据、半结构化数据和非结构化数据），大数据集成成为企业数据管理和分析中的一个关键环节。有效的大数据集成能提供更全面、深入的分析和洞察，帮助组织提升决策水平、优化业务流程和改善客户体验。常用的技术包括 ETL（Extract-Transform-Load）过程，数据湖和数据仓库。

（1）数据抽取、转换、加载（ETL）。

抽取（Extract）：从多个数据源抽取数据，这些数据源可能包括传统的关系型数据库、NoSQL 数据库、CSV 文件、API 接口、Web 日志、流数据等。

转换（Transform）：对抽取的数据进行清洗、规范化、去重、格式转换等处理，以保证数据的质量和一致性。

加载（Load）：将清洗后的数据加载到目标数据存储系统（如数据仓库、大数据平台等）中，供后续的分析和应用使用。

许多大数据平台（如 ApacheNiFi、Talend、Informatica 等）提供了强大的 ETL 功能，支持大规模数据集成。

（2）数据虚拟化。数据虚拟化是一种不需要实际移动数据的集成技术。它提供了一个虚拟的数据层，用户可以通过这个层访问不同数据源中的数据，而不必关心底层数据存储的物理位置或格式。数据虚拟化常用于大数据集成，因为它可以避免对大量数据进行复制或搬迁，从而提高效率。

（3）数据湖（Data Lake）。数据湖是一种将原始数据以最小转换或未经结构化的方式存储的大型数据存储库。它能整合各种结构化、半结构化和非结构化数据源，且支持高效的批量和流式处理。通过将数据从不同源汇聚到数据湖中，企业可以原始形式保留数据，同时确保后续能够对其进行处理、分析和挖掘。常见的数据湖技术有 Apache Hadoop、Apache Spark 和 Amazon S3 等。

（4）分布式数据处理。对大规模数据集的集成需求，通常需要分布式计算框架来支持数据的并行处理和存储。像 Apache Hadoop 和 Apache Spark 这样的分布式处理框架，通过并行计算能力，能够有效地处理大数据集成中的海量数据。

Apache Hadoop：以 MapReduce 为核心，适用于批处理任务的集成工作。

Apache Spark：相较于 Hadoop，Spark 支持更高效的内存计算，适用于实时数据集成和大规模数据处理。

(5) 数据流处理（Streaming Data Integration）。实时数据流处理是大数据集成中的一个重要方向。通过流式处理框架，可以将来自各种数据源的实时数据进行实时集成和处理，以支持实时决策和快速反应。

常见的实时数据流处理框架包括：

Apache Kafka：一种分布式流处理平台，常用于大规模的消息传递和数据流集成。

Apache Flink：一个适用于流式处理的分布式框架，支持低延迟、高吞吐量的数据处理。

Apache Pulsar：一个云原生分布式消息流平台，支持多种集成方式。

(6) API 集成。随着各种应用程序和服务越来越多地采用 API 进行数据交换和集成，API 集成成为一种重要的集成方式。通过 API，应用程序可以从其他系统中获取数据并进行集成，以支持实时数据访问、更新和分析。

RESTful API：基于 HTTP 协议，广泛应用于 Web 服务和移动应用的集成。

GraphQL：一种灵活的 API 查询语言，支持客户端根据需求获取精确数据，适用于复杂的数据集成场景。

（二）大数据存储与管理

大数据存储与管理是现代数据处理和分析的核心部分。随着数据量的指数级增长，如何有效地存储、管理和访问海量数据已成为技术和业务领域的一个重要挑战。大数据存储和管理涵盖了从数据采集、存储、索引、查询、备份、恢复到安全等多个方面。

1. 分布式存储

大数据的存储通常需要分布式存储系统，主要有：

(1) Hadoop Distributed File System（HDFS）。HDFS 是一种高度容错的分布式文件系统，广泛用于大数据处理平台，如 Hadoop。它将文件分割成多个块并分布存储在集群中的多个节点上。HDFS 提供了高可用性和高容错性，能够处理大规模数据的存储需求。

(2) Amazon S3。S3（Simple Storage Service）是亚马逊提供的对象存储服务，适合存储大量的非结构化数据。它支持高可靠性、低成本并且具有高度可扩展性，常用于大数据存储。

(3) Google Cloud Storage。类似于 S3，Google 提供的 GCS 也提供对象存储，适合存储海量数据，特别是在大数据分析和机器学习场景中。

(4) Azure Blob Storage。微软提供的 Azure Blob 存储服务，专门用于存储大量非结构化数据，如文档、视频、图片等。

2. NoSQL 数据库

NoSQL 数据库通常用于处理大规模的非结构化或半结构化数据。它们通过水平扩展能够高效地存储和管理大量数据，常见的 NoSQL 数据库包括：

（1）MongoDB。文档型数据库，能够高效存储 JSON 格式的结构化或半结构化数据，适合大数据应用中的快速查询和存储需求。

（2）Cassandra。广泛用于处理大规模数据，特别是对实时数据流的存储与分析。Cassandra 是一个分布式 NoSQL 数据库，支持水平扩展，具有高可用性和容错能力。

（3）HBase。HBase 是一个开源的、分布式的列式存储系统，作为 Hadoop 生态系统的一部分，它适用于大数据存储，能够处理海量的结构化数据。

3. 列式存储

列式存储适用于需要高效查询大量数据的应用，尤其是在 OLAP（联机分析处理）场景下。与行式存储不同，列式存储在磁盘上按列而不是按行存储数据，从而使得对某些列的查询和分析更加高效。

（1）Apache Parquet。它是一种开源的列式存储格式，广泛应用于大数据处理框架（如 Hadoop 和 Spark）。它可以压缩数据并且支持高效的查询和分析。

（2）ORC（Optimized Row Columnar）。它是一种高效的列式存储格式，常用于与 Hive 配合使用，具有较高的压缩率和查询性能。

4. 数据仓库

数据仓库（Data Warehouse）是一个集成化的、面向决策支持的数据存储系统，用于存储企业历史数据，它通过整合来自不同数据源的信息，为数据分析、报告和决策支持提供统一的数据视图。数据仓库通常包含从多个操作性数据源（如事务数据库、日志、外部数据源等）抽取的数据，经过处理、清洗、汇总后，支持复杂的查询和分析操作。

（1）Amazon Redshift。它是一种用于大数据分析的云数据仓库服务，支持 SQL 查询并能与 AWS 的大数据生态系统紧密集成。

（2）Google BigQuery。它是一种完全托管的企业级数据仓库服务，可以处理大规模数据的存储和查询，适用于实时分析。

（3）Snowflake。它是一个基于云的数据仓库平台，提供高性能的数据存储和分析功能，支持自动扩展和弹性计算。

（三）大数据分析

1. 描述性分析

描述性分析（Descriptive Analytics）基于历史数据，回答"过去发生了什么"，帮助了解数据的基本情况和趋势，主要侧重于数据的总结和解释。常用的方法有统计分析、数据可视化、频率分析等。

统计分析：通过计算均值、方差、标准差、最大值、最小值等指标来描述数据的特征。

数据可视化：利用图表（如柱状图、折线图、饼图等）来展示数据，帮助识别模式和趋势。

频率分析：通过数据集中的频率分布，理解某些事件或特征的发生频次。

2. 诊断性分析

诊断性分析（Diagnostic Analytics）基于数据分析，探索"为什么会发生某事"。例如，通过因果关系建模、聚类分析、对比分析等方法，通过对数据的深入挖掘，识别潜在的因果关系。

因果分析：使用相关性分析、回归分析等方法，分析变量之间的关系。

聚类分析：对数据进行分组，找出具有相似特征的群体，识别异常情况。

对比分析：对比不同数据集、时间段、群体等的差异，探索原因。

3. 预测性分析

预测性分析（Predictive Analytics）利用历史数据和算法模型，预测未来趋势或事件的可能性。通过数学模型和机器学习技术，分析数据的潜在模式。常用的方法包括回归分析、时间序列分析、机器学习等。

回归分析：建立回归模型（如线性回归、多项式回归等）预测未来数值型数据。

时间序列分析：通过时间序列数据分析，预测未来的趋势，如股票价格预测、销量预测等。

机器学习：使用监督学习（如支持向量机、决策树、神经网络等）或无监督学习（如 K-means 聚类、主成分分析）进行预测。

4. 规范性分析

规范性分析（Prescriptive Analytics）通过模拟不同决策情境，提供最佳决策方案。通常使用优化算法、决策树分析、强化学习等技术。

优化算法：利用线性规划、整数规划、动态规划等优化方法，找到最优解决方案。

决策树分析：通过构建决策树，分析各种决策路径及其可能的结果，从而选择最佳决策。

强化学习：通过机器学习算法在交互环境中自动探索最优决策策略。

5. 机器学习与深度学习（Machine Learning & Deep Learning）

机器学习和深度学习方法是大数据分析中的核心技术，广泛应用于分类、回归、聚类、异常检测等任务。通常使用监督学习、无监督学习、深度学习等方法。

监督学习：通过标签数据训练模型，进行分类（如决策树、K 近邻、支持向量机、神经网络等）和回归（如线性回归、随机森林等）。

无监督学习：无需标签数据，主要进行聚类（如 K-means 聚类、DBSCAN 等）和降维（如主成分分析 PCA、t-SNE 等）。

深度学习:利用深度神经网络(如卷积神经网络 CNN、循环神经网络 RNN 等)进行更复杂的数据处理,如图像识别、语音识别、自然语言处理等。

6. 自然语言处理(Natural Language Processing,NLP)

NLP 是处理和分析人类语言的技术,广泛应用于大数据中的文本数据分析,尤其是在社交媒体、客户评论、文档分析等场景中。常用的方法包括文本分类、主题建模、命名实体识别和情感分析等方法。

文本分类:将文本数据分为不同类别(如情感分析、垃圾邮件识别等)。

主题建模:使用 LDA(潜在狄利克雷分配)等技术发现文本中的潜在主题。

命名实体识别(NER):从文本中识别出特定的实体(如人名、地名、公司名等)。

情感分析:分析文本中表达的情感或态度,常用于分析社交媒体的舆论或客户反馈。

7. 图分析(Graph Analytics)

图分析用于处理和分析图结构的数据,常用于社交网络分析、推荐系统、交通网络等领域。图分析能够揭示实体之间的关系和模式。常用的主要方法有图算法、社区检测和连通性分析等。

图算法:如 PageRank、图嵌入、最短路径算法等,用于分析节点和边的关系。

社区检测:通过图划分算法(如 Louvain 算法、Girvan-Newman 算法等)识别图中的社区或群体。

连通性分析:分析图中节点和边的连接性,找出关键节点、孤立节点等。

8. 异常检测(Anomaly Detection)

异常检测用于发现与大部分数据不同的异常数据点。它常用于监控系统、金融欺诈检测、健康监测等场景。主要方法有:

基于统计的方法:如标准差法、箱型图法,简单而直观。

基于机器学习的方法:如孤立森林、K-means 聚类、One-Class SVM 等。

基于深度学习的方法:如自编码器(Autoencoders)和变分自编码器(VAE)用于高维数据的异常检测。

9. 实时数据分析(Real-time Analytics)

实时数据分析用于处理和分析在短时间内产生的动态数据,通常需要低延迟、高吞吐量的处理能力。

流式计算:使用如 Apache Kafka、Apache Flink、Apache Storm 等工具进行实时数据流的处理。

事件驱动架构:实时处理来自各种传感器和设备的事件数据。

实时机器学习:通过在线学习算法(如在线梯度下降等),在数据流中实时调整模型。

大数据分析方法根据不同的应用场景和目标,采用不同的技术和算法。描述性分析、诊断性分析、预测性分析、规范性分析等方法帮助我们理解数据、发现规律、预测未来、优化决策。而机器学习、深度学习、NLP、图分析、异常检测等技术则为大数据分析提供了更强大的能力，推动着各行业的智能化发展。

（四）大数据可视化

大数据可视化是指通过图形化和互动的方式展示大量复杂数据，从而帮助用户更直观地理解数据的模式、趋势、关系和分布。大数据本身通常涉及海量、复杂的数据，直接进行分析可能会非常困难，而可视化技术通过将数据转换为图表、图像、仪表板等形式，使数据变得更加易于理解和洞察。常用的工具包括 Tableau、Power BI、Qlik、D3.js 等。

1. 大数据可视化方法

在大数据的背景下，常见的可视化方法有多种，根据数据的类型和目标选择合适的可视化方式：

折线图（Line Chart）：适用于时间序列数据，展示数据随时间的变化趋势。

柱状图（Bar Chart）和条形图（Histogram）：适用于比较不同类别或数据分布。

饼图（Pie Chart）：适用于展示数据的组成部分或百分比关系。

散点图（Scatter Plot）：适用于展示变量之间的关系，尤其是连续变量。

热力图（Heatmap）：通过颜色强度展示数据的密度或值的高低，通常用于展示二维数据的分布。

树图（Treemap）：通过嵌套矩形的面积来表示数据的层次结构，适用于展示分层数据。

桑基图（Sankey Diagram）：展示数据流动的方向和数量，适用于展示各类事件之间的转化关系。

气泡图（Bubble Chart）：适用于多维度数据展示，气泡大小、颜色和位置可以表达不同的数据属性。

2. 交互式可视化

交互式可视化允许用户与数据进行互动，以获得更深入的分析。例如：

过滤器：允许用户选择特定的数据子集进行展示。

钻取（Drill-down）：允许用户从高层数据逐层深入查看更详细的数据。

动态可视化：数据随时间或用户输入实时更新。

自定义视图：用户可以通过调整图表的展示方式来创建符合需求的可视化效果。

（五）决策支持与自动化

1. 自动化决策

通过机器学习、人工智能等技术，使系统能够在某些情况下自动做出决策，例如推荐系统、风控系统等。

2. 支持决策

将数据分析结果提供给决策者，帮助其做出数据驱动的决策。

二、大数据分析技术与工具

大数据分析涉及多个领域的技术与工具，主要包括以下几个方面：

1. 分布式计算与存储

（1）Hadoop。Hadoop 生态系统是大数据分析的基础，包括 HDFS（分布式存储）、MapReduce（分布式计算）、Hive（数据仓库）等。Hadoop 适合处理批量数据。

（2）Apache Spark。一个更快速、更灵活的大数据处理框架，支持批处理和流处理。Spark 能在内存中处理数据，速度比 Hadoop MapReduce 快得多。

（3）NoSQL 数据库。如 HBase、MongoDB、Cassandra 等，适合大规模非结构化数据的存储和查询。

2. 数据处理与分析框架

（1）Apache Flink。适用于实时数据流处理，能够在大规模分布式系统中进行高效的实时数据分析。

（2）Apache Storm。流式计算系统，能够快速处理和分析数据流。

（3）Apache Kafka。分布式流平台，常用于实时数据流的传输和处理。

3. 机器学习与人工智能

（1）MLlib（Spark）。一个基于 Spark 的大数据机器学习库，提供分类、回归、聚类等算法。

（2）TensorFlow、PyTorch。这些深度学习框架，适用于更复杂的数据分析任务，如图像识别、自然语言处理等。

（3）Scikit-learn。一个 Python 机器学习库，适用于传统的机器学习任务。

4. 数据可视化工具

（1）Tableau。商业数据可视化工具，支持从大数据平台导入数据并进行可视化展示。

（2）Power BI。微软的商业智能工具，提供丰富的可视化功能，能够与各种数据源连接。

（3）D3.js。基于 JavaScript 的可视化库，适用于构建定制化的数据可视化图表。

（4）QlikView。提供灵活的数据可视化功能，允许用户动态地分析和探索数据。

（5）Google Data Studio。免费工具，帮助用户从不同数据源（如 Google Analytics、Google Sheets）创建交互式报告和仪表板。

（6）Plotly。支持 Python、R 等编程语言，适用于科学计算和复杂的可视化图形。

三、大数据分析的应用场景

大数据分析被广泛应用于各行各业,以下是一些典型的应用场景:

1. 零售与电商

个性化推荐:通过用户行为数据分析,为用户提供个性化的商品推荐。

库存管理与供应链优化:分析销售数据,预测需求波动,优化库存管理和供应链调度。

2. 金融行业

风险管理与欺诈检测:通过分析客户行为、交易数据等,识别潜在的欺诈行为和信用风险。

量化交易:通过对历史数据的分析,构建机器学习模型进行金融市场的预测和自动交易。

3. 医疗健康

疾病预测与预防:通过分析患者的历史病历数据、基因数据等,预测疾病的发生概率。

精准医疗:基于大数据分析结果,为每个患者制定个性化的治疗方案。

4. 制造业与工业互联网

设备预测性维护:通过分析传感器数据,预测设备故障的发生时间,提前进行维修,减少停机时间。

生产优化:通过分析生产数据,优化生产流程,提高生产效率和产品质量。

5. 社交网络与舆情分析

情感分析:通过分析社交媒体和用户评论数据,了解公众的情感倾向。

社交媒体监控:实时跟踪社交媒体上的话题和趋势,及时发现潜在的危机或热点。

6. 交通与物流

交通流量预测与优化:分析交通数据,优化城市交通信号和路径选择。

物流路线优化:分析物流数据,优化配送路线,减少运输成本和时间。

四、持续挑战与发展趋势

尽管大数据分析有着广泛的应用前景,但也面临着一些挑战:

数据隐私与安全问题:随着数据的增加,如何保护个人隐私和数据安全变得更加复杂。

数据质量:大数据往往来自不同的来源,数据质量参差不齐,需要进行有效的数据清洗和处理。

计算能力和存储成本：处理和存储海量数据需要巨大的计算能力和存储资源，如何降低成本和提高处理效率仍然是一个挑战。

技术复杂性：大数据分析涉及多个技术领域，企业需要有专业的技术团队来支持这些复杂的技术实施。

随着技术的不断发展，大数据分析将更加智能化、自动化，并为各行业带来更多的价值和创新。

大数据分析的核心是从海量、复杂的数据中提取有价值的信息，以支持决策和提升效率。它涉及数据采集、存储、处理、分析、可视化等多个方面，广泛应用于商业、金融、医疗、制造业等领域。通过采用分布式计算、机器学习等先进技术，大数据分析正变得更加高效和智能，并推动各行各业的数字化转型。

第五章 食用菌工厂化生产智能控制关键技术

在食用菌工厂化生产过程中的基料制备、装瓶（装袋）、灭菌、接种、培养、搔菌、挖瓶以及环境控制等环节的智能化作业核心是智能控制，具有信息处理、信息反馈和控制决策的控制方式，是主要用来解决那些用传统方法难以解决的复杂系统的控制问题，主要使用到数字 PID 控制、模糊逻辑、神经网络控制以及 PLC 控制等技术。

第一节 数字 PID 控制

自从计算机和各类微控制器芯片进入控制领域以来，用计算机或微控制器芯片取代模拟 PID 控制电路组成控制系统，不仅可以用软件实现 PID 控制算法，而且可以利用计算机和微控制器芯片的逻辑功能，使 PID 控制更加灵活。将模拟 PID 控制规律进行适当变换后，以微控制器或计算机为运算核心，利用软件程序来实现 PID 控制和校正，就是数字（软件） PID 控制。

由于数字控制是一种采样控制，它只能根据采样时刻的偏差值来计算控制量，因此需要对连续 PID 控制算法进行离散化处理。对于实时控制系统而言，尽管对象的工作状态是连续的，但如果仅在离散的瞬间对其采样进行测量和控制，就能够将其表示成离散模型，当采样周期足够短时，离散控制形式便能很接近连续控制形式，从而达到与其相同的控制效果。

一、控制原理及实现算法

一个典型控制系统的基本结构包括输入、采样、控制器、被控对象和输出，如图 5-1 所示。其中 $R(t)$ 为输入给定值，$C(t)$ 为实际输出值，$e(t)$ 为偏差信号，并且该控制偏差由输入给定值与实际输出值构成，即 $e(t) = R(t) - C(t)$。

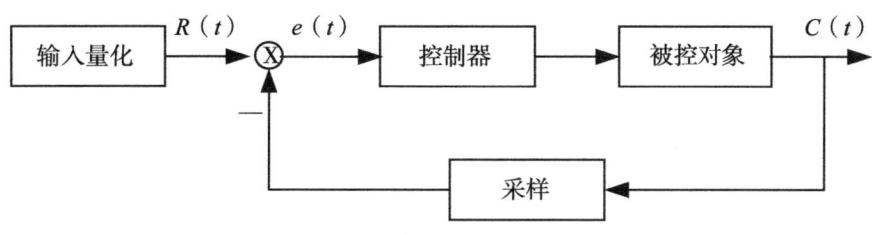

图 5-1 典型控制系统

系统在工作时,利用负反馈产生的偏差信号对被控对象进行控制从而消除误差,便是反馈控制原理。控制器是对被控对象产生控制作用的设备,其目的是对误差信号进行校正以产生最适宜的控制量。

在模拟控制系统中,控制器最常用的控制规律是 PID 控制。PID 控制规律的基本输入输出关系可用微分方程表示为:

$$u(t) = K_p\left[e(t) + \frac{1}{T_i}\int_0^t e(t)dt + \frac{T_d de(t)}{dt}\right] \quad (5-1)$$

式中,$e(t)$ 为输入的误差信号;K_p 为比例系数;T_i 为积分时间常数;T_d 为微分时间常数;$u(t)$ 为控制器输出。此外,控制规律还可写成传递函数的形式:

$$G(s) = \frac{U(s)}{E(s)} = K_p\left(1 + \frac{1}{T_i s} + T_d s\right) \quad (5-2)$$

模拟 PID 控制系统原理框图如图 5-2 所示,系统由模拟 PID 控制器和被控对象组成。图中 K_p、K_i 和 K_d 分别为比例、积分和微分系数,由式(5-2)可知,$K_i = K_p/T_i$,$K_d = K_p \times T_d$。

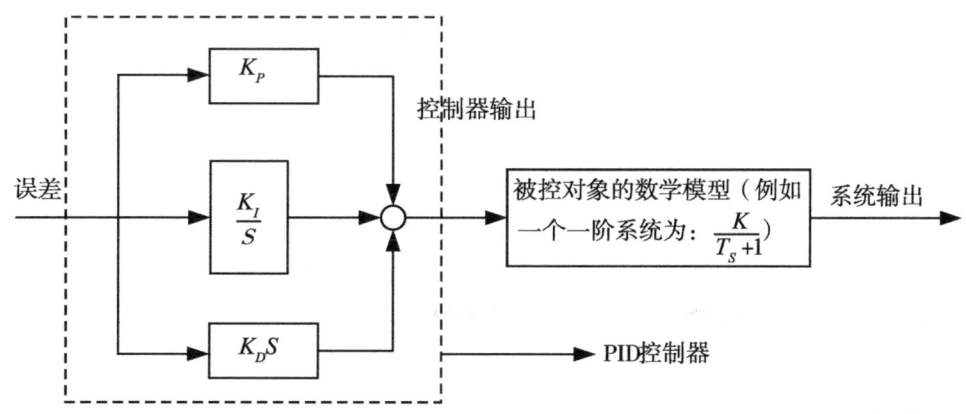

图 5-2 模拟 PID 控制系统原理

二、PID 控制器的组成

PID 控制器如图 5-2 中虚线框中所示,一共组合了三种基本控制环节:比例控制环节

K_p，积分控制环节 K_I/S 和微分控制环节 $K_D S$。控制器工作时，将误差信号的比例（P）、积分（I）和微分（D）通过线性组合构成控制量，对被控对象进行控制，故称 PID 控制器。

这三种基本控制环节各具特点：

1. P 比例控制

成比例地反映控制系统的误差信号，偏差一旦产生，控制器立即产生控制作用，以减小偏差。比例控制器在信号变换时，只改变信号的幅值而不改变信号的相位，采用比例控制可以提高系统的开环增益，是系统的主要控制部分。需要注意的是，过大的比例系数会使系统产生比较大的超调，并产生振荡，使稳定性变坏。

2. I 积分控制

积分控制主要用于消除静差，提高系统的无差度，但是会使系统的震荡加剧，超调增大，损害动态性能，一般不单独作用，而是与 PD 控制相结合。积分作用的强弱取决于积分时间常数 T_i，时间常数越大，积分作用就越弱，反之则越强。

3. D 微分控制

反映误差信号的变化趋势（变化速率），并能在误差信号变得太大之前，在系统中引入一个有效的早期下修信号，从而加快系统的运作速度，减少调节时间。微分控制可以预测系统的变化，增大系统的阻尼 ξ，提高相角裕度，起到改善系统动态性能的作用，但是微分对干扰有很大的放大作用，过大的微分会使系统震荡加剧，降低系统信噪比。

为了实现控制目的和达到控制指标，需要选择适宜的控制算法。常用的控制方法有反馈控制、顺馈控制、P 控制、PD 控制、PI 控制、PID 控制等，其中 PID 控制是应用最为广泛的控制方法之一。PID 的复合控制，可以综合这几种控制规律的各自特点，使系统同时获得很好的动态和稳态性能。

三、数字 PID 控制的分类

PID 控制算法在实际应用中又可分为两种：位置式 PID 控制算法和增量式 PID 控制算法。控制理论上两者是相同的，但在数字量化后的实现上会存在差别，以下分别对其进行介绍。

1. 位置式数字 PID 控制

对式 5-1 作离散化处理就可以得到位置式数字 PID 控制算法，即以一系列的采样时刻点 kT 代表连续时间 t，以矩形法数值积分近似代替积分，以一阶后向差分近似代替微分，可得到其 k 采样时刻的离散 PID 表达式：

$$u(k) = K_p \left(e(k) + \frac{T}{T_i} \sum_{j=0}^{k} e(j) + \frac{T_d(e(k) - e(k-1))}{T} \right) = K_p \times$$

$$e(k) + K_iT\sum_{j=0}^{k}e(j) + K_d\frac{e(k)-e(k-1)}{T} \tag{5-3}$$

式中，$K_i=K_p/T_i$；$K_d=K_p\times T_d$；T 为采样周期；k 为采样序号，$k=1, 2, \cdots$，$e(k-1)$ 和 $e(k)$ 分别为第 $(k-1)$ 和第 k 时刻所得到的系统偏差信号。

典型的位置式 PID 控制系统如图 5-3 所示，其中，$r_{in}(k)$ 为 k 采样时刻的给定值，$u(k)$ 为 k 采样时刻的控制量输出，$y_{out}(k)$ 为 k 采样时刻的实际输出，$e=r_{in}(k)-y_{out}(k)$。

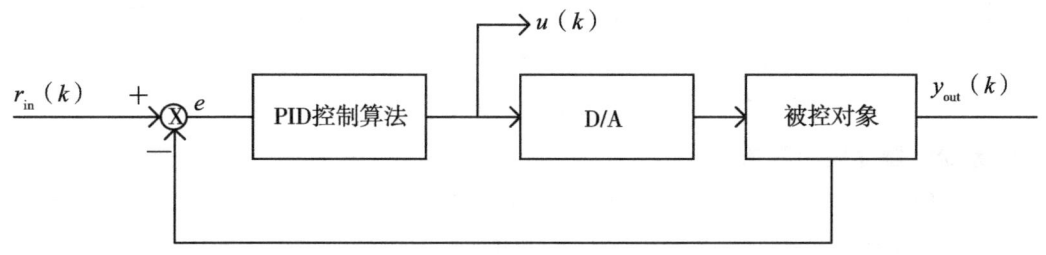

图 5-3 位置式 PID 控制系统

2. 增量式 PID 控制

增量式 PID 控制是指控制器的输出是控制量的增量 $\Delta u(k)$，当执行机构需要的是控制量的增量而不是位置量的绝对数值时，可以使用增量式 PID 控制算法进行控制。

根据式（5-3）应用递推原理，可得到 $k-1$ 个采样时刻的输出值：

$$u(k-1) = K_p\times e(k-1) + K_iT\sum_{j=0}^{k-1}e(j) + K_d\frac{e(k-1)-e(k-2)}{T} \tag{5-4}$$

将式（5-3）与式（5-4）相减，经整理后，可以得到增量式 PID 控制算法公式：

$$\Delta u(k) = u(k) - u(k-1)$$

$$\Delta u(k) = K_p(e(k)-e(k-1)) + K_iTe(k) + \frac{K_d(e(k)-2e(k-1)+e(k-2))}{T}$$

$$\tag{5-5}$$

以上各式中，$K_i=K_p/T_i$，$K_d=K_p\times T_d$，T 为采样周期，k 为采样序号，$k=1, 2, \cdots$，$e(k-2)$、$e(k-1)$ 以及 $e(k)$ 分别为第 $(k-2)$、第 $(k-1)$ 和第 k 时刻所得到的系统偏差信号。

3. 特点

以上两种算法各有各的优缺点，在增量式算法中，控制增量 $\Delta u(k)$ 仅与最近 k 次的采样有关，所以误动作影响较小，但是增量式算法的每次增量可能由于数字量化的处理带来相对很大的截断误差，这种误差的积累会使输出量与理论计算存在较大的偏差。

需要说明的是，单纯的位置式 PID 算法抑或是增量式 PID 算法在控制算法中都是相对底层和常规的，而且随着计算机以及微处理芯片的大量应用，越来越多非标准的改进 PID

算法都在基于这两种常规算法的基础上得以发展起来，以满足不同控制系统的需要。

四、采样周期的选取

数字 PID 控制系统和模拟 PID 控制系统一样，需要通过参数整定才能正常运行。所不同的是除了整定比例带 δ（比例增益值 Kp）、积分时间 T_i、微分时间 T_d 和微分增益 K_d 外，还要确定系统的采样（控制）周期 T。

根据采样定理，采样周期 $T \leqslant \pi \leqslant \omega_{max}$，由于被控制对象的物理过程及参数的变化比较复杂，致使模拟信号的最高角频率 ω_{max} 是很难确定的。采样定理仅从理论上给出了采样周期的上限，实际采样周期的选取要受到多方面因素的制约。

1. 系统控制品质的要求

由于过程控制中通常用电动调节阀或气动调节阀，他们的响应速度较低，如果采样周期过短，那么执行机构来不及响应，仍然达不到控制目的，所以采样周期也不能过短。

2. 控制系统抗扰动和快速响应的要求

要求采样周期短些，从计算工作量来看，则又希望采样周期长些，这样可以控制更多的回路，保证每个回路有足够的时间来完成必要的运算。

3. 计算机的成本

计算机成本也希望采样周期长些，这样计算机的运算速度和采集数据的速率也可降低，从而降低硬件成本。

采样周期的选取还应考虑被控制对象的时间常数 Tp 和纯延迟时间 τ，当 $\tau=0$ 或 $\tau<0.5Tp$ 时，可选 T 介于 $0.1\sim0.2Tp$；当 $\tau>0.5Tp$ 时，可选 T 等于或接近 τ。

4. 采样周期应考虑的因素

采样周期的选取应与 PID 参数的整定综合考虑，选取采样周期时应考虑的几个因素：

（1）采样周期应远小于对象的扰动信号周期。

（2）采样周期比对象的时间常数小得多，否则采样信号无法反映瞬变过程。

（3）考虑执行器响应速度。如果执行器的响应速度比较慢，那么过短的采样周期将失去意义。

（4）对象所要求的调节品质。在计算机运行速度允许的情况下，采样周期短，调节器质好。

（5）性能价格比。从控制性能来考虑，希望采样周期短，但计算机运算速度以及 A/D 和 D/A 的转换速度要相应地提高，导致计算机的费用增加。

（6）计算机所承担的工作量。如果控制的回路数多，计算量大，则采样周期要加长；反之，可以缩短。

由上述分析可知，采样周期受各种因素的影响，有些是相互矛盾的，必须是具体情况和主要的要求做出折中的选择。在具体选择采样周期时，可参照表 5-1 所示的经验数据，再通过现场试验最后确定合适的采样周期，表 5-1 仅列出几种经验采样周期 T 的上限，随着计算机技术的进步及其成本的下降，一般可以选取较短的采样周期，使数字控制系统近似连续控制系统。

表 5-1 经验采样周期

被控量	采样周期/s
流量	1~2
压力	3~5
温度	10~15
液位	6~8
成分	15~20

五、数字 PID 控制参数的整定

随着计算机技术的发展，一般可以选择较短的采样（控制）周期 T，它相对于被控制对象时间常数 T_p 来说也就更短了。所以数字 PID 控制参数的整定过程是，首先按模拟 PID 控制参数整定的方法来选择，然后再适当调整，并考虑采样（控制）周期对整定参数的影响。

由于模拟 PID 调节器应用历史悠久，已经研究出多种参数整定方法，很多资料上都有详细论述。针对数字控制的特点，目前常用的有几种整定方法。

1. 数字 PID 控制稳定边界法

这种方法需要做稳定边界实验。实验步骤是，选用纯比例控制，给定值 r 做阶跃扰动，从较大的比例带 δ 开始，逐渐减小 δ，直到被控制量 Y 出现临界振荡位置，记下临界振荡周期 Tu 和临界比例带 δu，然后按经验公式计算 δ、T_i 和 T_d。

2. 数字 PID 控制衰减曲线法

实验步骤与稳定边界法相似，首先选用纯比例控制，给定值 r 做阶跃扰动，从较大的比例带 δ 开始，逐渐减小 δ，直至被控量 Y 出现 4:1 衰减过程为止。记下此时的比例带 δv，相邻波峰之间的时间 Tv。然后按经验公式计算 δ、T_i 和 T_d。

3. 数字 PID 控制动态特性法

上述两种方法直接在闭环系统中进行参数整定。而动态特性法却是在系统处于开环情况下，首先做被控制对象的阶跃响应曲线，从该曲线上求得对象的纯延迟时间 τ、时间常数和放大系数 K。然后再按经验公式计算 δ、T_i 和 T_d。

4. 数字 PID 控制基于偏差积分指标最小的整定参数法

由于计算机的运算速度快，这就为使用偏差积分指标整定 PID 控制参数提供了可能，常用以下三种指标：ISE、IAE、ITAE。一般情况下，ISE 指标的超调量大，上升时间快；IAE 指标的超调量适中，上升时间稍快；ITAE 指标的超调量小，调整时间小。采用偏差积分指标，可以利用计算机寻找最佳的 PID 控制参数。

第二节　模糊逻辑控制

模糊逻辑控制（Fuzzy Logic Control）简称模糊控制（Fuzzy Control），是以模糊集合论、模糊语言变量和模糊逻辑推理为基础的一种计算机数字控制技术。

模糊逻辑指模仿人脑的不确定性概念判断、推理思维方式，对于模型未知或不能确定的描述系统，以及强非线性、大滞后的控制对象，应用模糊集合和模糊规则进行推理，表达过渡性界限或定性知识经验，模拟人脑方式，实行模糊综合判断，推理解决常规方法难于对付的规则型模糊信息问题。模糊逻辑善于表达界限不清晰的定性知识与经验，它借助于隶属度函数概念，区分模糊集合，处理模糊关系，模拟人脑实施规则型推理，解决因"排中律"的逻辑破缺产生的种种不确定问题。

一、模糊集合

模糊集合是模糊控制的数学基础。模糊集合是用来表达模糊性概念的集合。又称模糊集、模糊子集。普通的集合是指具有某种属性的对象的全体。

1. 定义

这种属性所表达的概念应该是清晰的，界限分明的。因此每个对象对于集合的隶属关系也是明确的，非此即彼。但在人们的思维中还有着许多模糊的概念，例如年轻、很大、暖和、傍晚等，这些概念所描述的对象属性不能简单地用"是"或"否"来回答，模糊集合就是指具有某个模糊概念所描述的属性的对象的全体。由于概念本身不是清晰的、界限分明的，因而对象对集合的隶属关系也不是明确的、非此即彼的。这一概念是美国加利福尼亚大学控制论专家 L. A. 扎德于 1965 年首先提出的。模糊集合这一概念的出现使得数学的思维和方法可以用于处理模糊性现象，从而构成了模糊集合论（中国通常称为模糊性数学）的基础。

给定一个论域 U，那么从 U 到单位区间 $[0, 1]$ 的一个映射 $\mu_A: U \mapsto [0, 1]$ 称为 U 上的一个模糊集，或 U 的一个模糊子集。

2. 表示

模糊集可以记为 A。映射（函数）$\mu A(\cdot)$ 或简记为 $A(\cdot)$ 叫作模糊集 A 的隶属函数。对于每个 $x \in U$，$\mu A(x)$ 叫作元素 x 对模糊集 A 的隶属度。

模糊集的常用表示法有下述几种：

（1）解析法，也即给出隶属函数的具体表达式。

（2）Zadeh 记法，例如 $A = \frac{1}{x_1} + \frac{0.5}{x_2} + \frac{0.72}{x_3} + \frac{0}{x_4}$。分母是论域中的元素，分子是该元素对应的隶属度。有时候，若隶属度为 0，该项可以忽略不写。

（3）序偶法，例如 $A = \{(x_1, 1), (x_2, 0.5), (x_3, 0.72), (x_4, 0)\}$，序偶对的前者是论域中的元素，后者是该元素对应的隶属度。

（4）向量法，在有限论域的场合，给论域中元素规定一个表达的顺序，那么可以将上述序偶法简写为隶属度的向量式，如 $A = (1, 0.5, 0.72, 0)$。

3. 模糊度

一个模糊集 A 的模糊度衡量，反映了 A 的模糊程度，一个直观的定义是这样的：

设映射 $D: F(U) \rightarrow [0, 1]$ 满足下述 5 条性质：

（1）清晰性。$D(A) = 0$ 当且仅当 $A \in P(U)$。（经典集的模糊度恒为 0。）

（2）模糊性。$D(A) = 1$ 当且仅当 $\forall u \in U$ 有 $A(u) = 0.5$（隶属度都为 0.5 的模糊集最模糊）。

（3）单调性。$\forall u \in U$，若 $A(u) \leq B(u) \leq 0.5$，或者 $A(u) \geq B(u) \geq 0.5$，则 $D(A) \leq D(B)$。

（4）对称性。$\forall A \in F(U)$，有 $D(A) = D(A)$（补集的模糊度相等）。

（5）可加性。$D(A \cup B) + D(A \cap B) = D(A) + D(B)$。

则称 D 是定义在 $F(U)$ 上的模糊度函数，而 $D(A)$ 为模糊集 A 的模糊度。

可以证明符合上述定义的模糊度是存在的，一个常用的公式（分别针对有限和无限论域）就是：

$$D_p(A) = \frac{2}{n^{\frac{1}{p}}} \left[\sum_{i=1}^{n} | A(\mu_i) - A_{0.5}(\mu_i) |^p \right]^{\frac{1}{p}}$$

$$D(A) = \int_{-\infty}^{+\infty} | A(u) - A_{0.5}(u) | du$$

式中，$p > 0$ 是参数，称为 Minkowski 模糊度。特别地，当 $p = 1$ 的时候称为 Hamming 模糊度或 Kaufmann 模糊指标，当 $p = 2$ 的时候称为 Euclid 模糊度。

4. 模糊集的基本运算

由于模糊集是用隶属函数来表征的，因此两个子集之间的运算实际上就是逐点对隶属度作相应的运算。

(1) 空集。模糊集合的空集为普通集，它的隶属度为 0，即：
$$A = \emptyset \Leftrightarrow \mu_A(u) = 0$$

(2) 全集。模糊集合的全集为普通集，它的隶属度为 1，即：
$$A = E \Leftrightarrow \mu_A(u) = 1$$

(3) 等集。两个模糊集 A 和 B，若对所有元素 u，它们的隶属函数相等，则 A 和 B 也相等。即：
$$A = B \Leftrightarrow \mu_A(A) = \mu_B(u)$$

(4) 补集。若 $\overline{A}$ 为 A 的补集，则：
$$\overline{A} \Leftrightarrow \mu_A(u) = 1 - \mu_A(u)$$

(5) 子集。若 B 为 A 的子集，则：
$$B \subseteq A \Leftrightarrow \mu_B(u) \leq \mu_A(u)$$

(6) 并集。若 C 为 A 和 B 的并集，则：
$$C = A \cup B$$

一般地，
$$A \cup B = \mu_{A \cup B}(u) = \max(\mu_A(u), \mu_B(u)) = \mu_A(u) \vee \mu_B(u)$$

(7) 交集。若 C 为 A 和 B 的交集，则：
$$C = A \cap B$$

一般地，
$$A \cap B = \mu_{A \cap B}(u) = \min(\mu_A(u), \mu_B(u)) = \mu_A(u) \wedge \mu_B(u)$$

注意：模糊集合的运算符虽然和数学上集合的符号相同，但意思完全不同。

(8) 模糊运算的基本性质。

①幂运算。
$$A \cup A = A, \quad A \cap A = A$$

②交换律。
$$A \cup B = B \cup A, \quad A \cap B = B \cap A$$

③结合律。
$$(A \cup B) \cup C = A \cup (B \cup C)$$
$$(A \cap B) \cap C = A \cap (B \cap C)$$

④吸收律。
$$A \cup (A \cap B) = A$$
$$A \cap (A \cup B) = A$$

⑤分配律。
$$A \cup (B \cap C) = (A \cup B) \cap (A \cup C)$$

$$A \cap (B \cup C) = (A \cap B) \cup (A \cap C)$$

⑥复原律。

$$\bar{\bar{A}} = A$$

⑦对偶律。

$$\overline{A \cup B} = \bar{A} \cap \bar{B}$$

$$\overline{A \cap B} = \bar{A} \cup \bar{B}$$

⑧两极律。

$$A \cup E = A, \ A \cap E = A$$

$$A \cup \varphi = A, \ A \cap \varphi = \varphi$$

5. 模糊算子

模糊集合的逻辑运算实质上就是隶属函数的运算过程。采用隶属函数的取大（MAX）-取小（MIN）进行模糊集合的并、交逻辑运算是目前最常用的方法。但还有其他公式，这些公式统称为"模糊算子"。

设有模糊集合 A、B 和 C，常用的模糊算子如下：

（1）交运算算子。设 $C = A \cap B$，有三种模糊算子：

①模糊交算子。

$$\mu_c(x) = Min\{\mu_A(x), \ \mu_B(x)\}$$

②代数积算子。

$$\mu_c(x) = \mu_A(x) \cdot \mu_B(x)$$

③有界积算子。

$$\mu_c(x) = Max\{0, \ \mu_A(x) + \mu_B(x) - 1\}$$

（2）并运算算子。设 $C = A \cup B$，有三种模糊算子：

①模糊并算子。

$$\mu_c(x) = Max\{\mu_A(x), \ \mu_B(x)\}$$

②代数和算子。

$$\mu_c(x) = \mu_A(x) + \mu_B(x) - \mu_A(x) \cdot \mu_B(x)$$

③有界和算子。

$$\mu_c(x) = Min\{1, \ \mu_A(x) + \mu_B(x)\}$$

（3）平衡算子。当隶属函数取大、取小运算时，不可避免地要丢失部分信息，采用一种平衡算子，即"算子"可起到补偿作用。

设 A 和 B 经过平衡运算得到 C，则：

$$\mu_c(x) = [\mu_A(x) \cdot \mu_B(x))]^{1-\gamma} \cdot [1 - (1 - \mu_A(x)) \cdot (1 - \mu_B(x))]^{\gamma}$$

式中，γ 取值为 [0, 1]。

当 $\gamma = 0$ 时，$\mu_c(x) = \mu_A(x) \cdot \mu_B(x)$，相当于 $A \cup B$ 时的代数和算子。

当 $\gamma = 1$，$\mu_c(x) = \mu_A(x) + \mu_B(x) - \mu_A(x) \cdot \mu_B(x)$，相当于 $A \cup B$ 时的代数和算子。

二、隶属函数

隶属函数（Membership function），是用于表征模糊集合的数学工具。为了描述元素 u 对 U 上的一个模糊集合的隶属关系，由于这种关系的不分明性，它将用从区间 [0，1] 中所取的数值代替 0，1 这两值来描述，表示元素属于某模糊集合的"真实程度"。

1. 定义

若对论域（研究的范围）U 中的任一元素 x，都有一个数 $A(x) \in [0, 1]$ 与之对应，则称 A 为 U 上的模糊集，$A(x)$ 称为 x 对 A 的隶属度。当 x 在 U 中变动时，$A(x)$ 就是一个函数，称为 A 的隶属函数。隶属度 $A(x)$ 越接近于 1，表示 x 属于 A 的程度越高，$A(x)$ 越接近于 0 表示 x 属于 A 的程度越低。用取值于区间 (0, 1) 的隶属函数 $A(x)$ 表征 x 属于 A 的程度高低。隶属度属于模糊评价函数里的概念：模糊综合评价是对受多种因素影响的事物做出全面评价的一种十分有效的多因素决策方法，其特点是评价结果不是绝对地肯定或否定，而是以一个模糊集合来表示。

2. 几种典型的隶属函数

在模糊控制中应用较多的隶属函数有以下 6 种隶属函数。

（1）高斯型隶属函数（图 5-4）。高斯型隶属函数由两个参数 σ 和 c 确定：

$$f(x, \sigma, c) = e^{-\frac{(x-c)^2}{2\sigma^2}}$$

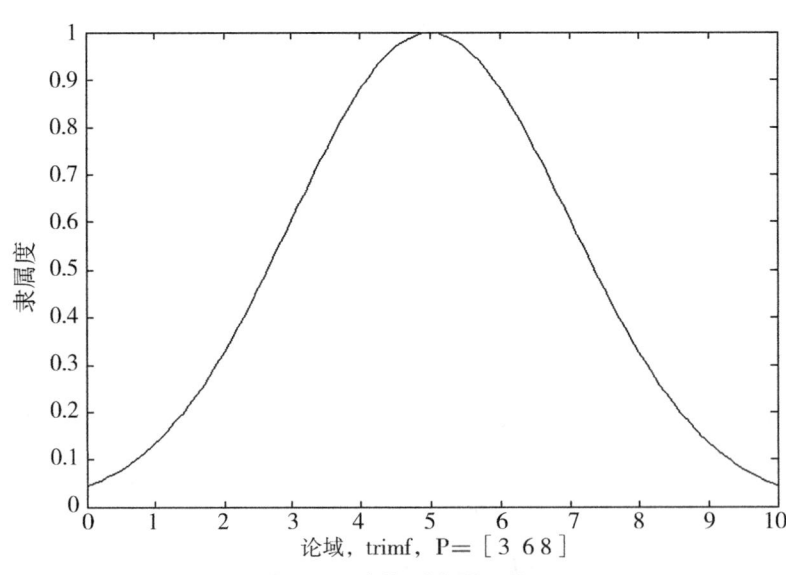

图 5-4　高斯型隶属函数

其中参数 σ 通常为正，参数 c 用于确定曲线的中心。Matlab 表示为：

$$gaussmf(x, [\sigma, c])$$

(2) 广义钟型隶属函数（图 5-5）。广义钟型隶属函数由三个参数 a，b，c 确定：

$$f(x, a, b, c) = \frac{1}{1 + \left|\frac{x-c}{a}\right|^{2b}}$$

式中，参数 a 和 b 通常为正，参数 c 用于确定曲线的中心。Matlab 表示为：

$$gbellmf(x, [a, b, c])$$

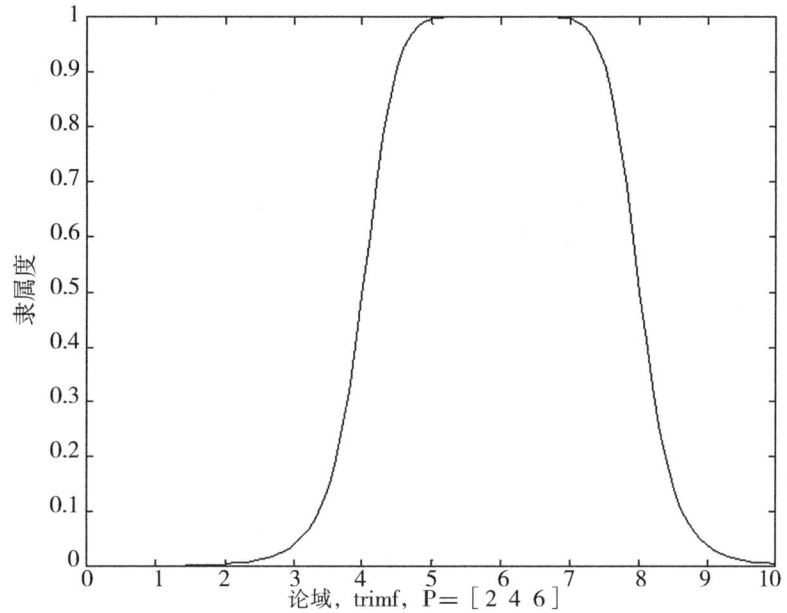

图 5-5　广义钟型隶属函数

(3) S 形隶属函数（图 5-6）。S 形函数 sigmf $(x, [a\ c])$ 由参数 a 和 c 决定：

$$f(x, a, c) = \frac{1}{1 + e^{-a(x-c)}}$$

式中，参数 a 的正负符号决定了 S 形隶属函数的开口朝左或朝右，用来表示"正大"或"负大"的概念。Matlab 表示为：

$$sigmf(x, [a, c])$$

(4) 梯形隶属函数（图 5-7）。梯形曲线可由四个参数 a，b，c，d 确定：

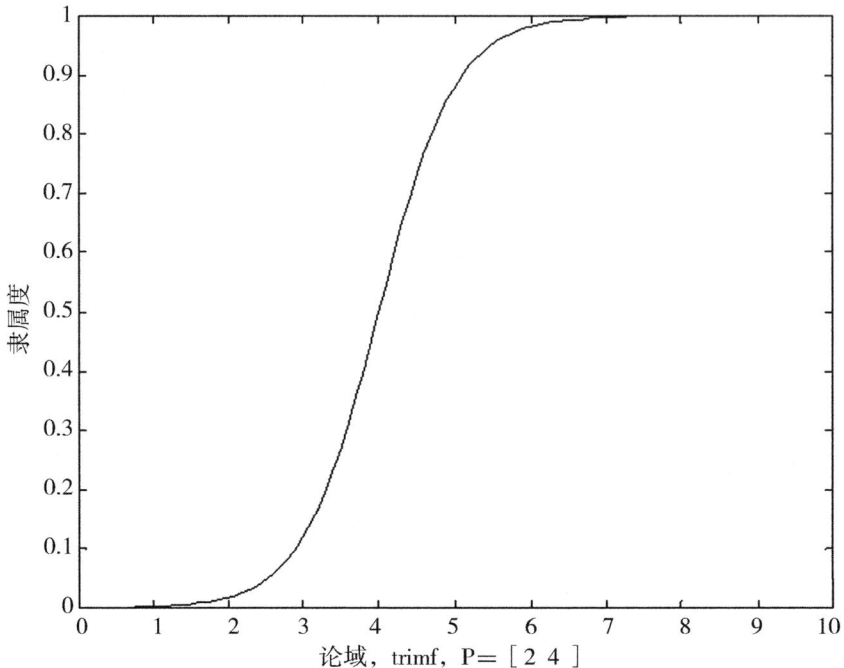

图5-6 S形隶属函数

$$f(x, a, b, c, d) = \begin{cases} 0 & x \leq a \\ \dfrac{x-a}{b-a} & a \leq x \leq b \\ 1 & b \leq x \leq c \\ \dfrac{d-x}{d-c} & c \leq x \leq d \\ 0 & x \geq d \end{cases}$$

式中，参数 a 和 d 确定梯形的"脚"，而参数 b 和 c 确定梯形的"肩膀"。Matlab 表示为：

$$trapmf(x, [a, b, c, d])$$

(5) 三角形隶属函数（图5-8）。三角形曲线的形状由三个参数 a，b，c 确定：

$$f(x, a, b, c) = \begin{cases} 0 & x \leq a \\ \dfrac{x-a}{b-a} & a \leq x \leq b \\ \dfrac{c-x}{c-b} & b \leq x \leq c \\ 0 & x \geq c \end{cases}$$

式中，参数 a 和 c 确定三角形的"脚"，而参数 b 确定三角形的"峰"。Matlab 表示为：

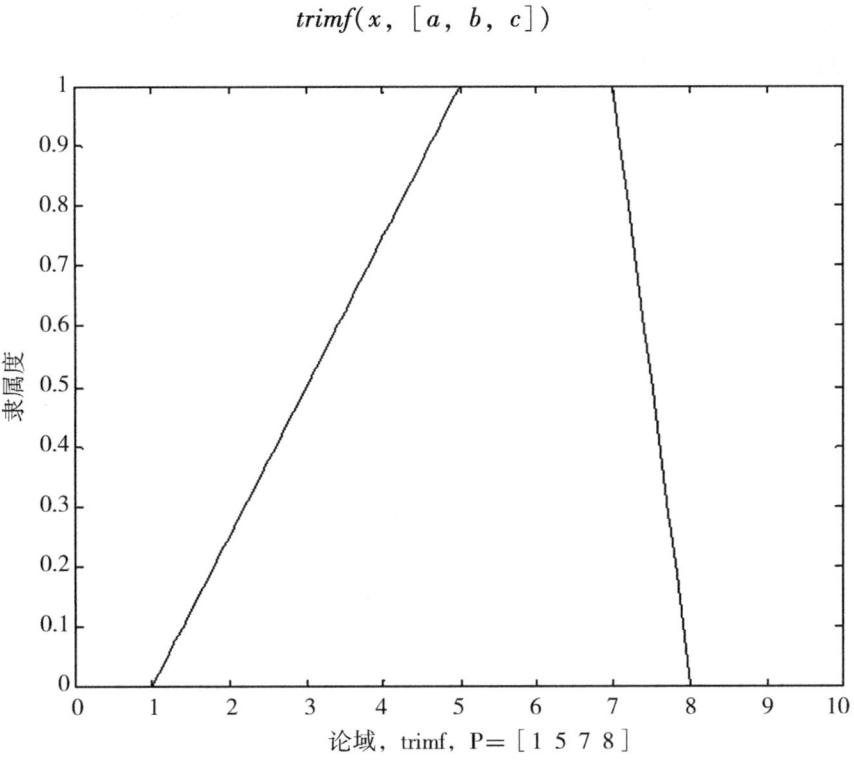

图 5-7 梯形隶属函数

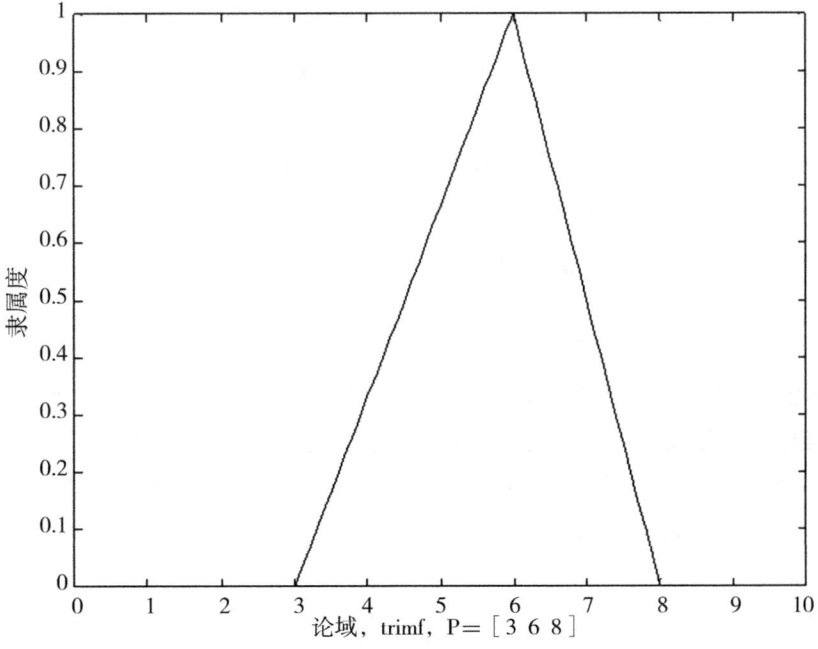

图 5-8 三角形隶属函数

（6）Z形隶属函数（图5-9）。这是基于样条函数的曲线，因其呈现Z形状而得名。参数 a 和 b 确定了曲线的形状。Matlab 表示为：

$$Zmf\ (x,\ [a,\ b]\ )$$

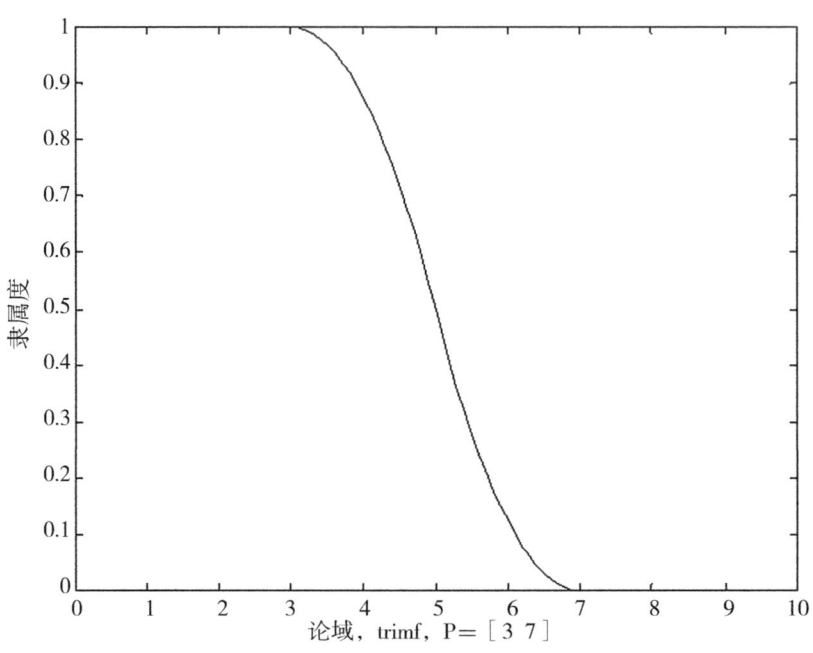

图5-9　Z形隶属函数

3. 模糊函数的确定方法

隶属函数是模糊控制的应用基础。目前还没有成熟的方法来确定隶属函数，主要还停留在经验和实验的基础上。通常的方法是初步确定粗略的隶属函数，然后通过"学习"和实践来不断地调整和完善。遵照这一原则的隶属函数选择方法有以下几种。

（1）模糊统计法。根据所提出的模糊概念进行调查统计，提出与之对应的模糊集 A，通过统计实验，确定不同元素隶属于 A 的程度。

$$u_0\ \text{对模糊集}\ A\ \text{的隶属度} = \frac{u_0 CA\ \text{的次数}}{\text{试验总次数}\ N}$$

（2）主观经验法。当论域为离散论域时，可根据主观认识，结合个人经验，经过分析和推理，直接给出隶属度。这种确定隶属函数的方法已经被广泛应用。

（3）神经网络法。利用神经网络的学习功能，由神经网络自动生成隶属函数，并通过网络的学习自动调整隶属函数的值。

三、特点

（1）模糊控制不需要被控对象的数学模型。模糊控制是以人对被控对象的控制经验为依据而设计的控制器，故无须知道被控对象的数学模型。

（2）模糊控制是一种反映人类智慧的智能控制方法。模糊控制采用人类思维中的模糊量，如"高""中""低""大""小"等，控制量由模糊推理导出。这些模糊量和模糊推理是人类智能活动的体现。

（3）模糊控制易于被人们接受。模糊控制的核心是控制规则，模糊规则是用语言来表示的，如"今天气温高，则今天天气暖和"。

（4）构造容易。模糊控制规则易于软件实现。

（5）鲁棒性和适应性好。通过专家经验设计的模糊规则可以对复杂的对象进行有效的控制。

四、模糊控制器组成

1. 模糊化

主要作用是选定模糊控制器的输入量，并将其转换为系统可识别的模糊量，具体包括以下三步：

第一，对输入量进行满足模糊控制需求的处理。

第二，对输入量进行尺度变换。

第三，确定各输入量的模糊语言取值和相应的隶属度函数。

2. 规则库

根据人类专家的经验建立模糊规则库。模糊规则库包含众多控制规则，是从实际控制经验过渡到模糊控制器的关键步骤。

3. 模糊推理

主要实现基于知识的推理决策。

4. 解模糊

主要作用是将推理得到的控制量转化为控制输出。

五、模糊控制规则获得方式

控制规则是模糊控制器的核心，它的正确与否直接影响到控制器的性能，其数目的多少也是衡量控制器性能的一个重要因素。

模糊控制规则的取得方式：

1. 专家的经验和知识

模糊控制规则提供了一个描述人类的行为及决策分析的自然架构；专家的知识通常可用 if…then 的形式来表述。

2. 操作员的操作模式

熟练的操作人员在没有数学模式下，却能够成功地控制这些系统；这启发我们记录操作员的操作模式，并将其整理为 if…then 的形式，可构成一组控制规则。

3. 学习

为了改善模糊控制器的性能，必须让它有自我学习或自我组织的能力，使模糊控制器能够根据设定的目标，增加或修改模糊控制规则。

第三节　神经网络控制

神经网络控制的基本思想是从仿生学的角度，模拟人脑神经系统的运作方式，使机器具有人脑那样的感知、学习和推理能力。神经网络应用于控制系统设计主要是针对系统的非线性、不确定性和复杂性进行的。由于神经网络具有较强的适应能力、并行处理能力和出色的鲁棒性，使采用神经网络的控制系统具有更强的适应性和鲁棒性。

一、神经网络控制作用

通常神经网络在控制系统中的作用可分为以下几种：

一是充当系统的模型，构成各种控制结构，如在内模控制、模型参考自适应控制、预测控制中，充当对象的模型等。

二是直接用作控制器。

三是在控制系统中起优化计算的作用。

在神经网络控制系统中，信息处理过程通常分为自适应学习期和控制期两个阶段。在控制期，网络连接模式和权重已知且不变，各神经元根据输入信息和状态信息产生输出；在学习期，网络按一定的学习规则调整其内部连接权重，使给定的性能指标达到最优。两个阶段可以独立完成，也可以交替进行。

二、神经网络控制结构和方法

目前，国内外学者提出了许多面向对象的神经网络控制结构和方法，从大类上看，较具有代表性的有以下几种：

1. 神经网络监督控制

监督控制是利用神经网络的非线性映射能力，使其学习人与被控对象打交道时获取的知识和经验，从而最终取代人的控制行为。它需要一个导师，以提供神经网络训练用的从人的感觉到人的决策行为的映射,导师可以是人,也可以是常规控制器。在此结构中,神经网络的行为有明显的学习期和控制期之分,在学习期,网络接受训练以逼近系统的逆动力学;而在控制期,神经网络根据期望输出和参考输入回忆起正确的控制输入。这类方案如图5-10所示。

在图5-10a方案中,神经网络学习的是人工控制器的正向模型,并输出与人工控制器相似的控制作用。该方案的缺点是神经网络控制器NNC由于缺乏反馈,使构成的控制系统的稳定性和鲁棒性得不到保证。而在图5-10b方案中,神经网络实质上是一个前馈控制器,它与常规反馈控制器同时起作用,并根据反馈控制器的输出进行学习,目的是使反馈控制器的输出趋于零,从而逐步在控制中占据主导地位,最终取消反馈控制器的作用。而当系统出现干扰时,反馈控制器又重新起作用。这种监督控制方案由于在前期学习中,利用了常规控制器的控制思想,而在控制期,又能通过训练不断地学习新的系统信息,不仅具有较强的稳定性和鲁棒性,而且能有效提高系统的精度和自适应能力,应用效果较好。

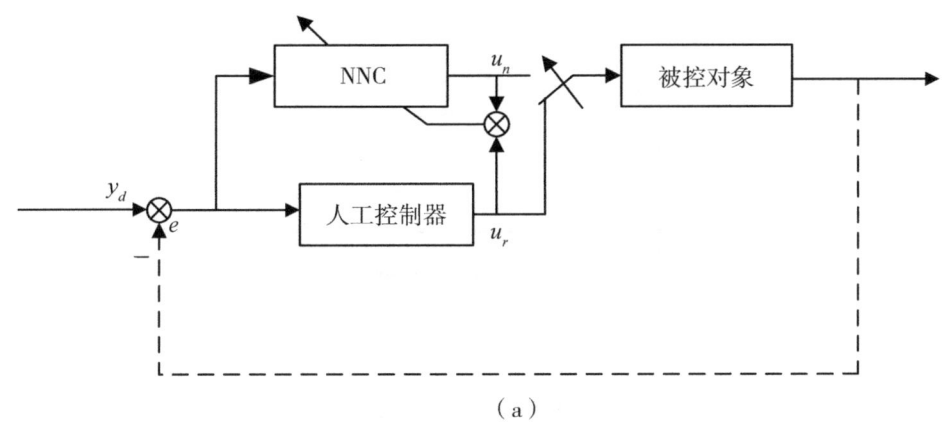

(a)

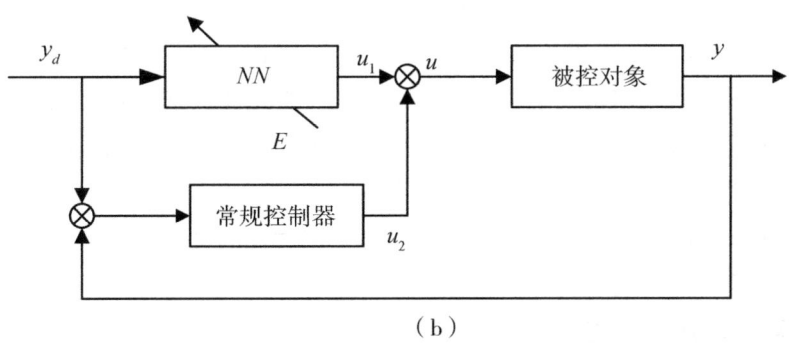

(b)

图 5-10 神经网络监督控制图

2. 神经网络直接逆动态控制

神经网络直接逆动态控制是将系统的逆动态模型直接串联在被控对象之前，使复合系统在期望输出和被控系统实际输出之间构成一个恒等映射关系。这时网络直接作为控制器工作，如图 5-11 所示。这种控制方案在机器人控制中得到了广泛的应用。

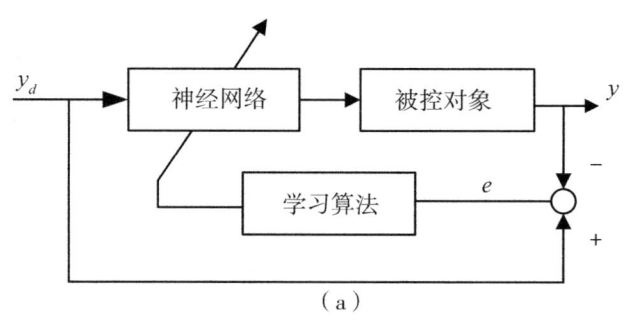

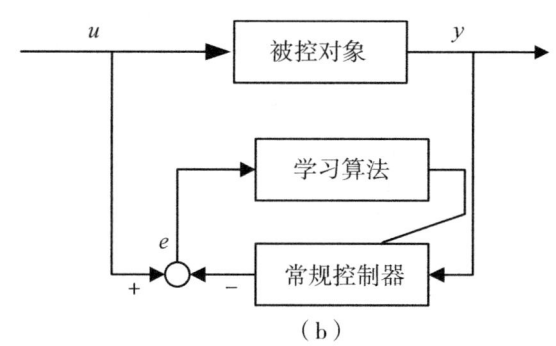

图 5-11 神经网络直接逆动态控制

直接控制方法中神经网络控制器 NNC 也相当于逆辨识器，如图 5-11a 所示。图 5-11b 也就是人们通常说的神经网络直接控制器的典型结构。对于周期不变的非线性系统，可以采用静态逆辨识的方式。假设系统的逆存在且可辨识，可先用大量的数据离线训练逆模型，训练好以后再嵌入控制，用静态神经网络进行复杂曲面加工精度的控制。离线训练逆模型问题要求网络有较好的泛化能力，即期望的被控对象的输入输出映射空间必须在训练好的神经网络输入输出映射关系的覆盖下。

但是，这种控制结构要求系统是可逆的，而被控对象的可逆性研究仍是当今一个疑难问题，这在很大程度上限制了此方法的应用。

3. 神经网络参数估计自适应控制

如图 5-12 所示，在这里利用神经网络的计算能力对控制器参数进行约束，优化求解。成功的范例是机器人轨迹控制。控制器可以是基于 Lyapunov 的自适应控制或自校正控制以及模糊控制器，神经网络对控制器中用到的系统参数进行实时辨识和优化，以便为控制器提供正确的估计值。

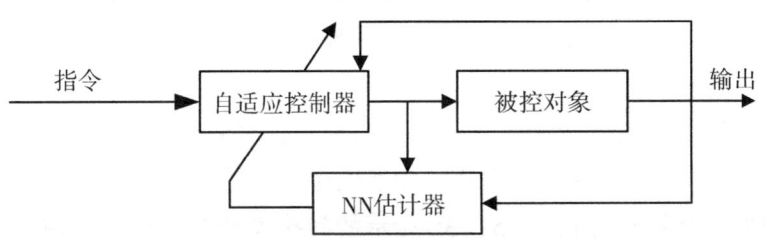

图 5-12　神经网络参数估计自适应控制

4. 神经网络模型参考自适应控制

基于神经网络的非线性系统模型参考控制方案最早是由 Narendra 等提出的，它分为直接和间接两种，如图 5-13 所示。

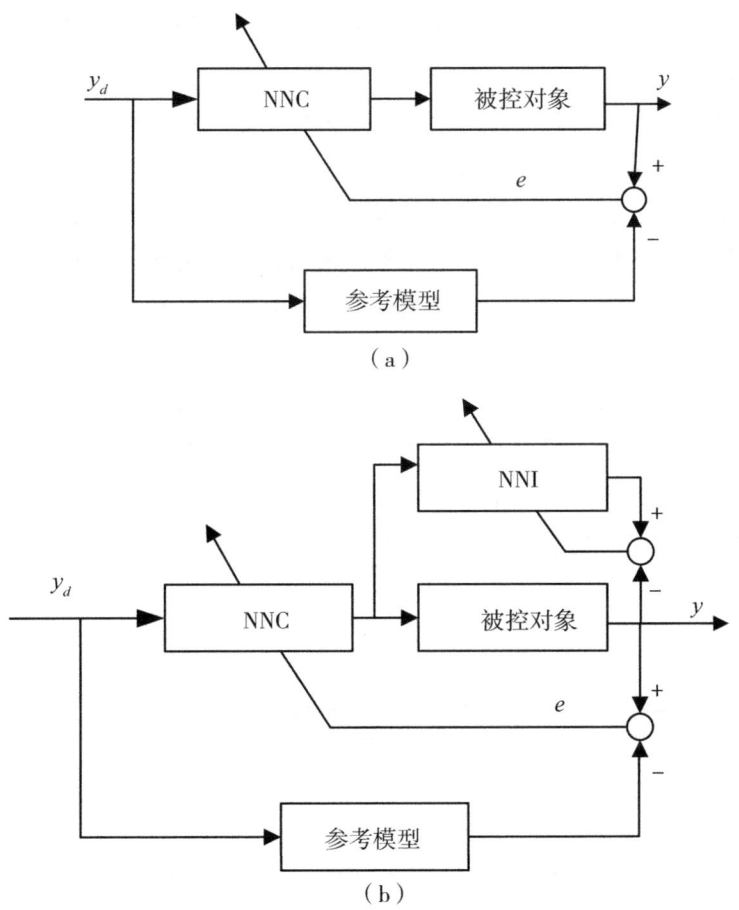

图 5-13　神经网络模型参考自适应控制

该方案将神经网络直接作为控制器，用系统输出误差来进行训练。这里，闭环系统的期望行为由一个稳定的参考模型给出，控制系统的作用是使得系统输出渐进地与参考模型的输出相匹配。这与上面介绍的直接逆动态模型的训练过程相似，当参考模型为恒等映射时，两种方法是一致的。

对于直接模型参考自适应控制，如图5-13a所示，对象必须已知时，才可进行误差的反向传播，这给NNC的训练带来了困难。为解决这一问题，可引入神经网络辨识器NNI，建立被控对象的正向模型，构成图5-13b所示的间接模型参考自适应控制。在这种结构中，系统误差可通过NNI反向传播至NNC。当用自适应控制器代替NNC时，这种方法与神经网络参数估计自适应控制类似。

5. 神经网络内模控制

内模控制是近年来人们熟知的一种过程控制方法，它主要利用被控对象的模型和模型的逆构成控制系统。内模控制的主要特点有：

一是假设被控对象和控制器是输入输出稳定的，且模型是对象的完备表示，则闭环系统是输入输出稳定的。

二是假设描述对象模型的算子的逆存在，且用这个逆作控制器，构成的闭环系统是输入输出稳定的，则控制是完备的，即总有 $y(k)=y_d(k)$。

三是假设稳定状态模型算子的逆存在，稳定状态控制器的算子与之相等，且用此控制器时闭环系统是输入输出稳定的，那么对于常值输入，控制是渐进无偏差的。

内模控制为非线性反馈控制器的设计提供了一种直接法，具有较强的鲁棒性。用神经网络建立被控对象的正向模型和控制器，即构成了神经网络内模控制，如图5-14所示。通常，在神经网络内模控制结构中，系统的正向模型与被控对象并联，两者之差用作反馈信号，该反馈信号通过前馈通道的滤波器和控制器处理后，对被控对象实施控制。引入滤波器的目的是获得更好的鲁棒性和跟踪响应效果。这种控制结构，对于线性系统，要求对象为开环稳定的；对于非线性系统，是否还有其他条件，目前尚在进一步探索研究之中。

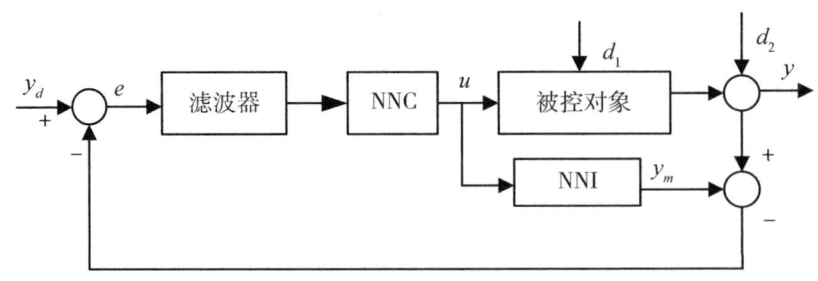

图5-14 神经网络内模控制

6. 神经网络预测控制

预测控制又称为基于模型的控制，是 20 世纪 70 年代后期发展起来的一类新型计算机控制算法。这种算法的本质特征是预测模型、滚动优化和反馈校正。可以证明，这种方法对非线性系统有期望的稳定性。利用神经网络建立系统的预测模型，即可构成神经网络预测控制，如图 5-15 所示。

在神经网络预测控制方案中，首先由神经网络预测器建立被控对象的预测模型，并可在线修正；其次利用预测模型，根据系统当前的输入、输出信息，预测未来的输出值；最后利用神经网络预测器给出的未来一段时间内的输出值和期望输出值，对定义的二次型性能指标进行滚动优化，产生系统未来的控制序列，并以第一个控制量对系统进行下一步的控制。

在上述方法中，除第 3 种以外其余方法的共同特点是其内部都包含有由神经网络建立的系统模型——正向模型或逆向模型，所以可称其为基于神经网络模型的控制。这里要特别指出，神经网络作为一门技术，在实际应用中往往不是以单一的角色独立承担控制任务的。对于复杂的非线性控制对象，常常是自觉或不自觉地与各种控制技术，如变结构控制、模糊控制、专家系统等相结合，构成基于神经网络的智能复合控制结构。对于实际工业过程，这类控制结构往往更具实用价值。

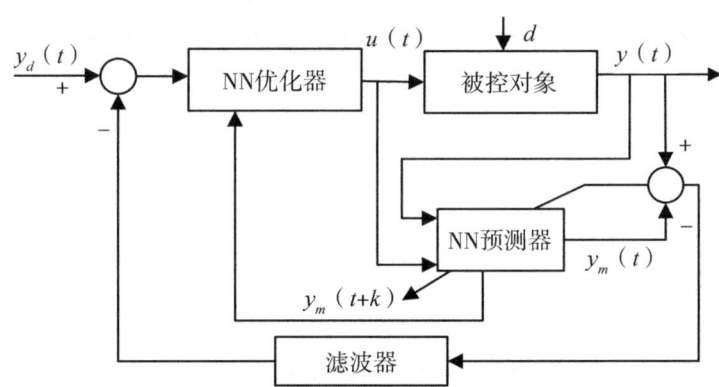

图 5-15 神经网络预测控制

三、神经网络控制特点

一是本质非线性系统，能够充分逼近任意复杂的非线性系统。
二是具有高度的自适应和自组织性，能够学习和适应严重不确定性系统的动态特征。
三是系统信息等势分布存贮在网络的各神经元及其连接权中，故有很强的鲁棒性和容错能力。

四是信息的并行处理方式使得快速进行大量运算成为可能。

第四节 可编程逻辑控制

在食用菌工厂化生产中的一些环节，比如装袋过程，需要顺序、定时、计数等多方式的控制，通过编辑进行逻辑控制，就使用到可编程逻辑控制器。可编程逻辑控制器是种专门为在工业环境下应用而设计的数字运算操作电子系统。它采用一种可编程的存储器，在其内部存储执行逻辑运算、顺序控制、定时、计数和算术运算等操作的指令，通过数字式或模拟式的输入输出来控制各种类型的机械设备或生产过程。

一、简介

可编程逻辑控制器（Programmable Logic Controller，PLC），一种具有微处理器的用于自动化控制的数字运算控制器，可以将控制指令随时载入内存进行储存与执行。可编程控制器由CPU、指令及数据内存、输入/输出接口、电源、数字模拟转换等功能单元组成。早期的可编程逻辑控制器只有逻辑控制的功能，所以被命名为可编程逻辑控制器，后来随着不断地发展，这些当初功能简单的计算机模块已经有了包括逻辑控制、时序控制、模拟控制、多机通信等各类功能，名称也改为可编程控制器（Programmable Controller），但是由于它的简写PC与个人电脑（Personal Computer）的简写相冲突，加上习惯的原因，人们还是经常使用可编程逻辑控制器这一称呼，并仍使用PLC这一缩写。

二、基本组成

可编程逻辑控制器实质是一种专用于工业控制的计算机，其硬件结构基本上与微型计算机相同，基本组成如图5-16所示。

1. 电源

电源用于将交流电转换成PLC内部所需的直流电，大部分PLC采用开关式稳压电源供电。

2. 中央处理单元

中央处理器（CPU）是PLC的控制中枢，也是PLC的核心部件，其性能决定了PLC的性能。PLC在CPU的控制下连续不断地采集输入信号、协调各区域工作，从而实现对现场各设备的控制。

中央处理器由控制器、运算器和寄存器组成，这些电路都集中在一块芯片上，通过地

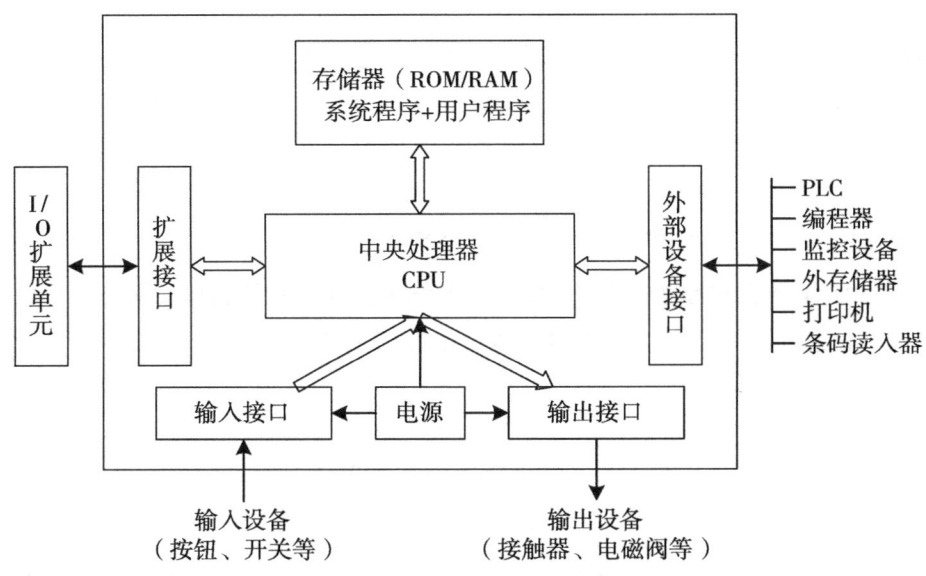

图 5-16　PLC 的基本组成部件

址总线、控制总线与存储器的输入/输出接口电路相连。中央处理器的作用是处理和运行用户程序，进行逻辑和数学运算，控制整个系统使之协调。

（1）工作原理。PLC 的 CPU 是一种专用的微处理器，它负责执行存储在 PLC 内存中的程序，对输入/输出（I/O）信号进行处理和运算，并控制外部设备的动作。PLC CPU 的工作原理主要包括以下几个步骤：

读取输入信号：CPU 通过输入接口电路读取外部设备的状态信息，如开关、传感器等的状态。

执行程序：CPU 按照存储在内存中的用户程序进行逻辑运算、顺序控制、定时、计数和算术操作等。

输出控制信号：根据程序的运行结果，CPU 通过输出接口电路向外部设备发出控制信号，如启动、停止、调节等。

（2）主要工作模式。PLC 的 CPU 有三种主要的工作模式：调试模式、已锁定模式和可操作模式。每种模式都有其特定的应用场景和功能特点。

①调试模式。调试模式是新建工程默认进入的工作模式。在此模式下，用户可以添加断点、给变量强制值，以及启动或停止 PLC 程序的运行等。这对于程序的调试和故障排查非常有帮助。在调试模式下，用户可以随时切换到已锁定或可操作模式。

②已锁定模式。当从调试模式切换到已锁定模式时，调试模式下的相关属性（如断点、强制值和 PLC 程序的运行状态等）会带入已锁定状态。在已锁定状态下，用户不能添加新的断点、强制值等新属性，也不能更改 PLC 程序的运行状态。这种模式适用于需要保护程序不被误修改或非法访问的场合。已锁定状态只能切换回调试状态，不能直接切换

到可操作状态。

③可操作模式。在调试模式下，当没有断点、强制值等调试属性时，可以切换到可操作模式。在可操作模式下，用户无法添加断点和强制值，也无法更改PLC的运行状态。这种模式适用于程序已经调试完成并准备投入实际运行的场合。可操作模式只能切换回调试模式，不能切换回已锁定模式。

3. 存储器

存储器是具有记忆功能的半导体电路，它的作用是存放系统程序、用户程序、逻辑变量和其他一些信息。PLC的使用的存储器结构如图5-17所示。

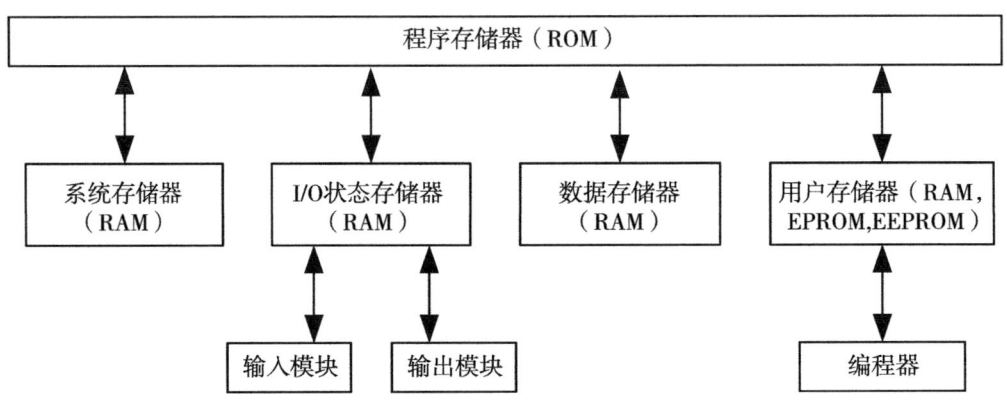

图5-17　PLC使用的存储器结构

（1）程序存储器。系统程序是控制PLC实现各种功能的程序，由PLC生产厂家编写，并固化到只读存储器（ROM）中，用户不能访问。存储器中的程序负责解释和编译用户编写的程序、监控I/O口的状态、对PLC进行自诊断、扫描PLC中的程序等。

（2）系统存储器。系统存储器为随机存储器（RAM），主要用于存储中间计算结果和数据、系统管理等，也有的厂家用系统存储器存储一些系统信息，如错误代码等，系统存储器不对用户开放。

（3）I/O状态存储器。I/O状态存储器是随机存储器，用于存储I/O装置的状态信息。

（4）数据存储器。数据存储器为随机存储器，主要用于数据处理功能，为计数器、定时器、算数计算和过程参数提供数据存储。

（5）用户存储器。用户存储器可以使随机存储器、可擦除存储器EPROM和电可擦除存储器EEPROM，高档的PLC还可以用FLASH。用户编程存储器主要用于存放用户编写的程序。

只读存储器可以用来存放系统程序，当PLC断电后再上电，系统内容不变且重新执行。只读存储器也可以用来固化用户程序和一些重要参数，以免造成程序和数据的破坏或丢失。

随机存储器一般存放用户程序和系统参数,用户程序执行过程产生的中间结果也在 RAM 中暂时存放。断电内容丢失,需要后备电池供电。

4. 输入单元

输入单元是 PLC 与被控设备相连的输入接口,是信号进入 PLC 的桥梁,它的作用是接收主令元件、检测元件传来的信号。

PLC 的输入通常分为数字量输入和模拟量输入两种类型,数字量输入是指只有两个状态的信号,例如开关信号、按钮信号等,数字量输入信号可以直接连接到数字量输入模块,由 PLC 进行采集和处理。数字量输入信号的处理简单,适用于对外部设备进行二进制控制的场合。模拟量输入是指信号大小可以连续变化的信号,例如温度信号、压力信号等,模拟量输入信号需要经过模拟量输入模块进行 A/D 转换,将模拟量信号转换为数字量信号,再由 PLC 进行采集和处理。模拟量输入信号的处理比较复杂,适用于对外部设备进行精密控制和调节的场合。

PLC 输入通常通过输入模块进行采集,输入模块将外部设备信号转换为 PLC 内部的数字量或模拟量信号,再通过 PLC 的 CPU 进行逻辑处理和控制输出模块控制外部设备。PLC 输入信号的质量和稳定性对 PLC 的控制精度和可靠性有着重要的影响。

5. 输出单元

输出单元也是 PLC 与被控设备之间的连接部件,它的作用是把 PLC 的输出信号传送给被控设备,即将中央处理器送出的弱电信号转换成电平信号,驱动被控设备的执行元件。输出的类型有开关型输出、模拟量输出、伺服控制输出、脉冲计数输出能通信输出。

(1)开关型输出(Digital Output)。开关型输出通常用于控制离散的 ON/OFF 设备或继电器。通过开关型输出接口,PLC 可以向其他设备发送开关信号,从而控制其操作状态。例如,驱动电机、启动停止某些设备等。

(2)模拟量输出(Analog Output)。模拟量输出通常用于控制连续变化的模拟信号,如控制阀门、变频器等。通过模拟量输出接口,PLC 可以生成模拟电压或电流信号,并将其传递给外部执行器或设备,以实现精确的控制。

(3)伺服控制输出(Servo Control Output)。伺服控制输出通常用于控制伺服电机或步进电机等位置或速度控制设备。通过伺服控制输出接口,PLC 可以发送控制信号和反馈信息,使伺服系统能够根据预定的位置或速度要求进行运动。

(4)脉冲计数输出(Pulse Counting Output)。脉冲计数输出通常用于控制与运动相关的设备,例如传送带、步进电机等。通过脉冲计数输出接口,PLC 可以生成脉冲信号,并以一定的频率和脉冲数发送到外部设备,达到控制运动的目的。

(5)通信输出(Communication Output)。通信输出通常用于与其他设备或系统进行数据交换和通信。通过串口、以太网等通信接口,PLC 可以发送数据、命令或状态信息到其他设备或上位机，实施远程控制、数据传输等功能。

三、工作原理

当可编程逻辑控制器投入运行后，其工作过程一般分为三个阶段，即输入采样、用户程序执行和输出刷新三个阶段。完成上述三个阶段称作一个扫描周期。在整个运行期间，可编程逻辑控制器的 CPU 以一定的扫描速度重复执行上述三个阶段。

1. 输入采样

在输入采样阶段，可编程逻辑控制器以扫描方式依次地读入所有输入状态和数据，并将它们存入 I/O 映像区中的相应的单元内。输入采样结束后，转入用户程序执行和输出刷新阶段。在这两个阶段中，即使输入状态和数据发生变化，I/O 映像区中的相应单元的状态和数据也不会改变。因此，如果输入是脉冲信号，则该脉冲信号的宽度必须大于一个扫描周期，才能保证在任何情况下，该输入均能被读入。

2. 用户程序执行

在用户程序执行阶段，可编程逻辑控制器总是按由上而下的顺序依次地扫描用户程序（梯形图）。在扫描每一条梯形图时，又总是先扫描梯形图左边的由各触点构成的控制线路，并按先左后右、先上后下的顺序对由触点构成的控制线路进行逻辑运算，然后根据逻辑运算的结果，刷新该逻辑线圈在系统 RAM 存储区中对应位的状态；或者刷新该输出线圈在 I/O 映像区中对应位的状态；或者确定是否要执行该梯形图所规定的特殊功能指令。即在用户程序执行过程中，只有输入点在 I/O 映像区内的状态和数据不会发生变化，而其他输出点和软设备在 I/O 映像区或系统 RAM 存储区内的状态和数据都有可能发生变化，而且排在上面的梯形图，其程序执行结果会对排在下面的凡是用到这些线圈或数据的梯形图起作用；相反，排在下面的梯形图，其被刷新的逻辑线圈的状态或数据只能到下一个扫描周期才能对排在其上面的程序起作用。

在程序执行的过程中如果使用立即 I/O 指令则可以直接存取 I/O 点。即使用 I/O 指令的话，输入过程映像寄存器的值不会被更新，程序直接从 I/O 模块取值，输出过程映像寄存器会被立即更新，这跟立即输入有些区别。

3. 输出刷新

当扫描用户程序结束后，可编程逻辑控制器就进入输出刷新阶段。在此期间，CPU 按照 I/O 映像区内对应的状态和数据刷新所有的输出锁存电路，再经输出电路驱动相应的外设。这时，才是可编程逻辑控制器的真正输出。

四、功能

包括运算功能、控制功能、通信功能、编程功能、诊断功能和处理速度等功能。

1. 运算功能

简单可编程逻辑控制器的运算功能包括逻辑运算、计时和计数功能；普通可编程逻辑控制器的运算功能还包括数据移位、比较等运算功能；较复杂运算功能有代数运算、数据传送等；大型可编程逻辑控制器中还有模拟量的 PID 运算和其他高级运算功能。随着开放系统的出现，在可编程逻辑控制器中都已具有通信功能，有些产品具有与下位机的通信，有些产品具有与同位机或上位机的通信，有些产品还具有与工厂或企业网进行数据通信的功能。设计选型时应从实际应用的要求出发，合理选用所需的运算功能。大多数应用场合，只需要逻辑运算和计时计数功能，有些应用需要数据传送和比较，当用于模拟量检测和控制时，才使用代数运算，数值转换和 PID 运算等。要显示数据时需要译码和编码等运算。

2. 控制功能

控制功能包括 PID 控制运算、前馈补偿控制运算、比值控制运算等，应根据控制要求确定。可编程逻辑控制器主要用于顺序逻辑控制，因此，大多数场合常采用单回路或多回路控制器解决模拟量的控制，有时也采用专用的智能输入输出单元完成所需的控制功能，提高可编程逻辑控制器的处理速度和节省存储器容量。例如采用 PID 控制单元、高速计数器、带速度补偿的模拟单元、ASC 码转换单元等。

3. 通信功能

大中型可编程逻辑控制器系统应支持多种现场总线和标准通信协议（如 TCP/IP），需要时应能与工厂管理网（TCP/IP）相连接。通信协议应符合 ISO/IEEE 通信标准，应是开放的通信网络。

可编程逻辑控制器系统的通信接口应包括串行和并行通信接口、RIO 通信口、常用 DCS 接口等；大中型可编程逻辑控制器通信总线（含接口设备和电缆）应 1∶1 冗余配置，通信总线应符合国际标准，通信距离应满足装置实际要求。

可编程逻辑控制器系统的通信网络中，上级的网络通信速率应大于 1Mbps，通信负荷不大于 60%。可编程逻辑控制器系统的通信网络主要形式有下列几种形式：

一是 PC 为主站，多台同型号可编程逻辑控制器为从站，组成简易可编程逻辑控制器网络。

二是 1 台可编程逻辑控制器为主站，其他同型号可编程逻辑控制器为从站，构成主从式可编程逻辑控制器网络。

三是可编程逻辑控制器网络通过特定网络接口连接到大型 DCS 中作为 DCS 的子网。

四是专用可编程逻辑控制器网络（各厂商的专用可编程逻辑控制器通信网络）。

为减轻 CPU 通信任务，根据网络组成的实际需要，应选择具有不同通信功能的（如点对点、现场总线）通信处理器。

4. 编程功能

离线编程方式：可编程逻辑控制器和编程器共用一个 CPU，编程器在编程模式时，CPU 只为编程器提供服务，不对现场设备进行控制。完成编程后，编程器切换到运行模式，CPU 对现场设备进行控制，不能进行编程。离线编程方式可降低系统成本，但使用和调试不方便。在线编程方式：CPU 和编程器有各自的 CPU，主机 CPU 负责现场控制，并在一个扫描周期内与编程器进行数据交换，编程器把在线编制的程序或数据发送到主机，下一扫描周期，主机就根据新收到的程序运行。这种方式成本较高，但系统调试和操作方便，在大中型可编程逻辑控制器中常采用。

五种标准化编程语言：顺序功能图（SFC）、梯形图（LD）、功能模块图（FBD）三种图形化语言和语句表（IL）、结构文本（ST）两种文本语言。选用的编程语言应遵守其标准（IEC6113123），同时，还应支持多种语言编程形式，如 C、Basic 等，以满足特殊控制场合的控制要求。

5. 诊断功能

可编程逻辑控制器的诊断功能包括硬件和软件的诊断。硬件诊断通过硬件的逻辑判断确定硬件的故障位置，软件诊断分内诊断和外诊断。通过软件对 PLC 内部的性能和功能进行诊断是内诊断，通过软件对可编程逻辑控制器的 CPU 与外部输入输出等部件信息交换功能进行诊断是外诊断。

可编程逻辑控制器的诊断功能的强弱，直接影响对操作和维护人员技术能力的要求，并影响平均维修时间。

6. 处理速度

可编程逻辑控制器采用扫描方式工作。从实时性要求来看，处理速度应越快越好，如果信号持续时间小于扫描时间，则可编程逻辑控制器将扫描不到该信号，造成信号数据的丢失。

处理速度与用户程序的长度、CPU 处理速度、软件质量等有关。可编程逻辑控制器节点的响应快、速度高，每条二进制指令执行时间 0.2~0.4ms，因此能适应控制要求高、相应要求快的应用需要。扫描周期（处理器扫描周期）应满足：小型可编程逻辑控制器的扫描时间不大于 0.5ms/K；大中型可编程逻辑控制器的扫描时间不大于 0.2ms/K。

7. 信号转换功能

（1）数模转换。数模转换器是将数字信号转换为模拟信号的系统，一般用低通滤波即可以实现。数字信号先进行解码，即把数字码转换成与之对应的电平，形成阶梯状信号，然后进行低通滤波。

根据信号与系统的理论，数字阶梯状信号可以看作理想冲激采样信号和矩形脉冲信号的卷积，那么由卷积定理，数字信号的频谱就是冲激采样信号的频谱与矩形脉冲频谱（即 Sa 函数）的乘积。这样，用 Sa 函数的倒数作为频谱特性补偿，由数字信号便可恢复为采样信号。由采样定理，采样信号的频谱经理想低通滤波便得到原来模拟信号的频谱。

一般实现时，不是直接依据这些原理，因为尖锐的采样信号很难获得，因此，这两次滤波（Sa 函数和理想低通）可以合并（级联），并且由于这个系统的滤波特性是物理不可实现的，所以在真实的系统中只能近似完成。

（2）模数转换。模数转换器是将模拟信号转换成数字信号的系统，是一个滤波、采样保持和编码的过程。模拟信号经带限滤波，采样保持电路，变为阶梯形状信号，然后通过编码器，使得阶梯状信号中的各个电平变为二进制码。

五、图形化语言

PLC 使用顺序功能图（SFC）、梯形图（LD）、功能模块图（FBD）三种图形化语言。

1. 顺序功能图（SFC）

顺序功能流程图（Sequential function chart，SFC）语言是为了满足顺序逻辑控制而设计的编程语言。步、转换和动作是顺序功能图的三种主要元件。步是一种逻辑块，每一步代表一个控制功能任务，用方框表示；动作是控制任务的独立部分，每一步可以进一步划分为一些动作；转换是从一个任务到另一个任务的条件；编程时将顺序流程动作的过程分成步和转换条件，根据转移条件对控制系统的功能流程顺序进行分配，一步一步地按照顺序动作。

顺序功能流程图编程语言的特点为：以功能为主线，按照功能流程的顺序分配，条理清楚，便于对用户程序阅读及维护，大大减轻编程的工作量，缩短编程和调试时间，避免梯形图或其他语言不能顺序动作的缺陷，同时也避免了用梯形图语言对顺序动作编程时，由于机械互锁造成用户程序结构复杂、难以理解的缺陷，用户程序扫描时间也大大缩短。

目前，大多数的 PLC 仅将顺序功能图作为组织编程的工具使用，需要梯形图等其他编程语言将它转换成 PLC 可执行程序，因此，通常只是将它作为 PLC 的辅助编程工具，而不是一种独立的编程语言。

采用顺序功能流程图的描述，控制系统被分为若干个子系统，从功能入手，使系统的操作具有明确的含义，便于设计人员和操作人员设计思想的沟通，便于程序的分工设计和检查调试。顺序功能流程图的主要元素是步、转换、转换条件和动作。顺序功能流程图程序设计的特点是：

（1）以功能为主线，条理清楚，便于对程序操作的理解和沟通。

（2）对大型的程序可分工设计，采用较为灵活的程序结构，可节省程序设计时间和调试时间。

（3）常用于系统的规模较大、程序关系较复杂的场合。

（4）只有在活动步的命令和操作被执行后，才对活动步后的转换进行扫描，因此，整个程序的扫描时间要大大缩短。

2. 梯形图（LD）

梯形图（Ladder Diagram，LD）是可编程逻辑控制器（Programmable Logic Controller，PLC）中最常用的一种编程语言，它模仿了继电器控制电路的外观，使得电气工程师和技术人员能够更容易理解和操作。梯形图的符号和指令代表了控制逻辑，可以用来实现复杂的工业自动化控制任务。

（1）梯形图的基本符号。

①触点（Contacts）。

常开触点（Normally Open，NO）：表示当相关条件满足时闭合，否则断开。

常闭触点（Normally Closed，NC）：表示当相关条件满足时断开，否则闭合。

②线圈（Coil）。代表输出指令，如启动电机、指示灯等，当其前边的逻辑条件满足时激活。

③定时器（Timer）。用于延时操作，可以是通电延时（TON）或断电延时（TOF）。

④计数器（Counter）。计数输入脉冲，达到预设值后可以触发输出。

⑤功能块（Function Blocks）。用于更复杂的计算和控制，如数学运算、PID控制、数据处理等。

⑥寄存器（Registers）。存储数据，如数值、状态等。

（2）指令集。

①逻辑指令。AND（与）、OR（或）、NOT（非）等，用于组合触点创建复杂的逻辑表达式。

②输入/输出指令。如读取输入（如传感器状态）和写入输出（如控制马达）。

③控制流指令。包括跳转、循环、调用子程序等，用于控制程序流程。

④数据处理指令。如数学运算、比较、移位等，用于处理数据。

⑤特殊功能指令。包括通信指令、故障诊断、安全控制等。

（3）梯形图编程规则。

梯形图由多个垂直的"梯级"组成，每个梯级代表一个逻辑表达式。

梯级从左至右读取，如果最右边的线圈条件得到满足，则输出被激活。

梯形图从上至下执行，每一行是一个独立的逻辑表达式。

3. 功能模块图（FBD）

功能区块图（Function Block Diagram，FBD）是可用于可编程逻辑控制器设计的图形语言，可以用函数的输入及输出来描述函数。函数是由许多基本模组集合而成，在图上会以一区块表示，各函数的输入及输出是由区块之间的连接线来连接。可以用类似绘制电路图的方式来进行设计。

FBD（功能块图编程语言）将各种功能块进行连接，实现所需的控制功能，它是一种图形化的高级编程语言，程序组织的本体表示为功能块之间的链接，FBD 采用过程元素（功能块）和连线代表数据的信号流，类似电子线路图，图形化符号（box）代表函数或功能块，通过图形化的 I/O 连接线段来给它分配输入输出信号的布尔变量值。

功能块有面向对象的含义，像电子电路的集成芯片一样，封装数据与逻辑，用户不考虑其内部具体流程，只用考虑接口和利用。采用 FBD 的编程类似于现代面向对象编程的结构化特点，符合代码反复使用的要求，可以广泛地使用在以 PLC 为基础的各种控制系统之中。由于 FBD 语言是一种受限制的图形化面向机器语言表示形式，这就表示一些 IL 编程语言可以由 FBD 来表示，FBD 与电器工程中的电路图表示很相似，比如 CMP＝＝I 表示两个整数的比较，& 表示两个布尔变量的预操作，>＝I 表示两个布尔变量的或操作，＝符号则代表对一个变量的赋值。

区块的输入和输出利用连接线来连接，一条连接线可以连接图中的二个逻辑节点：
(1) 输入变数及区块的输入。
(2) 区块的输出及输入变数。
(3) 一区块的输出及另一区块的输入。

连接线是有方向性的，会将资料由左侧的逻辑接点连到右侧的逻辑接点，两者需要有相同的资料型态。

一连接线可以有多个右方逻辑接点，可以用来将资讯广播给多个逻辑接点，所有的逻辑接点需要有相同的资料型态。

六、分类

PLC 可分为以下三类：

1. 整体式 PLC

整体式 PLC 是将电源 CPU、输入/输出接口等部件都集中装在一个机箱内，具有结构紧凑、体积小、价格低的特点。

2. 模块式 PLC

模块式 PLC 是将 PLC 各组成部分分别做成若干个单独的模块，如 CPU 模块、输入/输出模块、电源模块（有的含在 CPU 模块中）以及各种功能模块。

3. 叠装式 PLC

将整体式 PLC 和模块式 PLC 的特点结合起来，即构成所谓叠装式 PLC。叠装式 PLC 的 CPU、电源、输入/输出接口等也是各自独立的模块，但它们之间是靠电缆进行连接的，并且各模块可以一层层地叠装起来。这样系统不但可以灵活配置，还可以做得体积小巧。

七、控制器类型

可编程逻辑控制器按结构分为整体型和模块型两类，按应用环境分为现场安装和控制室安装两类；按 CPU 字长分为 1 位、4 位、8 位、16 位、32 位、64 位等。从应用角度出发，通常可按控制功能或输入输出点数选型。

整体型可编程逻辑控制器的 I/O 点数固定，因此用户选择的余地较小，用于小型控制系统；模块型可编程逻辑控制器提供多种 I/O 卡件或插卡，因此用户可较合理地选择和配置控制系统的 I/O 点数，功能扩展方便灵活，一般用于大中型控制系统。

八、输入输出类型

开关量主要指开入量和开出量，是指一个装置所带的辅助点，譬如变压器的温控器所带的继电器的辅助点（变压器超温后变位）、阀门凸轮开关所带的辅助点（阀门开关后变位）、接触器所带的辅助点（接触器动作后变位）、热继电器（热继电器动作后变位），这些点一般都传给 PLC 或综保装置，电源一般是由 PLC 或综保装置提供的，自己本身不带电源，所以叫无源接点，也叫 PLC 或综保装置的开入量。

1. 数字量

在时间上和数量上都是离散的物理量称为数字量。把表示数字量的信号叫数字信号。把工作在数字信号下的电子电路叫数字电路。

例如，用电子电路记录从自动生产线上输出的零件数目时，每送出一个零件便给电子电路一个信号，使之记 1，而平时没有零件送出时加给电子电路的信号是 0，所在为记数。可见，零件数目这个信号无论在时间上还是在数量上都是不连续的，因此他是一个数字信号。最小的数量单位就是 1 个。

2. 模拟量

在时间上或数值上都是连续的物理量称为模拟量。把表示模拟量的信号叫模拟信号。把工作在模拟信号下的电子电路叫模拟电路。

热电偶在工作时输出的电压信号就属于模拟信号，因为在任何情况下被测温度都不可能发生突跳，所以测得的电压信号无论在时间上还是在数量上都是连续的。而且，这个电压信号在连续变化过程中的任何一个取值都是具体的物理意义，即表示一个相应的温度。

九、功能特点

1. 可靠性高

由于 PLC 大都采用单片微型计算机，因而集成度高，再加上相应的保护电路及自诊断功能，提高了系统的可靠性。

2. 编程容易

PLC 的编程多采用继电器控制梯形图及命令语句，其数量比微型机指令要少得多，除中、高档 PLC 外，一般的小型 PLC 只有 16 条左右。由于梯形图形象而简单，因此容易掌握、使用方便，甚至不需要计算机专业知识，就可进行编程。

3. 组态灵活

由于 PLC 采用积木式结构，用户只需要简单地组合，便可灵活地改变控制系统的功能和规模，因此，可适用于任何控制系统。

4. 输入/输出功能模块齐全

PLC 的最大优点之一，是针对不同的现场信号（如直流或交流、开关量、数字量或模拟量、电压或电流等），均有相应的模板可与工业现场的器件（如按钮、开关、传感电流变送器、电机启动器或控制阀等）直接连接，并通过总线与 CPU 主板连接。

5. 安装方便

与计算机系统相比，PLC 的安装既不需要专用机房，也不需要严格的屏蔽措施。使用时只需把检测器件与执行机构和 PLC 的 I/O 接口端子正确连接，便可正常工作。

6. 运行速度快

由于 PLC 的控制是由程序控制执行的，因而不论其可靠性还是运行速度，都是继电器逻辑控制无法相比的。

第六章 食用菌工厂智慧化系统案例

从食用菌表型感知、智能化生产监控系统和子实体智能识别方面进行了实体介绍。

第一节 食用菌表型感知实例

一、食用菌主要表型

食用菌主要表型包括孢子表型、菌丝（体）表型、子实体表型和群体表型（图6-1）。

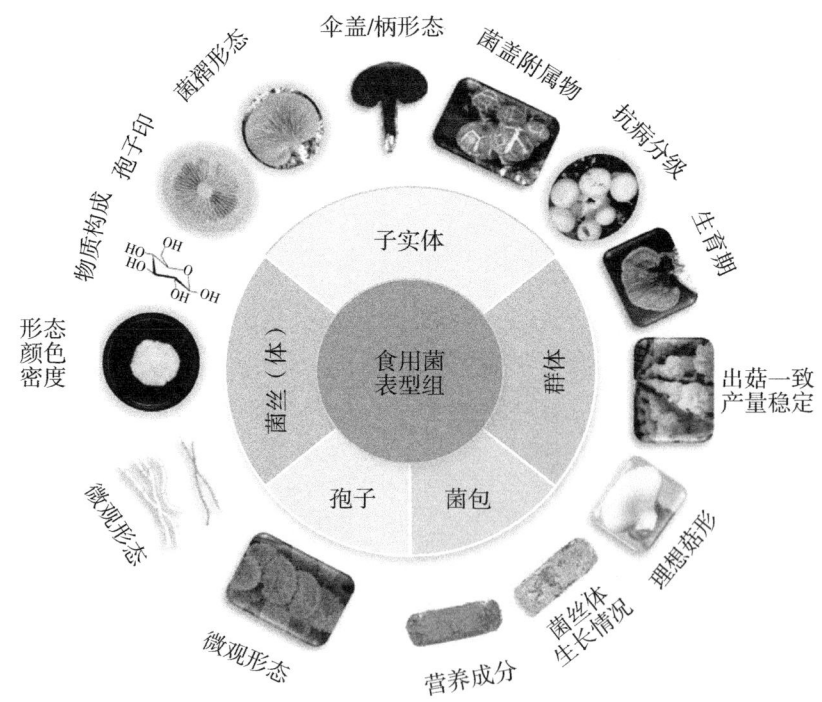

图6-1 食用菌主要表型分类

1. 孢子表型

孢子是菌物的繁殖器官，其表型特征主要包括孢子印、长度、宽度、颜色、表面纹饰等，是菌物的身份证，也是物种分类的主要指标。通过孢子印可以快速明确物种的孢子颜色、菌盖大小、菌褶的排列及疏密程度等特征。鳞伞属一些物种如小孢鳞伞、多脂鳞伞、翘鳞伞、胶状鳞伞等在孢子形态、大小、颜色和芽管等方面存在较明显的区别。因此，可以利用这些表型特征对鳞伞属不同物种进行初步鉴定。

孢子的形态结构观察需要借助高倍显微镜，并且经过专业培训的研究人员才能进行表型测量和物种分类的判断。因此，传统孢子形态研究的通量还比较低。随着显微图像研究手段的进步，研究人员已经开始利用显微图像分析技术对细胞进行描述和分类。这些技术为菌物孢子微观表型的观察记录和分析提供了新方法，在孢子形态特征描述、计数和智能识别分类等领域都具有广泛的应用价值。

2. 菌丝（体）表型

菌丝是孢子培养于合适的培养基中萌发延伸形成的管状结构组织。菌丝的微观特征也是分类学上非常重要的指标。同时，菌丝体的宏观表型特征，包括菌丝体生长速度、密度、颜色、特殊物质成分含量等，是菌种温度适应性、抗杂性和抗病性评价的主要依据。这些特征在食用菌种质资源评价和育种中都有着非常重要的应用。

菌丝（体）的微观和宏观表型也是图像处理技术的典型应用方向。人工培养细菌菌落表型与真菌菌丝（体）表型研究的场景类似。目前，细菌菌落表型设备和分析软件已经较为成熟，能自动进行菌落计数、菌落形态描述和菌种识别等功能。

3. 子实体表型

子实体是人类主要食用和药用的食用菌组织，不同类型食用菌的子实体表型定义有所不同。典型伞菌如香菇、金针菇、双孢蘑菇、草菇等子实体主要包括菌盖、菌柄、菌褶、菌幕、菌环、菌托等部分。根据菌物分类学、食用菌遗传育种和栽培等方面的基础和生产研究工作，子实体表型可分为3类：形态结构表型、品质表型和生理功能表型。子实体的形态结构表型主要包括菌盖、菌褶和菌柄的形态和结构，例如菌盖形状、颜色和附属物、菌褶密度、菌柄长度等。品质表型主要包括蛋白质、纤维、多糖、萜类、皂苷、嘌呤和可溶性固形物等物质含量，以及子实体含水量、硬度、货架期、贮藏期、褐变和表面损伤程度等。生理功能表型包括生育期、抗病性、抗虫性、耐高/低温、镉等重金属富集、光生理、湿度和二氧化碳敏感性等。

近年来，作物表型组的研究经验表明，基于图像的表型组技术可以提高食用菌子实体形态表型研究的效率。子实体的大部分形态结构表型，例如菌盖长宽、颜色和附属物、菌柄长度和菌褶间距等表型都可以利用二维 RGB 图像分析技术来实现自动化，并且可以利用 CT 透射技术获得子实体内部结构特征。

光谱技术的应用为子实体的物质含量表型提供了新的技术，Chen 等（2012）发现近红外漫反射光谱的特征吸收峰强度与灵芝多糖和三萜的含量相关系数分别达到了 97.3% 和 98.9%。然而，传统的光谱分析方法存在破坏性，大规模检测的成本高、周期长。因此，子实体物质组成的定性和定量特征还需要效率更高的检测技术来实现，其中最有应用前景的技术就是高光谱技术。目前，高光谱技术已经初步应用于双孢蘑菇和香菇的品质和生理功能表型的评价，包括子实体含水量、可溶性固形物含量、褐变、表面机械损伤和抗病性等。

4. 群体表型

群体表型指在相同或相似的生长环境下，不同个体组成的群体整体展示出来的表型特征。在同一批栽培实验中，同一菌种不同菌包，甚至是同一菌包的不同子实体之间，也有可能表现出不同的表型，因此，群体表型特征可以平均不同个体的表型差异。食用菌栽培特征决定了其群体表型与育种目标和产业需求密切相关，主要包含一致性、丰产性、适应性、抗性、周期性等。目前，食用菌群体表型基本上都是依靠肉眼观察和经验判断，尚缺乏群体表型技术和应用的报道，但是作物群体表型组研究可以为食用菌的群体表型信息获取和分析提供参考。

二、表型感知实例

图 6-2 展示了食用菌表型拍照、存档和分析的实例。图 6-2A 和图 6-2B 提供了真菌菌丝体表型感知，可以在 10s 内获得单个培养皿菌丝体大小、密度、颜色和生长速度等表型，极大地降低了菌丝体表型图像获取的难度和成本。同时，菌丝体的水分、糖类、蛋白质和次级代谢产物等成分的含量也是菌丝体的重要表型。代谢组技术的发展为菌丝体代谢物质组成和含量检测提供了技术支撑，但是代谢组技术成本偏高，且处理样本的通量还需要进一步提升。目前，基于高光谱的表型组技术为代谢物检测提供了高效的无接触、无损且准确的方案，并已经在发酵和食品化学中得到了应用。红外光谱的特征吸收峰也逐步可以作为特异标记，反映灵芝菌丝体中的多糖含量，然而相关技术在食用菌菌丝体表型研究领域的报道还相对较少。

菌包在食用菌栽培过程中为菌丝和子实体的生长发育提供水分和碳水化合物等营养物质，也是食用菌栽培废物资源化利用的关键。因此，掌握菌包内营养成分和菌丝体生长情况对于食用菌栽培和循环农业发展极为重要。食用菌菌包表型性状主要包括菌包内菌丝体生长情况和菌包内物质组成，包括水分、纤维素、蛋白质和重金属含量等。菌包内菌丝体生长情况的传统分析方法主要是依靠肉眼和经验观察，而物质成分检测主要依靠主观判断或者化学计量法。将可见光和超光谱技术应用到菌包内营养成分和菌丝体生长情况的检测，可以测定废弃菌包的水分、碳水化合物、木质素和蛋白含量，也可以将菌包内菌丝体和基质进行有效区分，从而了解菌丝体的生长情况。但是，总体来说高通量的菌包表型应

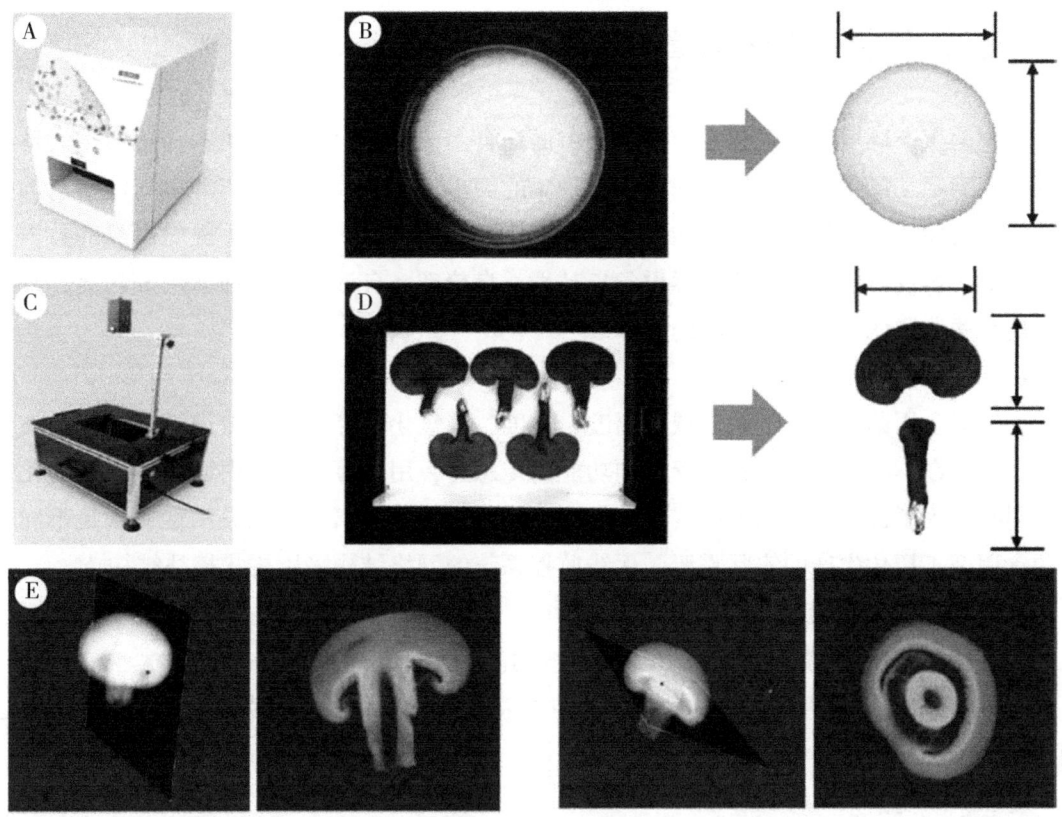

A—菌丝体扫描设备；B—菌丝体分析软件自动获取菌丝体生长速度等形态；C—子实体扫描设备；D—子实体分析软件自动获得赤芝菌柄长度等特征；E—双孢菇的CT扫描图像，可以无损获得菌盖、菌柄内部结构特征。

图6-2 食用菌表型组设备

用案例还很少。随着智慧栽培和循环农业的发展，对菌包的表型分析将会是菌物表型组非常有前景的应用方向之一。

第二节 食用菌智能化生产监控系统实例

食用菌智能化生产监控系统通过一系列关键点的智能化感应探头及时获取影响关键控制点的各项参数，通过远程传输、信号转换对影响食用菌产品安全与品质的各个因素进行实时监控，并向不同管理部门实时报警，同时，将所有异常情况和控制状况记录下来。因此，监控系统极大地提高了工厂化生产的质量管理效率，为食用菌智能化管理提供了很好的技术支撑。食用菌智能化生产监控系统主要由生产环境信息采集系统、信息可靠传输系统、生产环境信息智能控制策略和智能化监控系统平台组成。

一、食用菌生产环境信息采集系统

食用菌生产环境信息采集系统主要是由面向食用菌工厂生产的低成本传感变送设备组成，使其满足工厂化生产物联网底层数据采集的需求，实现食用菌生产环境气候信息的全面感知与智能处理，为食用菌智能化生产管理、环境监测、状态报警等提供可靠的数据与信息来源。实现环境信息智能传感设备自补偿、自校准、自诊断、即插即用等功能，并满足长期在线监测低电压、低功耗的需求。

1. 系统分析

为了对食用菌工厂内不同区域的温度、湿度、二氧化碳等环境参数进行全方位立体化监测，需要在不同的空间位置布置不同功能的传感器，用于检测工厂内环境参数的变化情况；同时，为了提高系统的可扩展性，提高系统无线传输距离，增强灵活性，满足不同规模的食用菌工厂化生产的实际需要，无线监控系统的网络结构采用树状拓扑结构。

（1）传感器测量范围。

①温度：<50℃，温度在10~26℃之间波动。

②湿度：相对湿度为0%~100%，相对湿度在60%~90%范围之内，极值会达到100%。

③CO_2浓度：0~5 000mg/kg。

（2）精度要求。温度为±0.5℃，相对湿度为±5%，CO_2浓度为±50mg/kg。

（3）响应时间。温湿度传感器的响应时间小于5s，CO_2传感器的响应时间小于30s，各个传感器对于变化响应时间在控制成本的前提下尽可能地短。

2. 系统设计与实现

在食用菌工厂化生产过程中，为了提高食用菌产量和质量，需要对空气温度、空气湿度和二氧化碳浓度等重要的环境参数进行监测，数据采集节点要同时连接温湿度传感器和二氧化碳传感器。根据系统设计要求和系统技术要求，综合考虑测量范围、精确度、灵敏度、应用条件、可靠性、耐用性等多个因素，选择性价比较高的传感器。

（1）传感器的选型与集成。

①二氧化碳传感器选择与集成。目前使用比较普遍的二氧化碳传感器主要是电化学型传感器和非色散红外传感器两类。两种传感器相比，尽管非色散红外传感器成本略高，但是相对于电化学型传感器其精确度高、灵敏度高、稳定性、抗干扰能力强、使用年限长。所以选用非色散红外传感器。

根据系统设计要求和技术要求，选用的是量程为5 000mg/kg的B-530二氧化碳传感器，B-530二氧化碳传感器模块广泛应用于家庭网络、通风系统、工业控制、农业环境监测等多个领域。B-530二氧化碳传感器采用NDIR（非色散红外线法）技术CO_2传感器模块，输出接口多样（UART、I2C 总线），易于与 Zig-Bee 模块集成。传感器外观图片模块集成。传感器外观图片如图 6-3 所示。

图 6-3　B-530 二氧化碳传感器外观图

B-530 二氧化碳传感器的信号量输出有数字量和模拟量两种方式，CC2530 芯片内自带 ADC，可以方便地进行数模转换。因此，采用读取 B-530 二氧化碳传感器输出的模拟量信号。B-530 的模拟量输出与如图 6-4 所示

输出范围	0.5~4.5V（线性输出）
输出分辨率	12bits
Minimum Rodad（R_m）	10kΩ

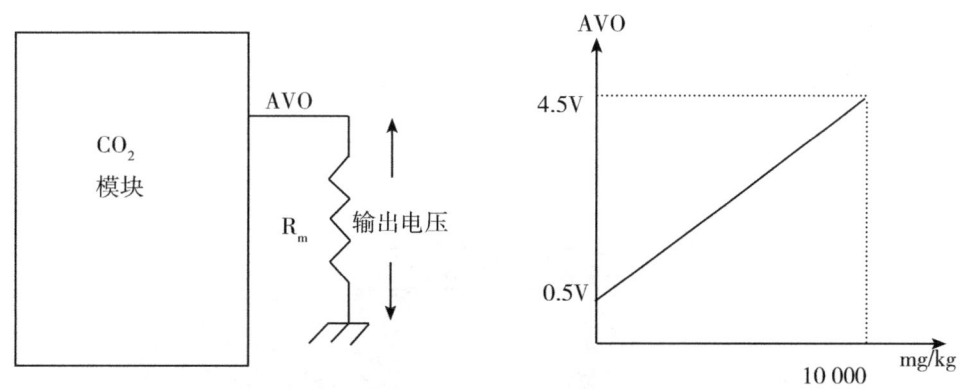

图 6-4　B-530 模拟量输出图

②空气温湿度传感器选择与集成。当前，用于检测空气温湿度的传感器有许多种类型，既有单独测空气温度的传感器，又有单独测空气湿度的传感器，还有同时测空气温度与湿度的温湿度传感器。由于食用菌生产环境低温高湿，而且温度在一定范围内上下波动。因此，需要选用一种适应性较强的传感器。

空气温湿度传感器目前主要分为电阻式、电容式两种，相对来说电容式的精准度比较好，感应速度非常快，但是在水分的侵蚀下容易氧化。而电阻式传感器在水分蒸发后不能迅速还原，甚至在结露情况下会被烧坏。由于 Sensirion 采用了独特的电极分布和镀膜技术，使感应器不仅不会氧化，还能很快吸收水分子，不会被烧坏，同时传感器在水分蒸发后可以迅速还原。因此采用 Sensirion 公司生产的 SHT10 温湿度传感器。

SHT10 温湿度传感器将传感元件和信号处理电路集成在一块微型电路板上，输出完全标定的数字信号。传感器包括一个电容性聚合体测湿敏感元件、一个用能隙材料制成的测温元件，并在同一芯片上，与 14 位的 A/D 转换器以及串行接口电路实现无缝连接。因此，该产品具有品质卓越、响应迅速、抗干扰能力强、性价比高等优点。每个传感器芯片都在极为精确的湿度腔室中进行标定，校准系数以程序形式储存在 OTP 内存中，用于内部的信号校准。两线制的串行接口与内部的电压调整，使外围系统集成变得快速而简单。微小的体积、极低的功耗，使 SHT10 成为各类应用的首选。

由表 6-1 可知，SHT10 的供电电压与基座提供的 3.3V 电压对应，测量范围广，在低温高湿环境下工作稳定；在不断变化的食用菌生产环境中，精确度已经满足要求；SHT10 分辨率可以达到十分位，使数据更加精确。SHT10 实物如图 6-5 所示。

表 6-1　SHT10 参数表

名称	温度	湿度
供电电压	3.3~5.5V，典型值：3.3V	
测量范围	−40~123.8℃	0%~100%（相对湿度）
精确度	±0.4	±3.0
分辨率	0.1	0.1
响应时间	5s	8s

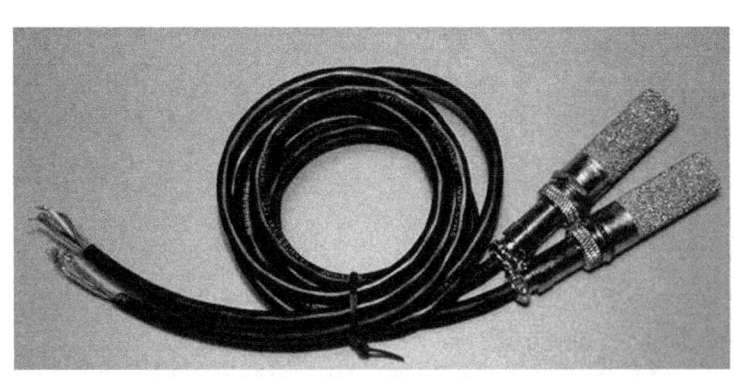

图 6-5　SHT10 实物图

③土壤温湿度传感器选择与集成。MS10 土壤温湿度传感器是一款高精度、高灵敏度

的测量土壤水分和温度的传感器。传感器通过钢针将土壤温度传导给传感器内部集成的温度感知芯片，钢针传导性能好，耐腐蚀，响应速度快；同时通过测量土壤的介电常数，能直接稳定地反映各种土壤的真实水分含量，可测量土壤水分的体积百分比，是符合目前国际标准的土壤水分测量方法。MS10土壤温湿度传感器适用于土壤墒情监测、科学试验、节水灌溉、温室大棚、花卉蔬菜、草地牧场、土壤速测、植物培养、污水处理、粮食仓储、温室控制、精细农业等，同时在水利、气象及各种颗粒物含水量的测量。

除此之外，MS10土壤温湿度传感器测量精度高，响应速度快、互换性好；密封性好，耐腐蚀，可长期埋入土壤中使用，非常适宜低温高湿的环境；采用阻燃环氧树脂固化，完全防水，可承受较强的外力冲击；钢针采用优质材料，可经受长期电解，可经受土壤中的酸碱腐蚀；测量精度高，性能可靠，受土壤含盐量影响较小，可适用于各种土质；具备电源反接保护功能。

MS10有电压模拟量输出、电流模拟量输出和RS485接口3种类型，结合实际情况，先采用电压模拟量输出类型。具体参数如表6-2所示。

表6-2 MS10参数表

信号输出类型	电压输出0~2V 输出阻抗<1kΩ
供电电压	5~24V/DC 直流
土壤水分测量区域	以中央探针为中心，直径为7cm、高为7cm的圆柱体内
响应时间（水分与温度）	小于1s
土壤水分测量量程	0%~100% 容积含水率
土壤水分测量精度	0%~53%范围内为±3%；53%~100%范围内为±5%
土壤温度测量量程	−40~80℃
土壤温度测量精度	±0.5℃
防护等级	IP68
探针材料	食品级不锈钢
密封材料	黑色阻燃环氧树脂
安装方式	全部埋入或探针全部插入被测介质

MS10实物图如图6-6所示。

（2）参考电压模块选择与集成。参考电压（Voltage reference）是指电路能始终保持恒定的一个电压，用于作为数模转换的标准，该电压应该与负载、功率、时间等无耦合关系。参考电压的稳定性直接关系到数模转换的精确度。

采用的B-530传感器输出的是0.5~4.5V的模拟量信号，而CC2530芯片中ADC的内

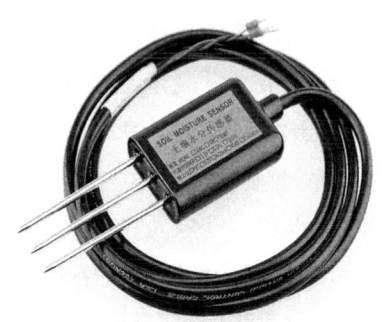

图 6-6 MS10 土壤温湿度传感器

部参考电压为 1.25V，低于 B-530 所输出的模拟量，因此，无法实现通过内部参考电压进行数模转换，故采用输入外部参考电压的方式，完成数模转换。为了提高数模转换的精确度，本节增加 LM7805 三端稳压器模块输出 5V 电压作为参考电压，该模块电路图如图 6-7 所示。

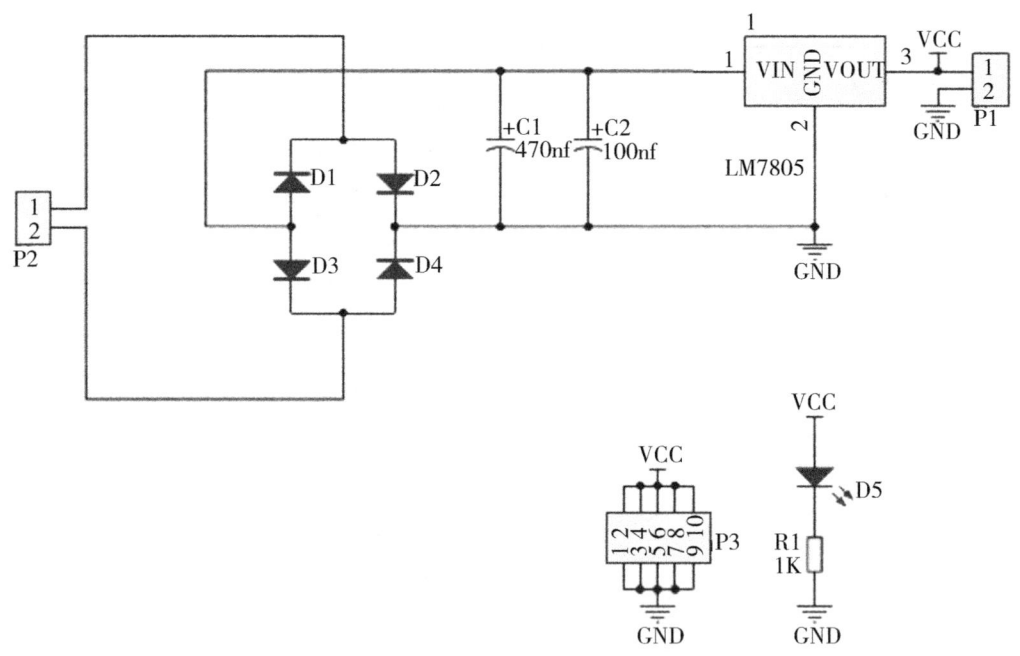

图 6-7 CC2530 电路图

CC2530 芯片 ADC 支持多达 14 位的模拟数字转换，具有多达 12 位的 ENOB（有效数字位）它包括一个模拟多路转换器，具有多达 8 个各自可配置的通道，以及一个参考电压发生器。转换结果通过 DMA 写入存储器，还具有若干运行模式，ADCL 存储数据低 8 位，ADCH 存储数据高 8 位。由于采用 5V 外部参考电压，ADCCON1 控制寄存器，单次转换，伪代码如下：

①设定 P00；P07 为模拟量输入。
②清除 EOC 标志。
③单次转换，参考电压为 P07，对 P00 采样。
④重置 A/D 转换。
⑤启动 A/D 转换。

（3）二氧化碳传感器的数据校正。二氧化碳传感器输出的是 0.5~4.5 的模拟量信号，经过数模转换后得到的测量值和理论值之间存在一定误差，如图 6-8 所示。

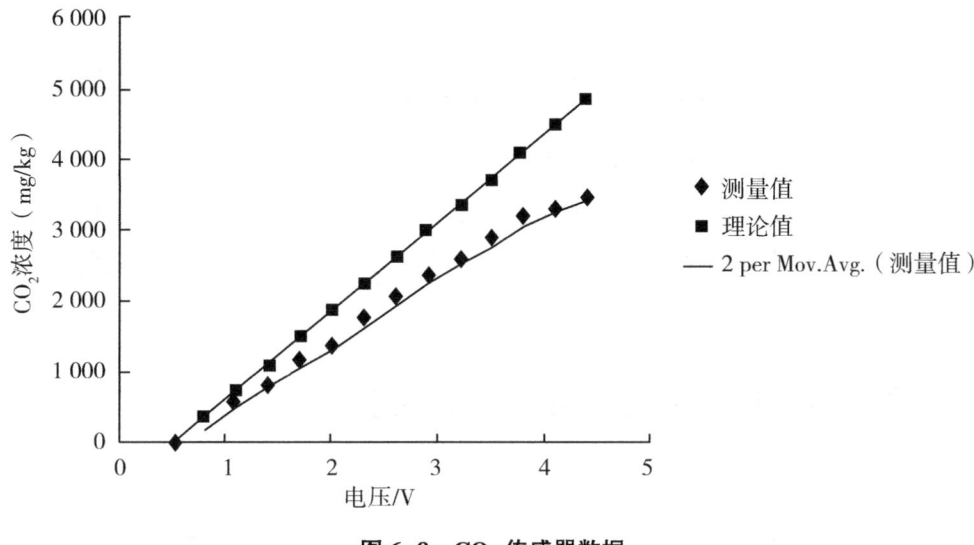

图 6-8 CO_2 传感器数据

针对上述问题，在采集节点的程序设计中，采取以下方式进行误差处理，以使测量值满足系统设计的误差要求范围。

CO_2 浓度计算公式为：

$$CO_2 = [(data/16\ 384) \times V_{参} \times 1250 - 625 + (data \gg 3) + (data \gg 5)]$$

公式中的 $data$ 为 $ADCL$ 和 $ADCH$ 中读出的转换值，$V_{参}$ 为外部参考值，$(data \gg 3) + (data \gg 5)$ 为补偿值，该补偿值是根据生产过程中实际值校正而得。

（4）采集频率远程设置的实现。系统设计要求上位机也可以通过无线方式设置数据采集节点的采集频率。因此，数据采集节点在收到协调器发送的设置采集频率的命令后需要进行 NV（Non Volatile）操作，即向 CC2530 芯片自带的非易失性存储器中写入要设置的采集频率。NV 存储器主要的操作有初始化 NV 存储器、读 NV 存储器、写 NV 存储器。其主要程序代码如下：

①初始化 NV 条目。

osal_nv_item_init（ZCD_NV_MINUTE，1，NULL）；

②向 NV 条目写入数据。

osal_nv_write（ZCD_NV_MINUTE，0，1，&minute）；

③从 NV 条目中读取数据。

osal_nv_read（ZCD_NV_MINUTE，0，1，&nv_minute）；

3. 系统测试

针对食用菌工厂化生产应用的数据采集子系统，传感器的测量范围、测量精度、响应时间对系统数据的准确性起到至关重要的作用。为了在实际应用时传感器能够稳定、准确地运行需对设备性能有较为深入的了解，为此进行系统测量范围、响应时间等方面的测试。

（1）测量范围测试。将所选择的各个环境因子传感器分别放置于通过调研获得的食用菌生产厂房实际环境中所对应的极值环境下进行测试，查看在试食用菌生产过程中的极值环境下，传感器的值是否准确，性能是否稳定。

（2）响应时间测试。通过将传感器放置于食用菌生产厂房中环境容易迅速变化的位置（如风机附近），对传感器的感受环境变化的响应时间进行记录，以测定传感器在实际应用情景下的响应时间。

二、食用菌生产环境信息可靠传输系统

结合食用菌工厂化生产现有规模及将来发展趋势，在信息传输上充分利用已有移动网络设施，集成应用无线传输、移动传输和分层次网络传输使工厂化生产现场信息传输投入低、覆盖范围广，提高工厂化生产环境信息获取的时效性和有效性，构建分层次网络体系结构，实现食用菌工厂化生产与现有农村信息资源网络间的互联和互通，提高信息网络的利用效率。

1. 系统分析

无线信息传输系统分为三个层次，分别是连接传感器或继电器进行信息采集或设备组成的终端节点；用于增加无线传输距离，增强系统无线传输稳定性的路由器节点；用来跟监控主机进行交互的网络协调器节点构成。

2. 系统设计与实现

（1）通信节点设计与实现。根据系统的设计要求和技术要求，无线节点要实现信息传输、数据采集、参数存储等功能，因此无线节点采用由作为处理器模块 CC2530 芯片、进行信号增益的 IPX 天线、用于连接电源及外设等的以 PL-2303HX 作为接口转换芯片的底板等构成的开发板进行开发。无线通信节点的组成结构如图 6-9 所示。

CC2530 是由美国德州仪器公司推出的完全支持 ZigBee2007 协议的处理器芯片。

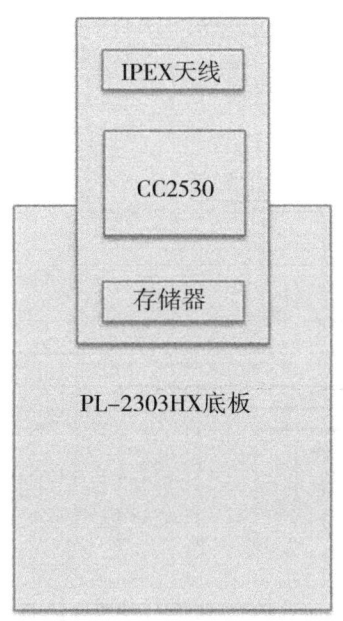

图 6-9　无线通信节点

CC2530 是一款支持 IEEE 802.15.4 低速率无线个人局域网协议并完全兼容 8051CPU 内核的无线射频处理器。德州仪器公司推出的 CC2530 芯片具有较低的系统功耗，较高的主频速度，并能够支持较多的外围设备；同时，CC2530 芯片内部具有在线可编程的非易失性存储器，可以实现无线设置数据采集节点采集频率的系统设计要求；CC2530 芯片内部的 ADC 支持 14 位的模数转换，具有多达 12 位的有效数据，可以方便地进行模数转换，可以省去外接 ADC 芯片；而且，德州仪器公司推出了相应的协议栈 Z-Stack，为开发者提供了充分的技术支持。因此，无线节点的处理器芯片选用 CC2530 芯片。CC2530 芯片扩展电路原理图如图 6-10 所示。

PL-2303HX 是连接标准 RS232 串口和 USB 串口的芯片，在 PL-2303HX 芯片通过数据缓存融合两个不同的数据流，使数据传输具有了 USB 接口批量数据类型适应最大数据传输方式和串口支持自动握手功能。使用 PL-2303HX 芯片将 RS232 串口转换成了 USB 串口，使得节点模块更加方便地与计算机通过 USB 端口相连，进行开发测试以及数据传输。PL-2303HX 芯片的结构图如图 6-11 所示。

如图 6-12 所示，数据采集节点由定时器从休眠状态过渡到工作状态，向各传感器发送采集指令，接收传感器的数据后，按照一定的格式组装成串，发送给上层通信节点，再次进入休眠模式。整个工作周期时间很短。节点休眠状态下耗电很小，有利于节约电量。

（2）无线传输网络设计与实现。ZigBee 组网是数据无线传输的前提。ZigBee 组网有本 ZigBee 网络中有三种职能的节点：协调器，负责创建一个网络；路由器，起中继作用，负

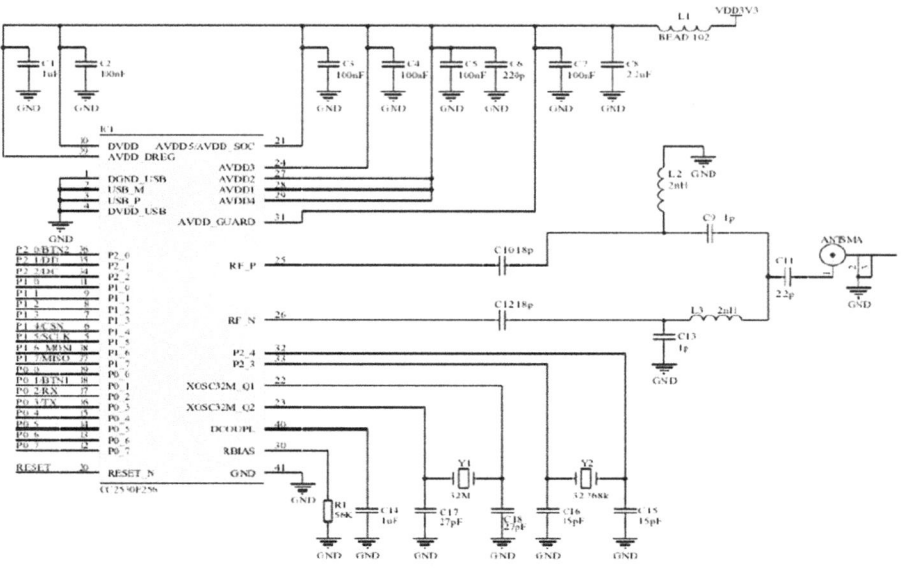

图 6-10 CC2530 芯片扩展电路原理图

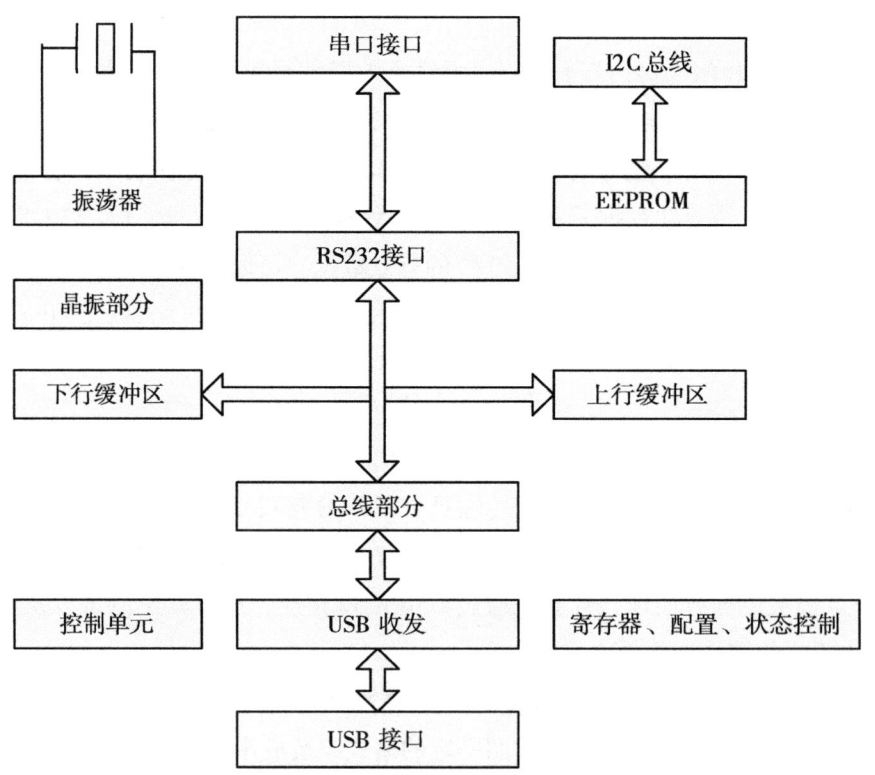

图 6-11 PL-2303HX 芯片图

责数据转发；终端，作为网络最底层，采集数据。协调器、路由器、终端工作流程如图

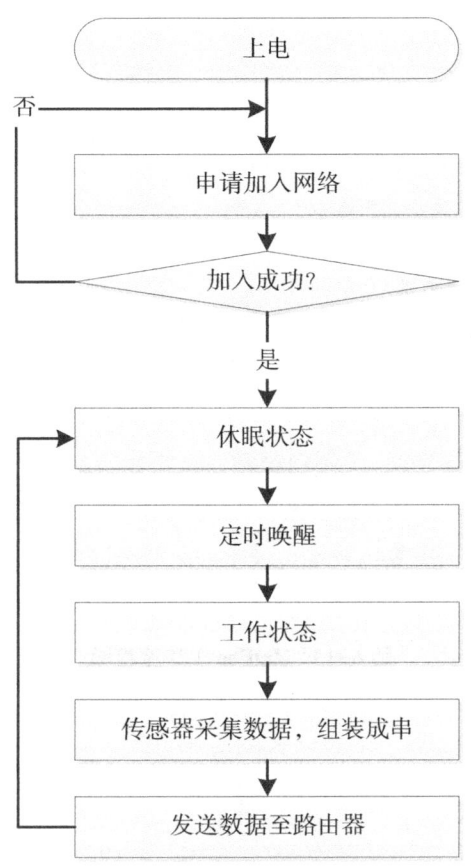

图 6-12 终端采集节点工作流程

6-13 所示。

由图 6-13 可知，由于节点承担的功能角色不同，其具体的工作流程也会有差异。协调器首先初始化 OSAL，负责建立网络，接收下层上传的数据，发送到 PC 机；路由器需要加入协调器创建的网络，若加入不成功，则一直申请加入网络，否则等待接收数据，并转发。终端同样需要加入网络。成功后，进入休眠状态，等待时钟唤醒，数据采集完毕后，再次进入休眠状态，如此循环。

PAN ID 其全称是 Personal Area Network ID，即网络的 ID（即网络标识符），是针对一个或多个应用的网络，用于区分不同的 ZigBee 网络，非常适合属性网络拓扑结构。在 ZigBee 网络中所有节点的 PAN ID 唯一，一个网络只有一个 PAN ID，它是由 PAN 协调器生成的，PAN ID 是可选配置项，用来控制 ZigBee 路由器和终端节点要加入的那个网络。路由器和终端节点在申请加入 ZigBee 网络时会首先判断 PAN ID 是否相同，只有 PAN ID 相同，才允许加入网络，否则拒绝节点加入。正因如此，才保证了数据传输的网络安全性，防止了恶意节点的加入。

数据传输流程如图 6-14 所示。

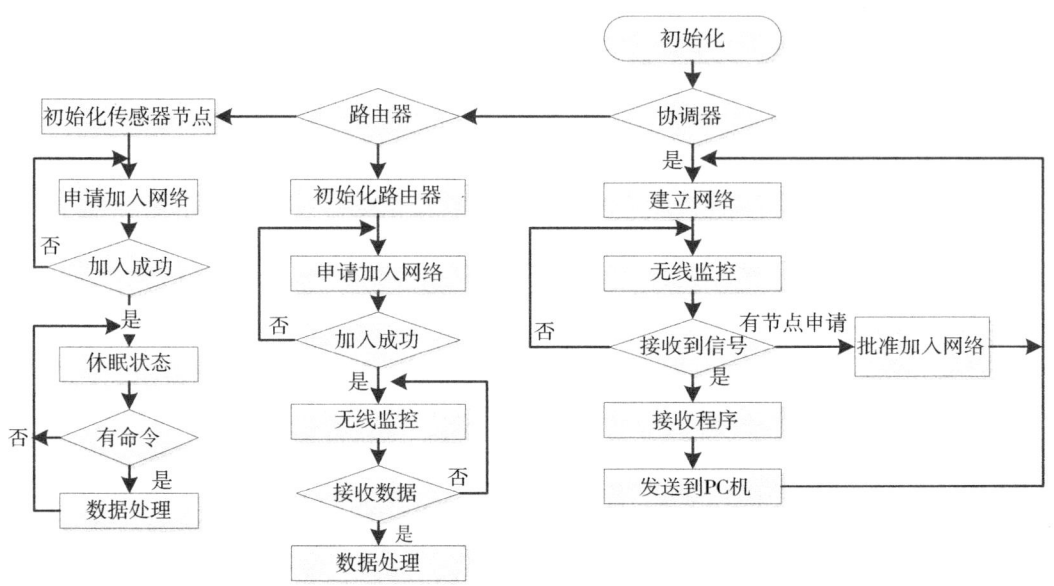

图 6-13 ZigBee 工作流程图

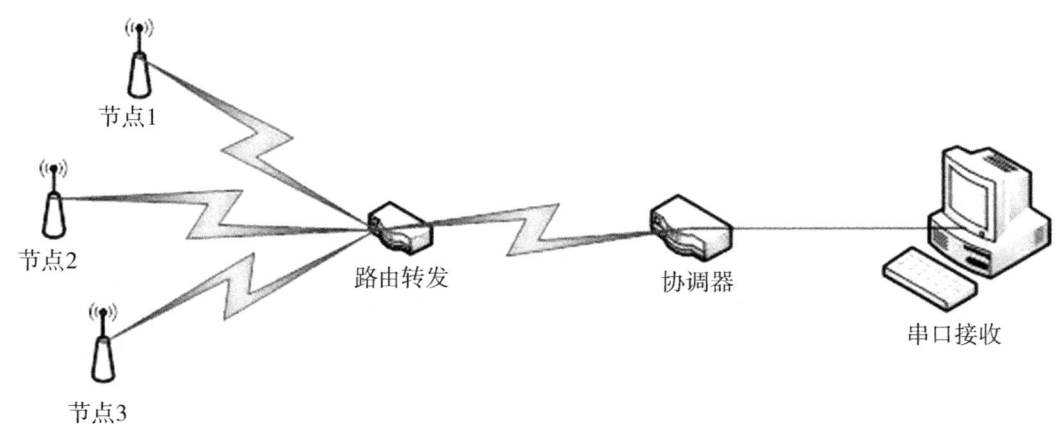

图 6-14 数据传输流程图

（3）数据传输协议设计与实现。本协议对无线模块内的参数和硬件资源标准化，从而可以采用相同的方法来访问和控制模块内部的资源；串口控制协议为用户提供了对模块的控制访问通道，用户设备可以通过串口对无线通信进行控制，完成数据的传递，参数的访问等。

帧格式如表 6-3、表 6-4 所示。

表 6-3 命令帧格式

开始	功能码	地址	数据	结束
1字节	1字节	2字节	4字节	1字节
3A（:）				23（#）

表 6-4 响应帧格式

开始	地址	数据	结束
1字节	2字节	4字节	1字节
3A（:）			23（#）

由于需要对空气温湿度、CO_2 浓度和土壤温度和湿度等环境因子进行采集，为了能够正常获取并且方便处理数据，需要我们在 ZigBee 通信协议基础上自定义适合食用菌数据接收和处理的数据传输格式。数据传输格式定义如下：

: ^Z1^001^0024^0036^eeee^#

各字段含义如表 6-5 所示。

表 6-5 字段含义表

属性	含义
:	数据开始标志位
^	数据分隔符
Z1	节点号，"Z" 空气采集节点，"S" 土壤采集节点，"C" 控制节点
001	房间号
0024	温度
0036	湿度
eeee	CO_2 浓度 16 进制表示，仅 Z 含有
#	数据结束标志

注："："是数据的开始标志；"^"数据分隔符；"Z1"代表节点；其中"Z"代表采集节点，数据采集节点按照以上数据格式将各参数组合成发送字符串，路由器转发数据，协调器接收数据写入串口，上位机读取字符串，按照"^"字符分割字符，并做下一步的处理、存储。

（4）通信节点传输过程的改进与实现。

①路由节点数据转发改进。原协议栈中的路由节点对于数据转发的设定为定时转发，无法满足通过路由节点提高组网灵活度和传输距离而又不降低数据采集实时性的要求，为

解决该问题对协议栈进行改进。使路由节点是在接收到数据后即刻将数据传递给父节点。示意图如图6-15、图6-16所示：

a. 原协议栈为定时转发。

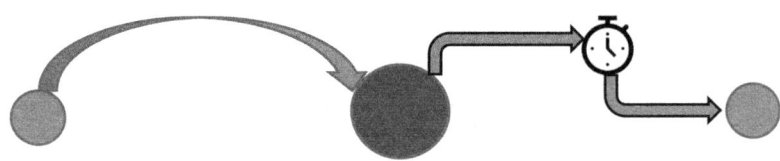

图6-15 定时转发

b. 根据系统功能要求，改为接收立即转发。

图6-16 立即转发

②协调器节点单独断电处理。ZigBee网络组网成功后，协调器节点会获得一个短地址，而路由节点和终端节点会根据协调器的短地址进行组网。如果发生协调器断电，而其他节点没有断电时，会因为协调器断电重启后短地址发生变化而导致其他节点的无法将数据通过协调器节点传递给上位机。

针对此问题，改进路由节点和终端节点的寻网策略，使路由节点会通过发送网络检测信息对组网状态进行检测。当协调器节点因其单独断电，而导致其短地址发生变化后，路由节点在检测到无法收到协调器节点的组网回应后进入寻网状态，重新寻找协调器节点进行组网。其示意图如图6-17所示。

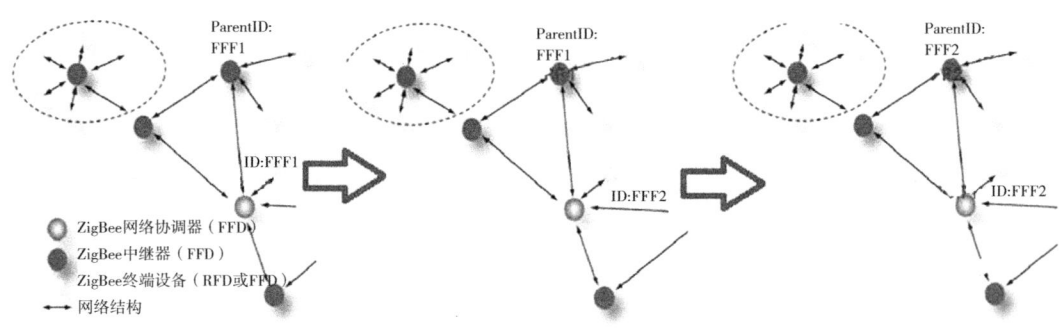

图6-17 协调器节点组网

3. 系统测试

无线通信模块的传输距离、穿透能力、绕射能力、组网规模等对实地部署至关重要。而各食用菌工厂的建筑结构、部署位置等环境有所不同,为了在部署时使设备可以稳定运行,需对设备性能有较为深入的了解,为此进行系统传输距离、功耗等方面的测试,而进行实地部署实验。

(1)无障碍传输测试。无障碍物传输测试在室外空旷无障碍物环境进行,测试时协调器节点和无线终端节点属于直线可视状态。如图 6-18 所示,首先在固定点开启协调器节点,然后开启一个路由器节点和一个终端节点(要保证终端节点通过路由节点组网与协调器节点通信),路由节点和终端节点捆绑在一起加大与协调器节点间的距离,测试结果显示路由器最远可在 150m 远处与协调器节点进行稳定的数据传输。

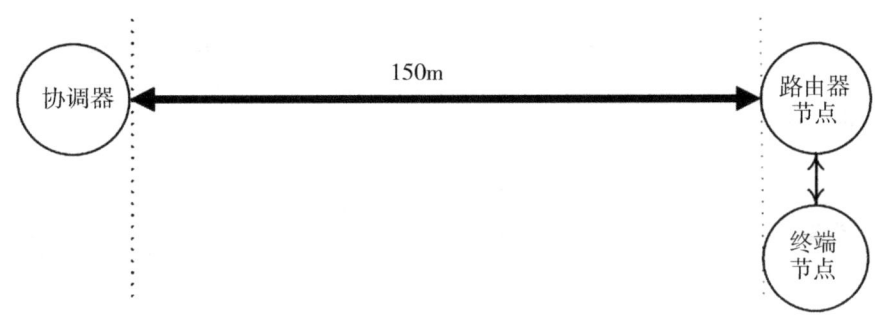

图 6-18 无障碍物传输测试

在确定完路由节点的稳定传输距离后,固定协调器和路由节点位置,加大终端节点与路由节点的距离,如图 6-19 所示。测试结果显示,终端节点可以在 150m 远处与路由节点通信。

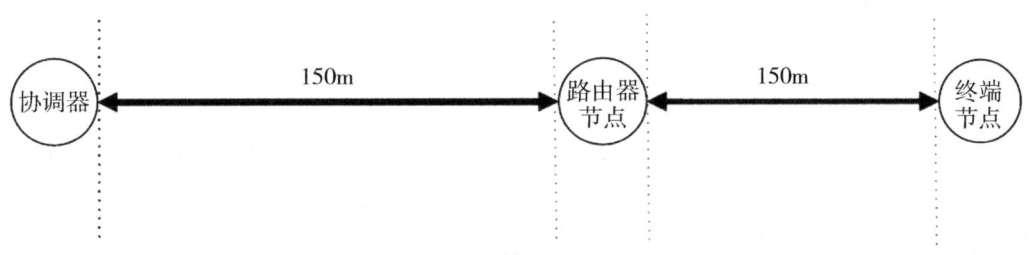

图 6-19 传输距离测试图

(2)穿透能力测试。

①墙体穿透测试。分别将终端节点 A 与协调器节点 B 置于厚的墙壁两侧,终端节点 A 不能与协调器节点 B 组网通信。测试示意图如图 6-20 所示。

②门窗穿透测试。在有门窗的房间进行测试,测试示意图如图 6-21 所示。结果表明,

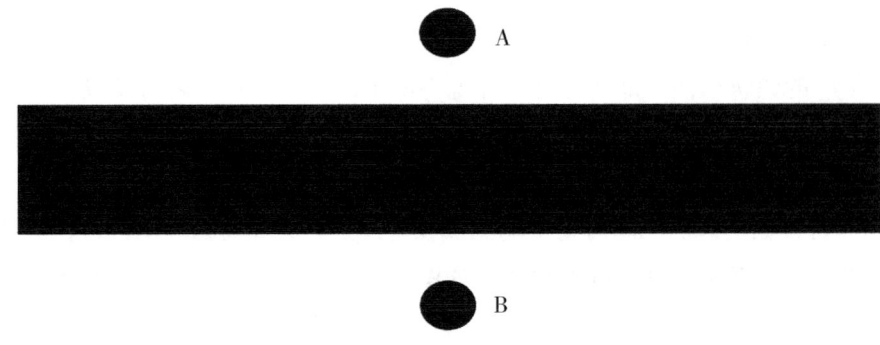

图 6-20 墙体穿透测试示意图

终端节点 A 和协调器节点 B 可以穿透两道门窗进行通信。传输距离在 30m 内通信稳定。

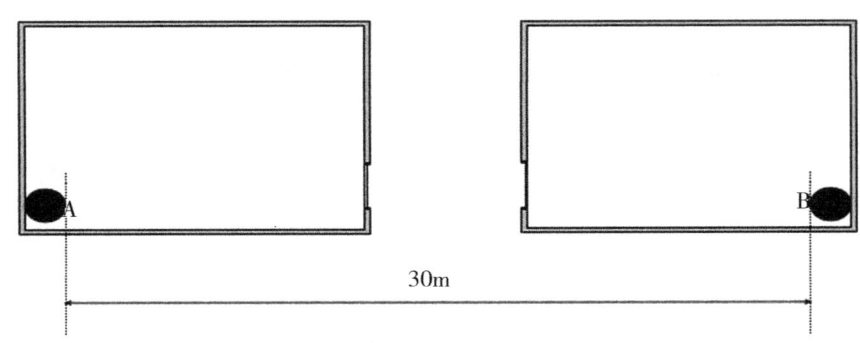

图 6-21 门窗测试示意图

（3）绕射能力测试。在实际应用环境中，很难保证各通信节点是在空旷可视环境下通信的。因此，系统较强的绕射能力是系统应对复杂环境的重要保障。为了解无线通信模块对复杂环境的应对能力对系统进行绕射能力测试。

①绕射一个障碍物测试。如图 6-22 所示，终端节点 A 可以绕过墙体障碍物 Q 与协调器节点 B 完成组网实现通信。传输距离在 50m 内通信稳定。

②绕射多个障碍物测试。如图 6-23 所示，当终端节点 A 若要与协调器节点 B 进行通信，需要绕射两次障碍物墙体 Q1 和 Q2 才能完成。测试结果表明在进行这种终端节点和协调器节点经过多次绕射的直接通信时，通信能力较弱，只能在 5m 以内较为稳定地进行通信。

终端节点和协调器节点经过多次绕射的通信能力较弱，而由单次绕射的测试可以看出，单次绕射的通信能力较强。因此，为适应复杂环境，我们在实际部署中要通过增加路由节点进行信号中继，减少绕射。示意图如图 6-23、图 6-24 所示。

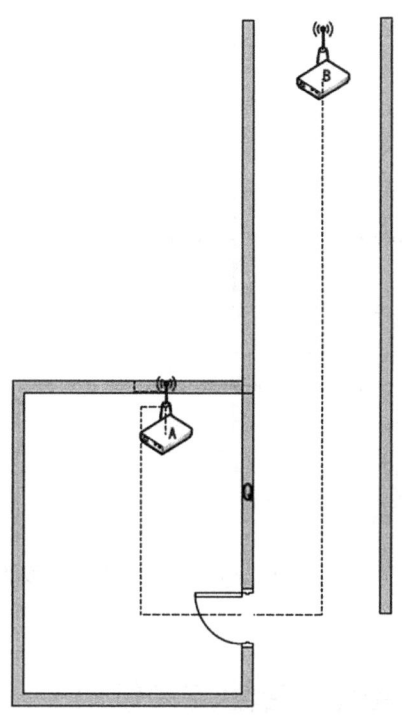

图 6-22　绕射一个障碍物测试示意图

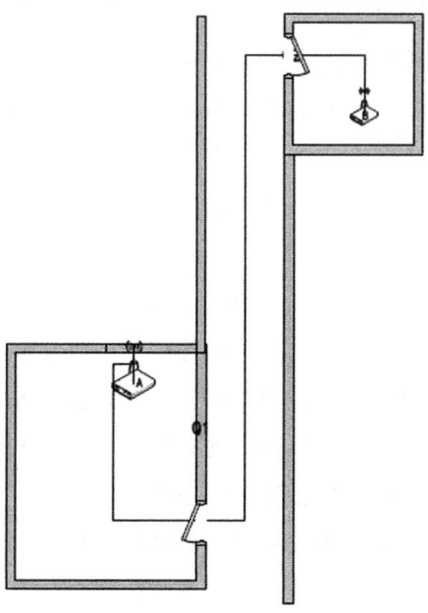

图 6-23　绕射两个障碍物测试示意图

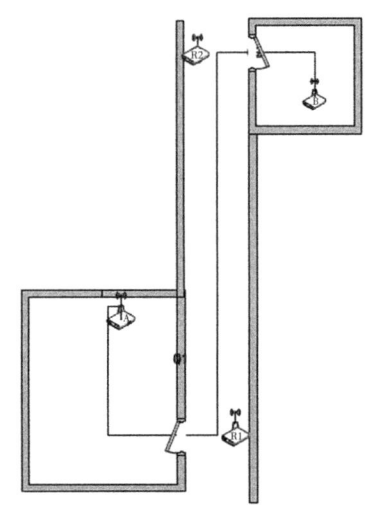

图6-24 增加中线绕射两个障碍物测试示意图

三、食用菌生产环境信息智能控制策略

食用菌的生长发育与环境条件密切相关，菌种长势的好坏、质量的高低、产量的多少，主要在于生长的环境条件对其的影响。食用菌工厂化生产过程虽然是在可控条件的建筑物中进行的，但是对环境条件的控制仍需认真对待。食用菌工厂化生产环境监控系统应根据菌种在不同生长发育阶段对环境的不同需求，随时调控参数，为菌种的生长创造良好的条件。影响菌种生长的环境条件主要包括空气温度、空气湿度、二氧化碳含量、土壤水分含量等，各个气候因子是互相作用、相辅相成共同起作用的。

1. 系统分析

（1）关键环境因子分析。食用菌工厂化生产过程中，湿度、温度、氧气、二氧化碳、光照等气候因子是互相作用、相辅相成共同起作用的，采用灵活多样的控制手段，人工操作与智能操作相结合，单一因素智能控制、组合因素智能控制与综合智能控制相结合，灵活进行食用菌生长环境调控，使生产环境内的湿度、温度、氧气、二氧化碳、光照因子的综合作用在最大程度上适合食用菌生长发育的要求。

①湿度智能控制。水是食用菌生长的最重要的环境因子之一。水作为各种生理代谢的媒介，与食用菌的生长和发育紧密相关，除了在培养配制时达到足够的含水量外，菌丝培养和出菇阶段必须保持一定的相对湿度，根据食用菌工厂化生产需水要求，控制加湿设备，使基质的含水量维持与环境水分相互扩散的动态平衡中。

②温度智能控制。温度是影响食用菌生长发育和自然分布的重要因素之一。只有具备

某种食用菌菌丝生长的温度，又在一定时期具有食用菌子实体形成所需温度的地方，才能使该食用菌在此地生存下来。在人工栽培中，温度直接影响各个生长阶段的进程，决定生产周期的长短，也是食用菌产品质量和产量决定性因素之一。

不同种类的食用菌或同一种食用菌的不同品系及不同的生长发育阶段，对温度的要求不尽相同，不同食用菌品种有各自适宜的培养温度和出菇温度，为此设计食用菌工厂化生产温度智能控制系统，根据实时采集的环境温度参数，及时报警，控制制冷或加热和通风设备，创造一个最适宜的环境温度条件，满足培养和出菇需要。

③氧气和二氧化碳控制。食用菌为好氧性异养生物。通过释放胞内或胞外酶对有机物进行生物氧化获得代谢所需要的能量和物质。呼吸作用是食用菌维持正常生命活动不可缺少的生理过程。不同发育阶段需氧量大小不同。一般生殖生长阶段需氧大于营养菌丝阶段。

菌丝生长阶段不仅需要氧气供应充足，同时对高浓度的二氧化碳反应敏感。据测定双孢蘑菇菌丝体在10%的二氧化碳浓度下，其生长量只有正常通气下的40%，二氧化碳浓度越高，产量越低。平菇等食用菌虽能忍耐一定的二氧化碳，但浓度较高时就抑制菌丝的生长。平菇袋料栽培，采用塑料袋微孔通气发菌技术使发育时间缩短40%，成功率达95%以上，杂菌发生率明显下降。在香菇、银耳等袋料栽培过程中，采取增氧发菌措施，也有促进菌丝生长的效果。为此设计氧气和二氧化碳智能控制系统，根据实时的食用菌生长环境中氧气和二氧化碳参数，进行良好的通风控制，补充新鲜空气，排除过多的二氧化碳和其他代谢废气，培养高产优质的食用菌。

④光照度智能控制。食用菌不含光合色素，营养菌丝生长时期不需要光线，甚至光线对营养菌丝生长是一种抑制因素。光照对子实体的形成也有影响。对菌丝生长有抑制作用的蓝紫光却对子实体分化最有效，在蓝光下不但分化速度快，分化数量和菇体成长情况均与全光下相似。红光不能产生光促反应，几乎与黑暗一样。研究光照对食用菌发育的影响，在生产上具有指导意义。子实体发育需要光照的食用菌不可栽置在完全黑暗的菇房内，必须有一定的光照。对食用菌工厂化生产进行光照度智能控制，促进食用菌的优质丰产。

（2）工厂化环境特点。食用菌工厂化生产实际上就是在按照食用菌生长需要设计的封闭式厂房中利用温控设备、通风设备、空间设施在可控条件下进行食用菌的生产栽培。食用菌的工厂化生产模式具有封闭式、设施化、机械化、标准化、周年化等特点。由于进行食用菌工厂化生产的厂房是具有封闭化的特点，其环境调节更加依赖于环境调控设备。然而目前食用菌工厂化生产的管理过程还远没有达到精准化和智能化，在实际生产中，大多数技术人员对于食用菌的生产管理主要是凭感觉、靠经验对食用菌的生产环境进行手动开关设备的控制，这导致食用菌的质量更加依赖于技术人员的感觉和经验，从而加大了食用菌生产质量人为因素的风险。

(3) 环境因素的耦合关系。食用菌生长环境是由多种不同因素组成的综合条件环境。影响菌种生长的环境条件主要包括空气温度、空气湿度、二氧化碳含量、土壤水分含量等，各因素密切相关，并且存在耦合关系。

目前在食用菌工厂化生产的厂房中，进行环境调节的设备主要是用于控制温度的温度控制设备、用于控制湿度的加湿设备、用于控制二氧化碳的换气设备。由于调整二氧化碳浓度的主要手段是通过换气设备，对厂房内外的空气进行交换，所以，对空气二氧化碳浓度进行调节的同时会对其他环境因素产生影响。在打开换气设备，在降低厂房内二氧化碳浓度的同时会因为空气的流动和交换而对厂房内的温度和湿度产生影响。

在各个季节情况下，进行换气调整二氧化碳浓度对其他因素的影响如下（表6-6）：

表6-6 各个季节换气调整 CO_2 浓度对其他因素的影响

季节	温度	湿度	二氧化碳
夏季	升高	降低	降低
冬季	降低	降低	降低
春秋	降低	降低	降低

2. 系统设计与实现

(1) 耦合控制策略。针对上文所述换气设备在调控二氧化碳浓度的同时会对温度和湿度会产生耦合影响，采取了多种控制策略进行调整。

①二氧化碳因素关联控制。关联因素控制是指在通过换气调整二氧化碳浓度的过程中，同时对温度和湿度因素进行关联调控，当温度和湿度不在合理范围内时，在进行二氧化碳浓度调整的同时进行温度和湿度的调整。

a. 中值控制策略。中值控制策略是根据预先设定的温度、湿度的最高、最低两个阈值的中值进行关联调控。即在进行二氧化碳浓度调整的过程中，如果监测到温度和湿度值在设定阈值的中值附近，便开始进行温度和湿度的调控。

b. 自定义控制策略。自定义控制策略是指由用户自己对在进行二氧化碳的值进行调控的过程中，温度和湿度的调控阈值进行设定的策略。

c. 自动调整控制策略。自动调整控制策略是根据启用二氧化碳关联因素控制模式的过程中，系统的运行日志，通过分析日志中记录的各调控设备的运行时长，让系统自动对阈值进行微调。如在关联因素控制下，设定温度阈值为25℃时，系统日志记录温度调控设备运行时长为30min，而温度阈值为24℃时，系统日志记录温度调控设备运行时长为25min，在启用自动调整控制策略后，系统会根据日志将阈值调整为日志记录中设备运行时长最短的情况下所设定的阈值。

②二氧化碳单一因素控制。单一因素控制是指在通过换气调整二氧化碳浓度的过程

中，只对温度和湿度进行监测，而不同时进行调控，只在完成换气后进行温度和湿度的调控。

（2）环境因素控制算法。食用菌工厂化生产环境控制系统所针对的监控环境因子存在的时变性、跳变性、滞后性等特点，而且这些环境因子的控制难以建立精确的数学模型，其控制参数及结构也需凭借现场调试与经验以确定。这导致一般的控制理论技术很难实现控制目标。针对上述问题，经过调查和实验论证选用双输入单输出模式的模糊控制器。

输入量为实际室温与标准室温的差值信号 e 以及差值变化率 ec 信号，两种信号同时进入到 PID 控制器和模糊控制器，模糊控制器经过对信号进行模糊化、模糊推理及反模糊化的复杂分析，得到常规 Pm 参数的调整量 $\triangle K_D$、$\triangle K_I$ 与 $\triangle K_P$，进而对参数进行在线动态调整，最终输出于被控对象。

在模糊化的语言条件下，模糊控制器才能对输入信号进行准确的模糊推理，但是由于输入量标准室温与实际室温的差值 e 信号以及差值变化率 ec 信号本身都为精确值，不能满足模糊推理要求，故需要模糊输入精确量，才能得到对应的模糊量。模糊化差值 e 与差值变化率 ec，从某种程度上来说相当于对一个精确量对某个模糊子集的隶属度进行计算。在模糊 PID 参数自整定系统中，研究人员将对阶跃响应规律的总结作为模糊控制的规则，用来修正 PID 控制的参数。当有信号输入时，利用这些规则，控制系统就会推算出增量，然后对自整定的参数进行修正，以满足不同的 e 和 ec 对 PID 控制参数的要求。自适应模糊 PID 参数在线整定流程如图 6-25 所示。

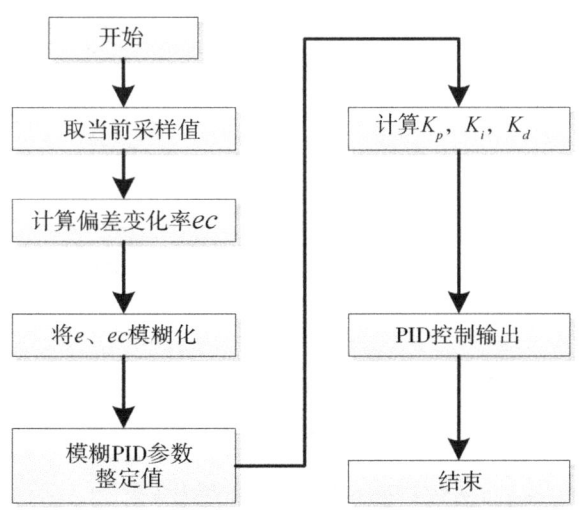

图 6-25 自适应模糊 PID 参数在线整定流程图

基于设计的模糊 PID 控制器中，主要依靠模糊理论来实现模糊 PID 的参数整定，通过计算得到 $\triangle K_D$、$\triangle K_I$ 与 $\triangle K_P$ 的查询表。将该表以数组的方式编入程序中，实现 PID 参数的自整定，流程如图 6-26 所示。

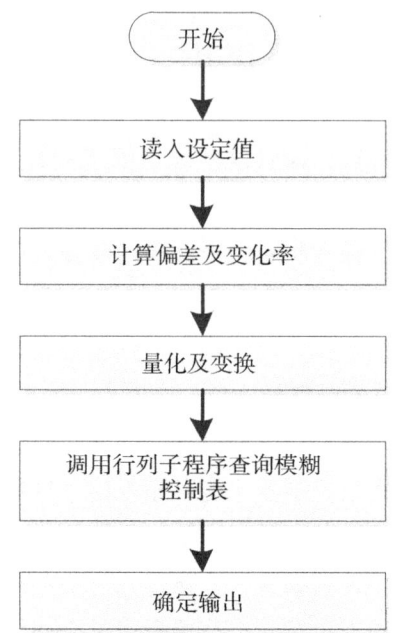

图6-26 模糊控制实现流程图

PID的算法实现如图6-27所示：

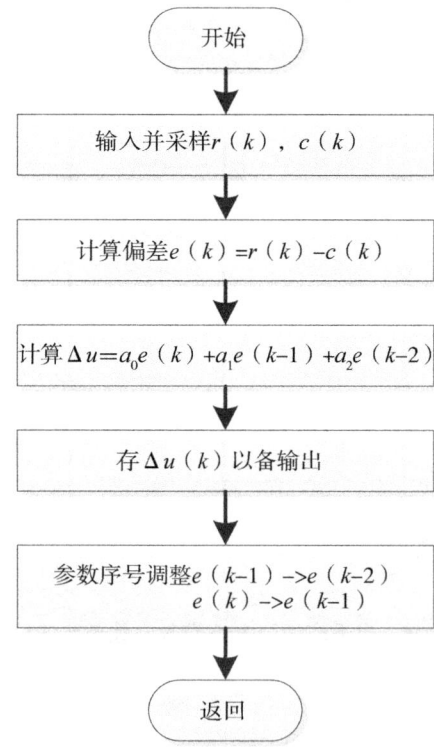

图6-27 PID算法实现流程图

当上位机接收到数据后,该数据就会与设定的阈值比较,分别得到第 k 次,$k-1$ 次,$k-2$ 次偏差量,计算输出量,应用于设备的控制。

3. 系统测试

智能控制策略是食用菌智能化生产监控系统的核心部分,决定了食用菌智能化生产环境的控制方式和控制策略。为了能够更准确深入地了解系统控制策略的实际运行状况,对系统进行部署测试实验,以修正控制效果。

(1) 设备控制测试。将所需要进行控制的各个设备接入控制系统,通过手动发送控制命令测试各个控制设备对控制命令的实际响应时间和运行稳定情况。

(2) 控制策略测试。将所需要进行控制的各个设备接入控制系统,分别以不同的控制策略进行运行试验。查看对应的控制策略对于食用菌厂房内环境变化做出调整的实际响应时间。

四、食用菌工厂化生产智能化监控系统

将环境信息采集系统、可靠传输系统、智能控制系统进行集成,构建食用菌工厂化生产智能化监控系统,具有系统配置、功能设置、智能决策、数据存储、显示打印等功能,实现对食用菌生产环境的全过程自动控制及科学管理,达到食用菌工厂化生产的智能分析、联动控制和精确干预。

智能化监控系统核心是数据处理系统,对所采集的数据进行处理,存储并提供查询接口。该子系统主要由数据接收处理层、数据存储层、数据查询层三部分组成。数据接收处理层是主要负责监听与协调器相连接的电脑串口,接收数据进行处理;数据存储层负责对上位机接收的数据进行存储管理;数据查询层为数据展示系统提供数据查询接口。如图6-28所示。

上位机软件是采用面向对象的高级程序设计语言 C#开发的 Windows 应用程序,C#是由 C 和 C++衍生出来的一种综合了可视化操作、高运行效率、安全稳定的、简单优雅的面向对象的编程语言。C#对于 Windows 系统的完美支持成为快速开发 Windows 应用程序的首选语言。

数据存储层采用 MySQL 数据库管理系统,MySQL 是一个体积小、速度快、总体拥有成本低的关系型数据库管理系统。MySQL 为开发者提供了 API 支持和优化的 SQL 查询算法,有效地提高查询速度,而且支持多线程,可以充分利用 CPU 资源。因此选择 MySQL 作为数据库管理系统。

Web Service 采用 SSH 框架开发。为 Web 端的增、删、查、改提供支持,方便用户了解当前的环境状况。

处理系统要实现对在无线监控系统所采集的信息进行处理、存储并向数据展示系统提

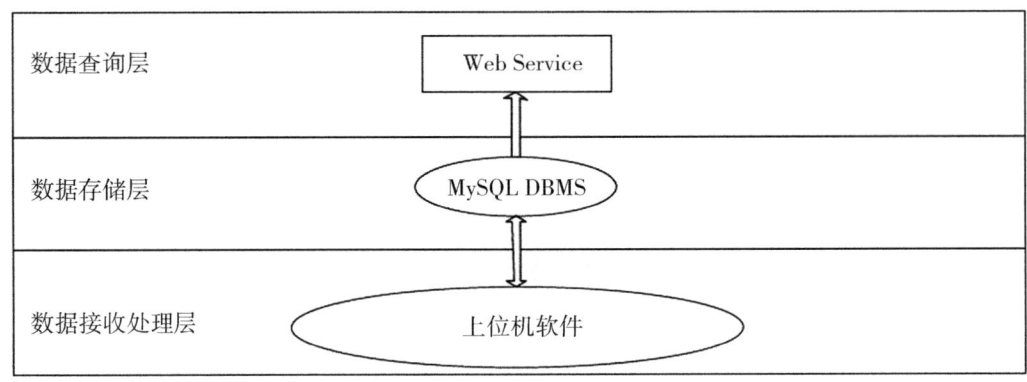

图 6-28 系统层次图

供数据查询接口,并根据无线监控系统所采集的信息根据设定的控制策略进行判断处理产生控制命令,将控制命令反馈给无线监控系统,实现对食用菌工厂化生产环境的调控。

1. 系统分析

数据处理系统要实现对在无线监控系统所采集的信息进行处理、存储并向数据展示系统提供数据查询接口,并根据无线监控系统所采集的信息根据设定的控制策略进行判断处理产生控制命令,将控制命令反馈给无线监控系统,实现对食用菌工厂化生产环境的调控。

(1) 需求分析。在进行系统设计时,应满足以下的性能要求:
①保证信息获取快速、完整、准确,信息处理及时稳定。
②系统资源占用少,在系统运行时,计算机可以正常稳定运行。
③在减少系统资源占用的同时保证良好的用户体验,提供操作简单方便地交互界面。
④系统易于维护,具有可扩展性。

(2) 功能分析。
该子系统主要实现以下功能:
①将接收到的生产环境信息存储到 MySQL 数据库中。
②上位机软件实现对生产环境的单一因素和多因素的手动和自动控制。
③建立进行数据查询的 Web Service,为用户 Web 端获取生产环境信息提供查询接口。

(3) 运行环境。运行环境参数要求如表 6-7 所示。

表 6-7 运行环境参数表

	CPU	酷睿 I3,2.4GHz 以上
硬件要求	硬盘	500G
	内存	2G

（续表）

软件环境	操作系统	Win7，Windows Server 2003
	JDK	Java 运行环境 6.0 以上
	MySQL	数据库 5.5 以上
	Tomcat	Web 服务器 6.0

2. 数据库设计与实现

构建数据库是系统设计与开发的重要环节，良好的数据库设计是系统性能的保障。通过对数据库的设计，保证数据后期的维护与查询，保证系统信息的完整性、连续性以及信息的有效存储。根据系统实际需要，分用户信息、环境信息、控制信息三部分构建数据表，建立用户基本表、用户权限表、生产环境信息表、采集节点菌室对照表、设备工作日志表、控制节点菌室对照表和设备控制阈值表。

（1）用户信息。用户信息部分由用户信息表和用户权限表两部分组成。

用户信息表用来记录用户的登录账号、密码、联系方式等基本信息，用于在用户在操作系统时登录进行登录以及操作权限的判定。用户信息表的结构如表 6-8 所示。

表 6-8 用户数据表

字段名	数据类型	长度	主键	描述
ID	INT	15	是	自增 ID
NAME	VARCHAR	20		用户名
NICK	VARCHAR	50		真实姓名
PASSWORD	VARCHAR	50		密码
EMAIL	VARCHAR	50		邮箱
MOBILE	VARCHAR	20		手机
RESERVE1	VARCHAR	500		预留 1
RESERVE2	VARCHAR	500		预留 2
RESERVE3	VARCHAR	500		预留 3

用户权限表用于记录用户的操作权限，结构如表 6-9 所示。

表 6-9 用户权限表

字段名	数据类型	长度	主键	描述
ID	INT	15	是	自增 ID
NAME	VARCHAR	50		用户登录名

(续表)

字段名	数据类型	长度	主键	描述
ISQUERY	BIT	2		信息查询权限
ISCONTRAL	BIT	2		设备控制权限
ISMANAGERUSER	BIT	2		用户管理权限
ISCONFIG	BIT	2		系统配置权限

（2）环境信息。空气参数表记录空气温度、湿度、CO_2 浓度等环境因子，如表 6-10 所示。

表 6-10　空气参数表

字段名	数据类型	长度	主键	描述
ID	INT	15	是	自增 ID
NODEID	VARCHAR	10		采集节点编号
TEMP	FLOAT	10		采集温度值
HUMI	FLOAT	10		采集湿度值
CO2	FLOAT	10		CO_2 值
TIME	DATATIME	20		数据采集时间

土壤参数表记录着土壤的温度、湿度，如表 6-11 所示。

表 6-11　土壤参数表

字段名	数据类型	长度	主键	描述
ID	INT	15	是	自增 ID
NODEID	VARCHAR	10		采集节点编号
S_TEMP	FLOAT	10		土壤温度值
S_HUMI	FLOAT	10		土壤湿度值
TIME	DATATIME	20		数据采集时间

实时参数均值表用于上位机端和 Web 端显示当前最新的数据。表结构如表 6-12 所示。

表6-12 实时参数均值表

字段名	数据类型	长度	主键	描述
ID	INT	15	是	自增 ID
R_ID	VARCHAR	10		房间号
AVG_TEMP	FLOAT	10		平均空气温度
AVG_HUMI	FLOAT	10		平均空气湿度
AVG_CO2	FLOAT	10		平均 CO_2 浓度
SOIL_TEMP	FLOAT	10		平均土壤温度
SOIL_HUMI	FLOAT	10		平均土壤湿度
S_TIME	DATETIME	30		日期

采集节点菌室对照表用以记录终端节点分布的菌室，通过维护节点和菌室的对照表，可以方便地扩展监控系统的监控菌室。采集节点菌室对照表的结构如表6-13所示。

表6-13 采集节点种室对照表

字段名	数据类型	长度	主键	描述
ID	INT	15	是	自增 ID
NODEID	VARCHAR	10		节点编号
ROOMID	VARCHAR	10		房间号

（3）控制信息。控制信息主要是指设备的开机信息记录和设备的开启控制阈值。本部分由设备工作日志表、控制节点菌室对照表和设备控制阈值表。

设备工作日志表主要记录设备的开机信息，包括时间、设备状态、环境信息等。设备工作日志表结构如表6-14所示。

表6-14 设备工作日志表

字段名	数据类型	长度	主键	描述
ID	INT	15	是	自增 ID
NODEID	VARCHAR	10		控制节点编号
TIME	DATETIME	20		时间
FANSTATE	BIT	2		风机状态
COLDSTATE	BIT	2		制冷状态
HUMISTATE	BIT	2		加湿器状态
TEMP	FLOAT	10		设备改变时温度值

(续表)

字段名	数据类型	长度	主键	描述
HUMI	FLOAT	10		设备改变时湿度值
CO2	FLOAT	10		设备改变时 CO_2 值

控制节点菌室对照表用以记录终端节点分布的菌室，通过维护节点和菌室的对照表，可以方便地扩展监控系统的监控菌室。控制节点菌室对照表结构如表 6-15 所示。

表 6-15 控制节点对照表

字段名	数据类型	长度	主键	描述
ID	INT	15	是	自增 ID
NODEID	VARCHAR	10		节点编号
ROOMID	VARCHAR	10		房间号

设备控制阈值表用以记录设备开启和关闭的阈值，由技术人员设定。设备控制阈值表表结构如表 6-16 所示。

表 6-16 设备控制阈值表

字段名	数据类型	长度	主键	描述
ID	INT	15	是	自增 ID
NODEID	VARCHAR	10		控制节点编号
ROOMID	VARCHAR	10		房间号
OPENVAL	FLOAT	10		设备开启阈值
CLOSEVAL	FLOAT	10		设备关闭阈值
SPECIES	VARCHAR	30		食用菌种类
STAGE	VARCHAR	30		生长阶段
STATEDATE	DATATIME	30		开始时间
ENDDATE	DATATIME	30		结束时间

3. 上位机软件设计与实现

食用菌工厂化生产监控系统是以上位机作为系统的控制中心，通过上数据处理系统对采集的环境参数进行处理，根据相应的控制策略发送控制命令通过无线传输系统传输控制命令后，通过控制节点接受控制信号，对相应的设备进行控制。系统的控制流程如图 6-29 所示。

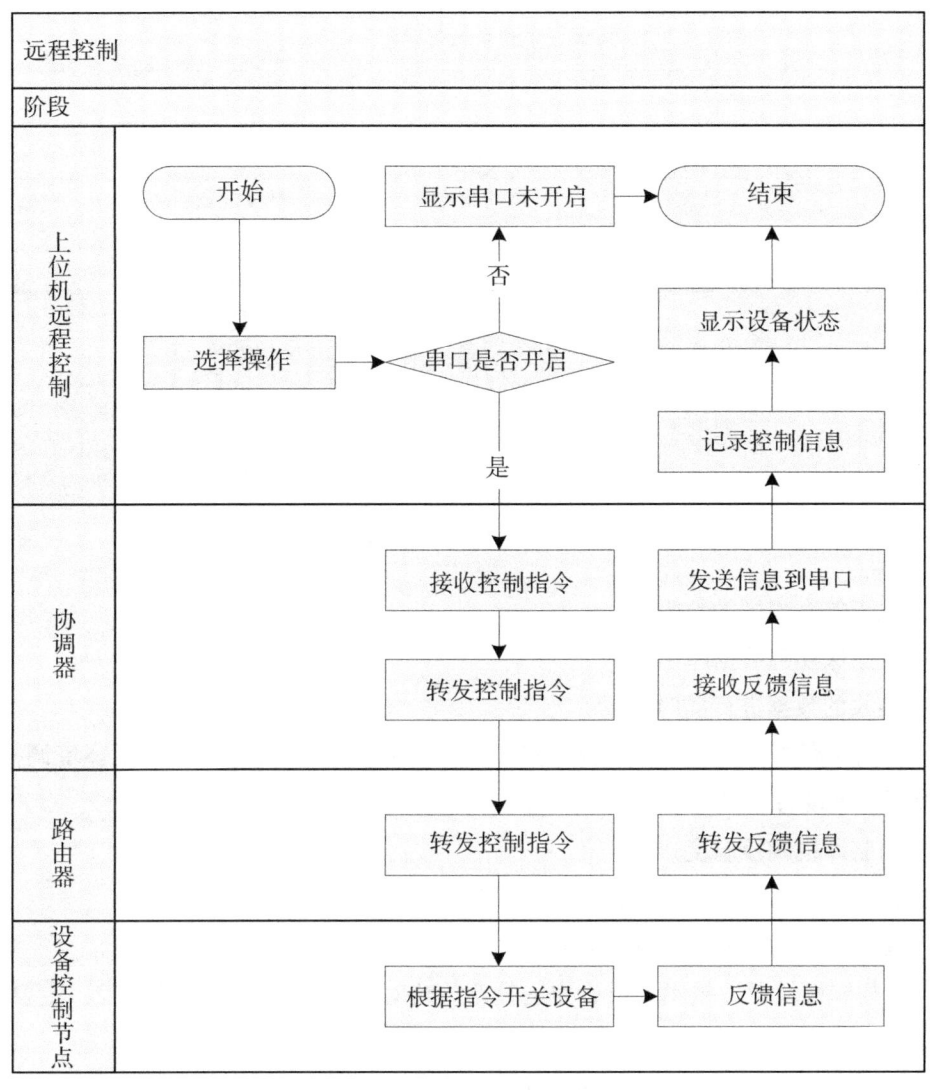

图 6-29　远程控制流程图

（1）上位机软件结构。上位机软件遵循交互界面友好，操作方便的原则，设计简洁直观的操作界面，让用户快速方便地进行操作。上位机软件根据功能分为五大功能模块，即数据处理模块、手动调控模块、自动调控模块、系统参数设定模块、网络服务模块。其结构图如图 6-30 所示。

（2）上位机软件功能和实现。上位机软件采用 C#高级程序设计语言在 VS2010 集成开发环境下开发实现。实时处理模块是上位机软件的基础数据模块，该模块是上位机和下位单片机进行通信的模块。

①数据处理模块主要完成如下功能：

a. 接收从各菌室实时采集的环境参数。

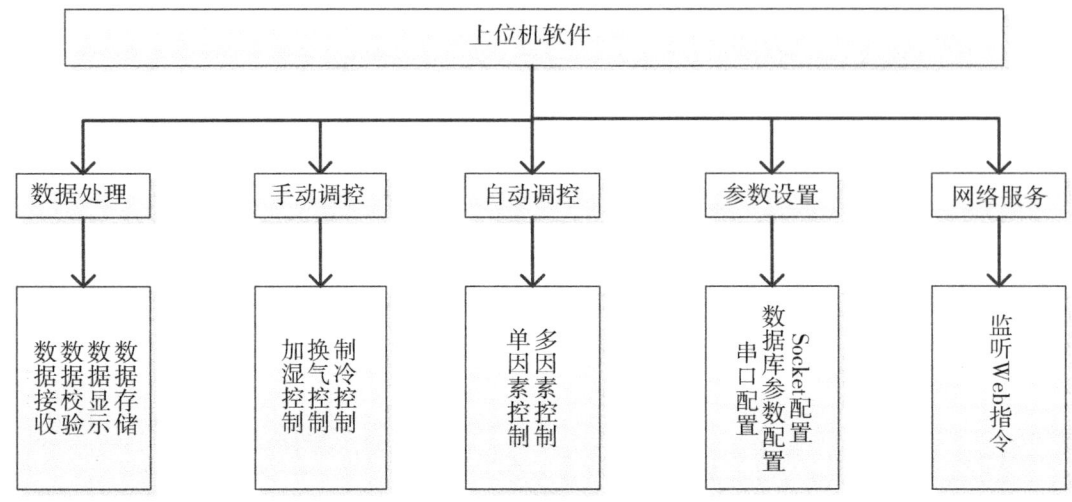

图 6-30 上位机系统结构图

b. 过滤不符合规则的数据。

c. 将数据保存到数据库中。

d. 将接收的数据进行实时显示。

②手动调控模块是食用菌养殖技术员通过上位机发送控制信号,控制环境调控设备。其主要控制以下设备。

a. 控制制冷机调控温度。

b. 控制喷淋设备调控土壤湿度。

c. 控制换气设备调控二氧化碳浓度。

③自动控制模块通过技术人员设定的控制策略对生产环境进行自动调控,主要是实现以下功能。

a. 设置制冷机打开和关闭的温度阈值。

b. 设置喷淋设备打开和关闭的湿度阈值。

c. 设置换气设备打开和关闭的二氧化碳浓度阈值。

d. 选择关联控制的环境因素。

④参数设置模块实现对系统配置参数的设定,主要设定以下参数。

a. 配置上位机与协调器相连接的串口,如串口号、波特率、数据位等。

b. Socket 通信服务配置,如 IP 地址、端口号。

c. 配置周期控制所需的各环境因子的阈值。

d. 设定指定的房间号。

⑤网络服务模块主要开启 Socket 服务端,时刻监听 Socket 客户端的请求,响应 Web 端控制指令,实现 Web 端对上位机的操作。

上位机界面如图 6-31 所示。

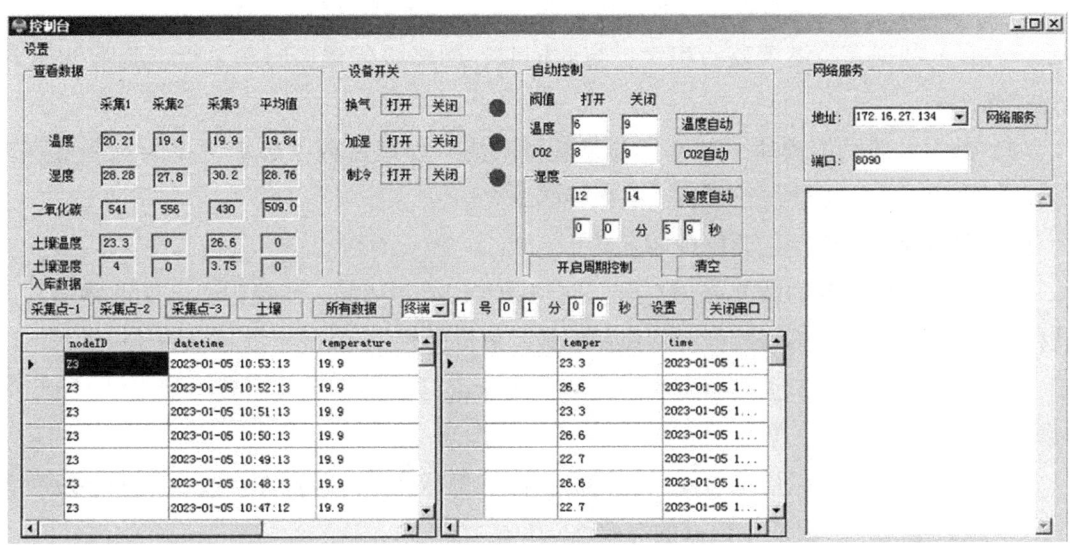

图 6-31　上位机主界面

上位机工作流程如图 6-32 所示。

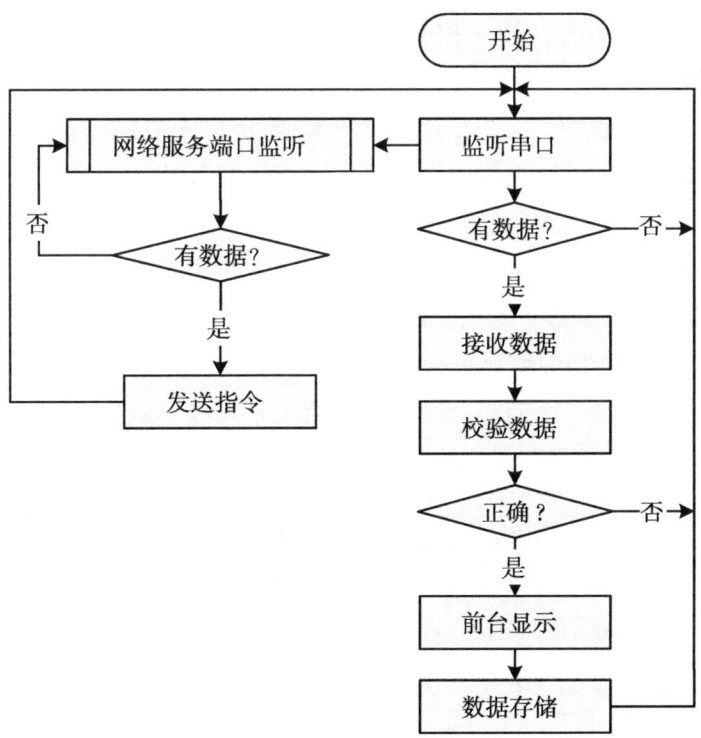

图 6-32　上位机工作流程图

由图 6-32 可知，上位机程序运行，开启串口监听服务，用于时刻读取串口程序；当串口中写入数据时，读取数据，并校验数据是否合格，若不合格，丢弃，若合格，则前台显示，并存入数据库，继续监听串口；与此同时，网络服务程序时刻运行，监听 Web 端远程控制请求。

（3）数据校验功能模块。数据校验是数据采集、处理过程中必不可少的一个重要环节，包括检验数据完整性、正确性、有效性等。

数据完整性和正确性主要体现如下：

①上位机端接收到的数据必须符合：^Z1^001^0024^0036^eeee^#规则，以保证终端节点能够一次同时读取各传感器数据，从而保证数据的完整性。

②对于空气温湿度，土壤温度和湿度的值应全部是数字，不应出现类似于"10q"等非数字型的值。

③由生长环境的实际情况可知，任何参数都不可能为 0，即若在接收的数据字段中含有全 0，则数据无效。保证了数据的有效性。

④以往实验表明，食用菌的生长环境因子的变化是一个比较缓慢的过程，在当前的采集频率下，温度变化差值很小，一般不会超过 1℃。由于本食用菌生长的环境处于低温高湿的环境下，长期暴露在高湿的环境下容易使数据产生漂移，使读取的空气温湿度值远远高于实际值（实际实验得出），即"数据跳变"。

针对以上问题，程序处理如下：

a. 接收数据后，数据以"^"为分割符将数据分割成数组，在分割时添加预处理 try…catch，若出现异常，则表明数据格式错误，直接屏蔽掉，不执行以后操作，否则执行 2。

b. 将数组中的温湿度转化成 float 类型的数值，添加预处理 try…catch，若有异常，表明温湿度数据异常，直接屏蔽；否则执行 3。

c. 对 2 中获取的温度和湿度判断是否等于 0 或 0.01，如等于，则屏蔽，否则执行 4。

d. 以上三步已经将前三个问题处理完毕，接下来需处理数据跳变的问题。根据实验的具体情况，特将处理数据跳变思想阐述如下：

---

①设置标志位 validate=false，用于记录是否是第一次接受数据；设置 mlist 存储历史记录，用于比较；设置脏数据计数器 clearNum，用于过滤发生跳变数据后 3 条记录，初始为 0；
②若 validate=false，说明是第一次接收数据，令 validate=true，return false；
③若 mlist.Count==0，则 mlist 添加记录，return true；
④若 clearNum=0；
a. 若参数减去历史记录 mlist.get［0］>6，说明发生跳变，则 clearNum 置 3，return false；
b. 否则将历史记录更新为当前最新的参数。return true；
c. clearNum！=0；
d. 屏蔽该数据，cleaNum--；return false，该步主要屏蔽自发生跳变之后的 3 条数据。

4. Web Service 设计与实现

将数据查询、数据分析、实时数据、远程控制，后台管理进行集成，构建食用菌生产环境精准监控系统，实现对食用菌生产环境的全过程自动控制及科学管理，方便工作人员及时掌控信息。

（1）数据查询功能。为方便用户能够随时随地查询数据，并能够直观地展示数据，特开发此功能。工作人员可根据房间号、节点号、起止时间查询所需要的数据。并可生成数据变化趋势图。数据查询界面如图 6-33 所示。数据变化趋势如图 6-34 所示。

	节点编号	日期	温度	湿度	co2
1	Z3	2022-12-05 19:38:49	19.9	30.6	644
2	Z1	2022-12-05 19:38:45	20.11	29.77	570
3	Z3	2022-12-05 19:37:49	19.9	30.8	651
4	Z1	2022-12-05 19:37:44	20.11	29.88	575
5	Z3	2022-12-05 19:36:49	19.9	30.9	642
6	Z1	2022-12-05 19:36:44	20.11	30.09	581
7	Z3	2022-12-05 19:35:48	19.9	31.1	650
8	Z1	2022-12-05 19:35:44	20.11	30.20	576
9	Z3	2022-12-05 19:34:48	19.9	31.3	647
10	Z1	2022-12-05 19:34:44	20.11	30.30	561

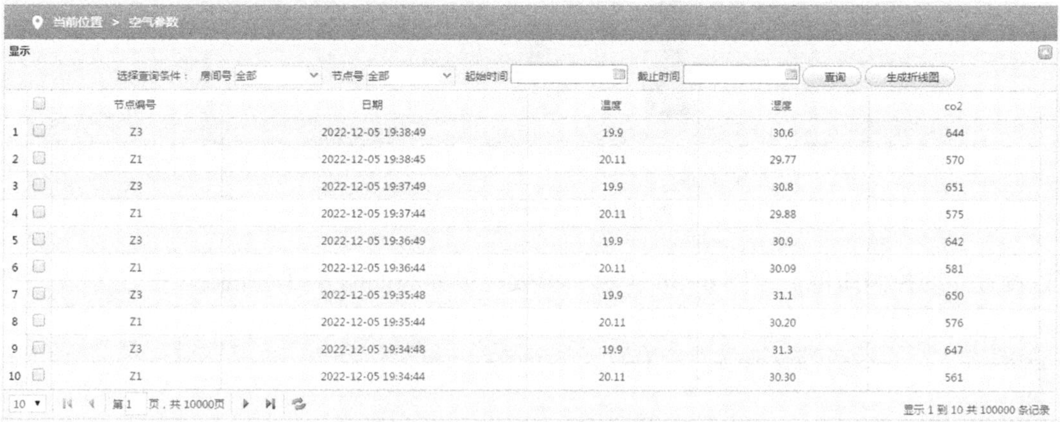

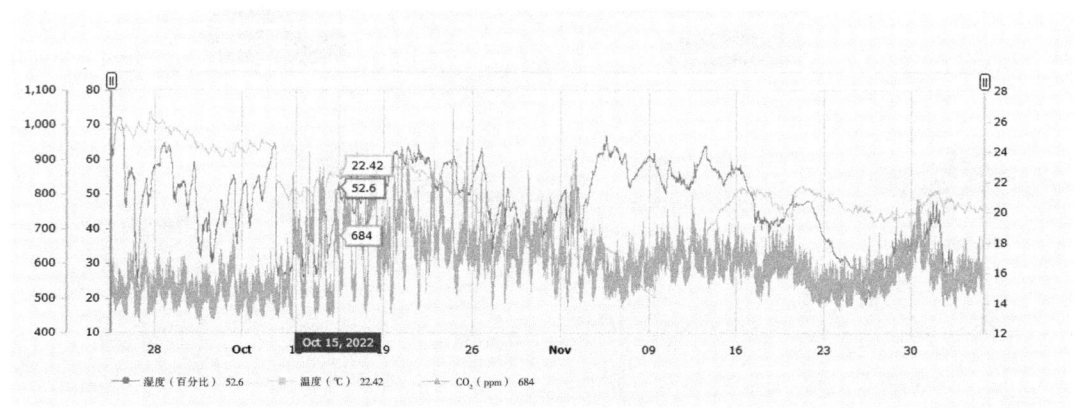

图 6-33　数据查询界面

图 6-34　数据变化趋势

（2）实时数据显示。为形象化显示当前的环境因子，特采用图形化界面直观地显示数据。本功能主要显示空气温湿度，CO_2浓度以及土壤温度和湿度等实时数据。并可在后台设置当前适宜的参数范围，超过警戒值，以红色警戒，如图 6-35 所示。

（3）远程控制功能。工作人员通过该功能模块可以随时控制食用菌设备。本模块所涉及的功能与上位机控制模块相同，同样含有手动控制、自动控制以及周期控制。此外后台

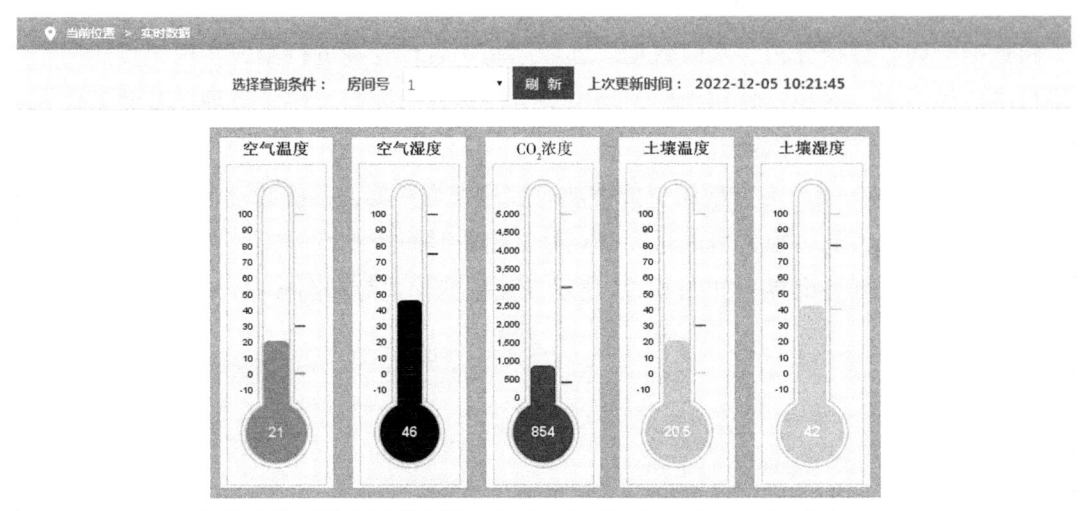

图 6-35　实时数据显示图

可以设置周期控制阈值。如图 6-36 所示。参数设置界面如图 6-37 所示。

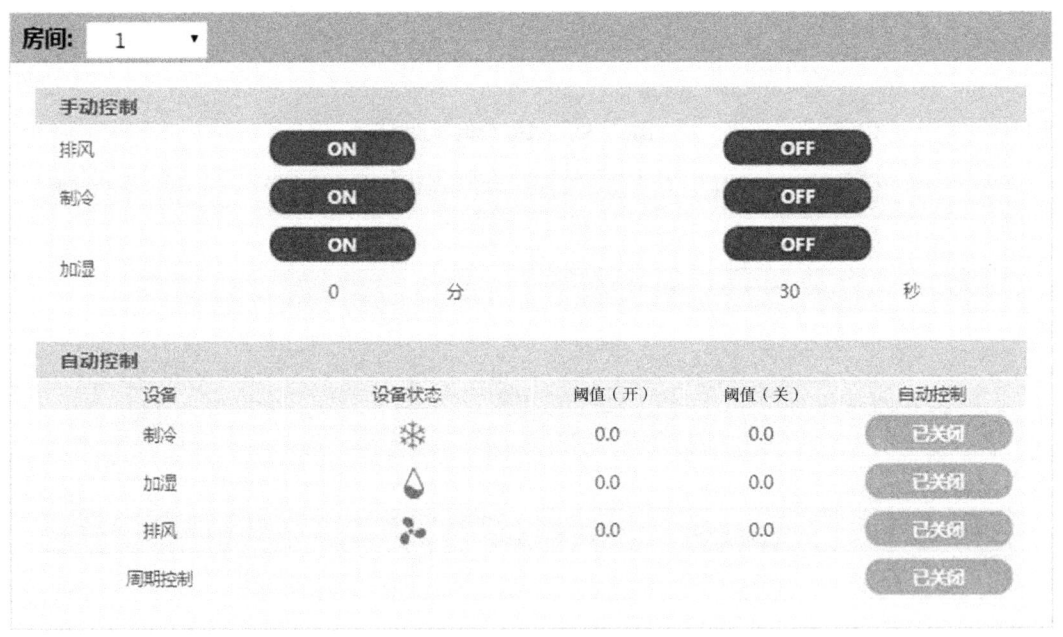

图 6-36　远程控制图

（4）后台管理。后台管理功能主要涉及用户管理（包括添加、删除、修改、查询），Socket 端口设置，周期控制参数设置以及环境因子警戒值设置等。管理界面如图 6-38 所示。

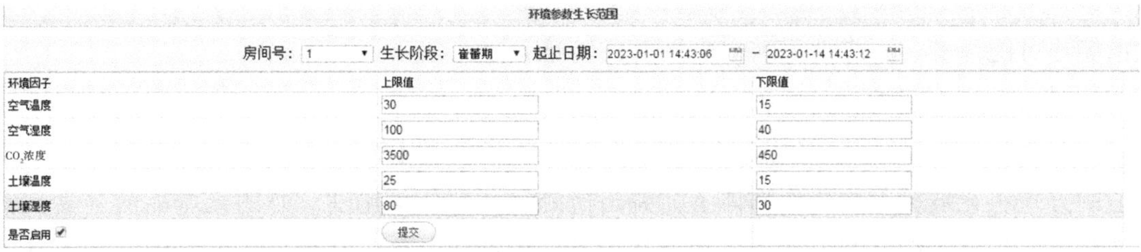

图 6-37 参数设置界面

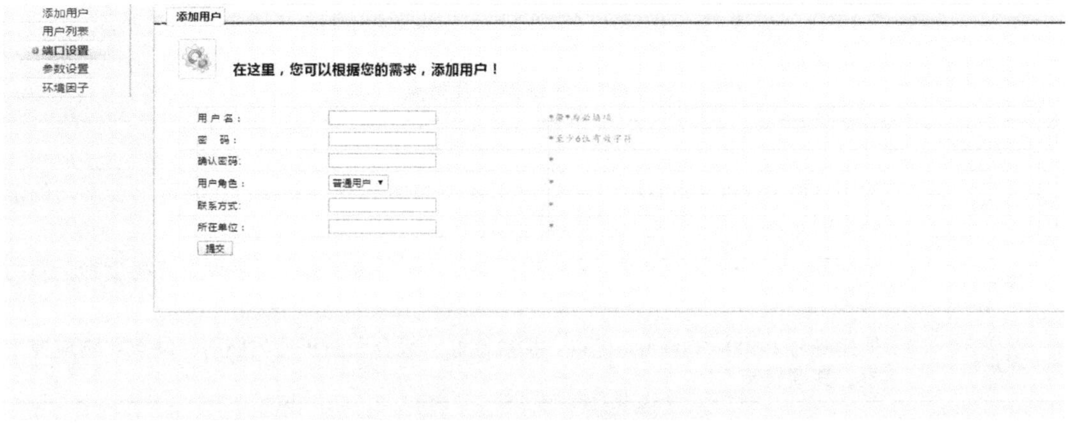

图 6-38 后台管理界面

第三节 食用菌子实体智能识别平台

以食用菌子实体图像智能化识别为目标，利用微电子、计算机、控制技术、通信技术等，建立了食用菌图像采集系统；利用数字图像处理技术，建立了食用菌图像处理系统；根据食用菌生产要求，提取了符合标准的食用菌关键属性，建立了食用菌不同种类不同标准的图像特征库，与待识别的食用菌图像采集、处理、特征提取等集成，构建了食用菌图像智能识别平台，实现食用菌在线实时分类识别。

一、食用菌图像采集系统

图像信息的获取是机器视觉技术的基础，将被测食用菌的可见部分转换成能够由计算机或嵌入式系统进行处理的一系列数据，在相机的视场中一维或二维图像信息经过调制后提供给图像采集装置，在计算机或嵌入式系统中保存为数字图像信息或数据。研究了食用菌图像采集需要的光源、相机以及镜头的选择，建立了食用菌图像采集系统，使图像采集数据能尽可能真实、可靠地反映出食用菌的特征。

1. 光源系统的选择

光源是机器视觉系统中的关键组成部分，在机器视觉系统中十分重要。主要功能是以合适的方式将光线投射到待测物体上，突出待测特征部分对比度。好的光源能够显著提高成像效果，减轻后续图像处理的压力。对于不同的检测对象，必须采用不同的照明方式才能突出被测对象的特征，有时可能需要采取几种方式的结合，而最佳的照明方法和光源的选择往往需要大量的试验才能找到。

光源一般包括 LED、荧光灯、卤素灯等类型，三种类型的特点如表 6-17 所示。

表 6-17　光源类型及特点

光源类型	特点
LED	使用寿命 10 000~30 000h，可以使用多个 LED 达到高亮度，同时可组合不同的形状，响应速度快，波长可以根据用途选择
荧光灯	使用寿命约 1 000h。优点：亮度高；缺点：响应速度慢，几乎没有光亮度和色温的变化
卤素灯	使用寿命 1 500~3 000h。优点：扩散性好、适合大面积均匀照射；缺点：响应速度慢，亮度较暗

食用菌生产车间光线因外界环境不同而变化，需要在光源照射下，经物镜成像在图像传感器的像面上才能获得图像信号。而且随着光源光谱成分的变化，以及光源强度分布随时间等的变化，图像传感器输出的信号也要发生变化。稳定、可靠和适用的光源是机器视觉系统中图像采集和处理的重要保证，为此建立了食用菌图像采集光源系统，由正光源、背光源以及光源控制器组成，根据光源类型与特点，采用 LED 光源，使被采集的食用菌目标得到充分的照明，保证图像表面有足够的照度。

正光源为环形低角度 LED 光源，亮度可调、低温、均衡、无闪烁，无阴影，特有的内嵌式结构，减少光线干扰从而显著提高采集图像的质量。本项目中采用维视数字图像技术有限公司的 AFT-12068W 光源（图 6-39），内径 68mm，外径 120mm，角度 45°，厚度

图 6-39　AFT-12068W 光源

30mm，电压白/蓝 18V，红 12V，电流 840mA，功率白/蓝 15.1W，红 10.1W，重量 340g，为研究中的食用菌提供 360°无反光照明，光照均匀。

背光源采用高亮度、长寿命的 LED 发光管组成，高亮度背光照明，突出物体的外形轮廓特征，低发热量，光线均匀，无闪烁。本项目中采用维视数字图像技术有限公司的 AFT-BL100W 背光源（图 6-40），发光面为 100mm×100mm，外形尺寸 135mm×135mm×12mm，充分突出测量或检测食用菌的轮廓信息，提供比较准确的轮廓数据。

图 6-40　AFT-BL100W 背光源

对正光源和背光源的控制采用维视数字图像技术有限公司的 AFT-ALP2430-02（图 6-41）模拟光源控制器，内置双路独立控制的直流电源，提供正光源和背光源所需直流电源，性能稳定，亮度手动可调。

图 6-41　AFT-ALP2430-02 模拟光源控制器

2. 相机的选择

相机是一种携带大量信息的传感器，以 CCD 或 CMOS 图像传感器（其区别见表 6-18）为核心部件，外加同步信号产生电路、视频信号处理电路及电源等组合而成。合理选择并安装光学镜头是获得清晰成像和稳定视频信号的关键。相机的光学镜头相当于人眼的晶状体，对视觉系统的成像质量关系重大。根据生产线食用菌图像采集位置与相机设备之间的距离以及图像处理精度要求，选择适合的相机与镜头，以获得清晰稳定的视频信号。

相机根据不同的分类标准有不同的类别，如表6-19所示。相机接口形式区别如表6-20所示。

表6-18　图像传感器的区别

项目	CCD	CMOS
像元信号输出	电荷	电压
芯片信号输出	电压（模拟）	数字
摄像机信号输出	数字	数字
填充因子	高	中等
系统噪音	低	中等
系统复杂性	高	低
传感器复杂性	低	高
灵敏度	高	较差
动态范围	高	中等
一致性	高	低至中等
曝光速度	快	稍慢
主时钟速度	中等至高	较高
开窗	有限	灵活
抗散焦	高至无	高
供电电压	种类多、电压高	单一、低电压

表6-19　相机类别

分类标准	类别
芯片类型	CCD相机 CMOS相机
传感器类型	线阵相机：一次扫描一条线 面阵相机：一次扫描一幅画面
扫描方式	隔行扫描：先扫描奇数行，再扫描偶数行 逐行扫描：逐次向下扫描
输出信号方式	模拟相机：输出模拟信号，需要采集卡 数字相机：输出数字信号，不需要采集卡
传输速度	普通速度：最常用的相机 高速相机：帧率特别高的相机
输出色彩	单色：黑白相机，80%以上的工业检测 彩色：需要检测颜色时可用

(续表)

分类标准	类别
响应频率	可见光：400~750 红外光：750~1 100、8 000~14 000 紫外光：200~400

图像传感器：CCD，电荷耦合器。感光像元在接收到光子后，产生电荷转移，形成矢井差。CMOS，互补金属氧化物半导体。感光像元在接收到光子后，电压发生变化，形成电压输出。

表6-20　相机接口形式区别

接口名称	带宽	优势	劣势	备注
1394A	37MB	可扩展性好，性能稳定，有成熟的工业图像传输标准	需要额外的1394卡，通用性差，最远传输距离10m	即将淘汰的接口
1394B	74MB			
USB2.0	60MB	使用灵活，任何电脑都有该接口	工业图像传输标准，丢帧严重，不稳定，最远传输距离5m	非工业传输接口
Gige	120MB (1 000MB)	可扩展性好，性能稳定，有成熟的工业图像传输标准，图像传输时不占用CPU资源，最远传输距离100m	当没有供电网卡时，需要额外供电	未来工业相机趋势
Camera link	700MB	可扩展性好，性能稳定，有成熟的工业图像传输标准	需要额外配置camera link采集卡，成本非常高，一般用于高端相机	

选择 MV-VEM200SC 彩色相机，1 600×1 200，1/1.8"，CCD 帧曝光，20fps，GigE 千兆（1 000Mbit/s）以太网输出。

3. 镜头的选择

图像处理是一个将进入摄像元件（CCD）的光转换成电子信号，并且将其作为数据进行使用的过程。其中最重要的部分就是将光汇集到摄像元件的镜头。镜头根据光的折射原理，可以将来自拍摄对象的光汇集到一点后成像，如图6-42所示。此时，汇集光线的点称为焦点，镜头中心到焦点的距离称为焦点距离。当镜头为凸镜时，焦点距离将根据镜头的厚度（膨胀）程度不同而各不相同。膨胀程度越大焦点距离越短。

将此当作 CCD 结构来观察时，如果拍摄对象处于凸镜的焦点以外，来自拍摄对象的光将在镜头上发生折射，并且形成一个上下和左右位置相反的影像，称之为实像，如果在此位置放置摄像元件，就可以映射出实像。

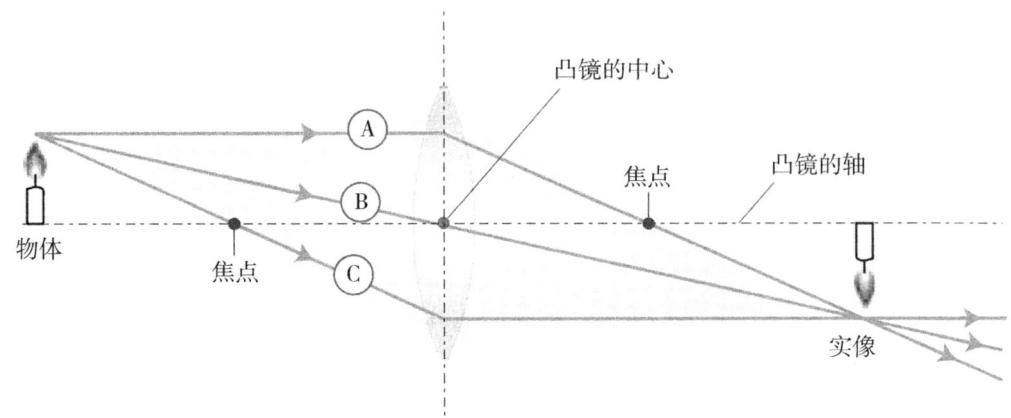

A—平行于光轴的光发生折射后，经过焦点；B—通过凸镜中心的光保持原来方向行进；C—通过焦点进入凸镜的光发生折射后平行于光轴行进。

图 6-42　光通过凸镜的行进线路

目前，工业镜头主要分为三类：显微放大镜头（光学放大倍率）、普通工业镜头（焦距、光圈）、远心镜头（视场范围）。其区别如表 6-21。

表 6-21　工业镜头区别

名称	核心参数	特征	优势	劣势
显微放大镜头	光学放大倍率	将微小物体进行放大，一般测量毫米级以下物体时使用	放大倍率极大，微观检测必须使用这种镜头	景深很小，仅限于微观检测
普通工业镜头	焦距、光圈	最常用的镜头，其看的物体尺寸从几厘米到数千米均可	使用范围最广的镜头，大多数视觉检测或民用项目均需要使用	有"透视现象"和畸变，用该镜头做检测时，必须做标定，用于宏观检测
远心镜头	视场范围、景深	工业检测专用的专业镜头，可看物体尺寸范围：10~200mm	无畸变，标定简易，极高解像力，可滤除干扰光线	外形尺寸较大，对被测物的尺寸有要求

镜头选择一般考虑以下参数：

工作距离（WD）：一般也叫作物距。表示焦点对准拍摄对象时，镜头顶端到拍摄对象的距离，如图 6-43 所示。

焦点距离（f）：一般也叫作焦距，它是镜头的固有参数。镜头中有代表性的镜头为焦点距离为 8 mm /16 mm /25 mm /50 mm 等规格的镜头。

视场（FOV）：指工作距离范围中的拍摄范围。一般来说，拍摄对象和镜头的工作距离越长，则视场越广（视场角）。另外，视场的广度由镜头的焦点距离来决定。我们将相对于视场，使用镜头可以拍摄的范围的角度称为视角或者视场角。

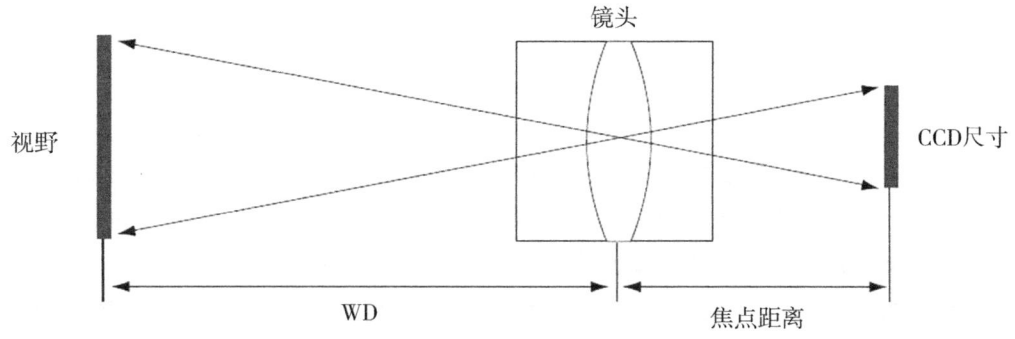

图 6-43 工作距离

景深（DOF）：是指使人感觉镜头对焦的深度范围（拍摄物体侧的距离）。范围较大时，称为"景深深"，相反范围较小时称为"景深浅"。严谨地来说，对焦位置只有一个，只不过肉眼在一定的范围内感觉图像能够清晰成像。通俗讲，景深表示满足图像清晰度要求的最远位置与最近位置的差值，景深的计算可能会相对麻烦一些它与镜头焦距、光圈值、工作距离和允许弥散斑的最大直径有关。由于允许弥散斑的最大直径是个相对量，它的可接受直径很大程度上取决于应用，因此在实际视觉应用中以实验和参考镜头给出的参考值为主。

分辨率（Resolution）：指镜头可以观察的最小间隔。如分辨率为 10μm 的镜头，可以清晰地观察线宽为 10μm、间距为 10μm 并列条纹线。分辨率不足时，人们感觉 2 根线好像重叠在一起，因此不适用于精度要求较高的检测。镜头的分辨率可以用下述的瑞利极限公式来表示。

λ：波长（可见光线时，一般用 $\lambda = 0.55\mu m$ 来计算）；

$N.A.$：对象镜头的开口数；

$$N.A. = \frac{\beta}{2F}$$

β：光学倍率；

F：有效 No。

倍率：是指检测对象的实际大小与通过光学测量仪器成像大小的比率。以往在通过显微镜的接眼部观察时，我们使用光学倍率这一概念，但是近年来由于可以将观测对象物显示在液晶显示器上的系统不断增多，显示器倍率这一概念也已经普及。用数码相机的原理考虑时，光学倍率可以通过"CCD 有效像素大小÷视野"来求得。显示器倍率可以通过"显示器对角÷CCD 素子对角× 光学倍率"计算。

F 值：（或者光圈值）是指表示镜头的明亮度的基准。准确地来说，就是镜头的焦点距离除以镜头直径（口径）得到的值。F 值的"F"来源于 focal（焦点的）这个词。

$$F = \frac{f}{D}$$

式中，F 为 F 值；D 为镜头的直径；f 为镜头焦点距离。

事实上，镜头并不会让所有光线都透过，其中的一部分会反射。而且，为了减少像差使用多个镜头，透光的光亮会变少。因此，光得透过量较多，可以获得明亮成像的镜头我们成为"亮"，相反光得透过量较镜头则成为"暗"。大大影响镜头的明暗的要素之一，就是镜头的焦点距离和直径关系，即 F 值，这个值较小的镜头称为"亮镜头"，较大的镜头称为"暗镜头"。一般的小型相机都会在镜头旁刻上"$F=2.5$""$1:2.5$"的标记，这就表示 F 值为 2.5。在相机镜头的性能上，如果 F 值达到 2.0 左右，则表示这个相机的明亮等级非常高。

根据食用菌实验需要，选择 M3514MP 镜头，百万像素，手动光圈固定焦距，C 接口、焦距 35mm。

4. 图像采集系统

对图像的采集主要根据厂商提供的相机 SDK 进行开发，开发流程如图 6-44 所示。实现相机的初始化、图像采集参数设置、图像获取及屏幕的图像显示以及相机的关闭等功能。

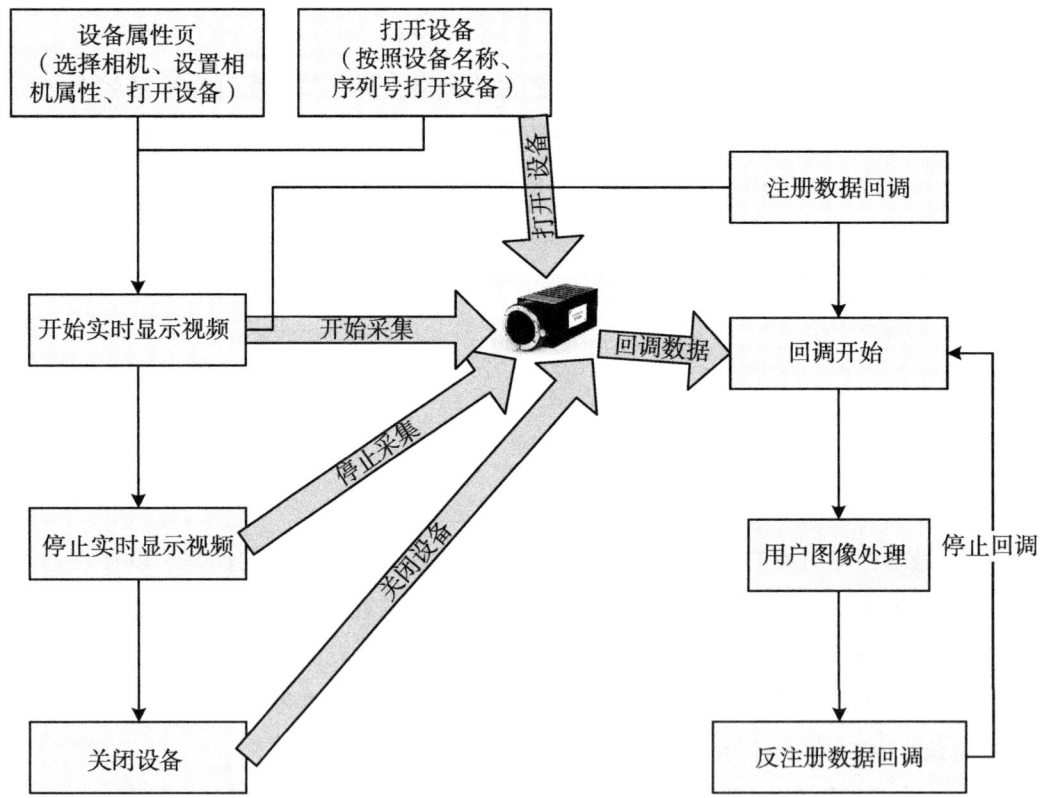

图 6-44 相机采集程序开发流程

二、食用菌图像处理算法

由于光线强弱、图像获取角度及工作中机器产生的振动等原因,可能会导致图像模糊、歪斜或缺损等情况,研究食用菌图像处理方法,改善图像数据,抑制不需要的变形或增强某些对于后续处理来说比较重要的图像特征,最大限度地简化数据,进而提高特征提取和识别的准确性。

图像处理(Image Processing)是指将图像信号转换成数字信号,进而对数字化图像做运算和处理,以达到想要的结果。这一过程中,图像信息的挖掘程度取决于图像处理使用的算法。因此,需要对图像处理的算法进行研究,主要包括:图像预处理、图像分割、特征提取。

1. 图像预处理

图像预处理主要包括图像滤波和图像锐化两个部分。图像中由于各种原因存在噪声,很多时候会被当作目标而分割出来,使分割结果不准确,图像滤波就是为了消除这些噪声,使分割后的结果更接近理想结果。采集的图像边缘和轮廓的部分比较模糊,图像锐化可以突出图像中的细节或增强被模糊了的细节,加强图像中目标的边缘和轮廓,方便对图像进行识别和处理,但同时图像锐化也会加强图像中的噪声。常用的滤波算法有邻域平均法、中值滤波、掩模消噪法、频域理想低通滤波、高斯低通滤波和小波阈值去噪等。图像锐化的主要算法有理想高通滤波、巴特沃思高通滤波拉普拉斯算子法和梯度法等。

2. 图像分割

图像分割就是将一幅图像分为若干个互不交叠的、有意义的、具有相同性质的区域,以便提取出感兴趣的目标。图像分割是图像识别和图像理解的关键,图像分割质量的好坏直接影响后续特征提取的效果。目前,对农业图像分割的研究用得较多的算法有色差法、阈值化分割法、分水岭算法、基于区域的分割(区域生长和分裂合并)、边缘检测等。

3. 特征提取

特征是一物异于他物的显著特点或是标志性特点,图像特征即指图像中的物体所具有的特征。图像特征是区分不同目标类别的依据,能够作为图像特征的因素应具有可重复性、可区分性、集中性等,而且能够应对亮度、旋转、尺度等变化的影响。图像特征包括颜色特征、形状特征和纹理特征。颜色特征包括各颜色空间中的颜色分量,通过颜色矩、颜色直方图方法提取;形状特征包括周长、面积、矩形度、圆形度、凹凸度、直径、偏心度等;纹理特征包括均一性、密度、细致度、光滑度、规则度、线性、方向性、颗粒度等,常用的方法是灰度共生矩阵。

4. 食用菌算法研究

选择有代表性的双孢菇(圆形菇)和杏鲍菇(长形菇)进行具体的算法研究。

（1）双孢菇图像分析。对采集的双孢菇图像（图6-45），首先进行图像剪裁，获取其ROI区域，采用中值滤波（5×5算子）的方法对ROI图像（图6-46）进行滤波操作；对ROI图像做颜色空间转换，分别在RGB颜色空间、HSV颜色空间、Lab颜色空间中提取各个颜色的分量图做OTSU自适应阈值分割，试验显示在HSV颜色空间中的S分量下，分割的效果最理想（图6-47）。

图6-45　原始图像

图6-46　ROI图像

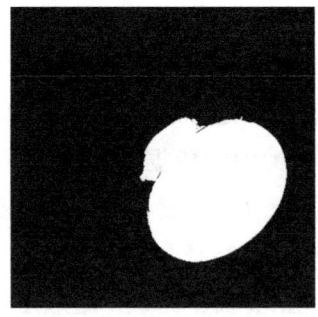

图6-47　ROI图像S分量下的分割效果

在自动化图像采集的过程中，有可能会在采集的图像中混入杂质，使图像分割的结果有噪声；光照、背景等环境因素也可能导致图像分割结果有噪声点（图6-48）。

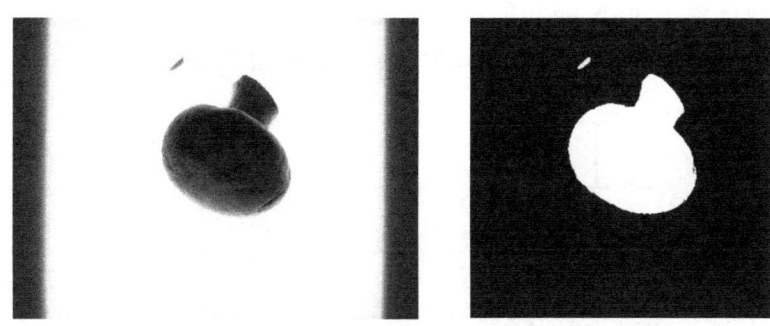

图 6-48　采集图像中有杂质

为解决这一问题，对分割后的图像进行连通区域分析。连通区域（Connected Component）一般是指图像中具有相同像素值且位置相邻的前景像素点组成的图像区域（Region，Blob）。连通区域分析（Connected Component Analysis，Connected Component Labeling）是指将图像中的各个连通区域找出并标记。采用基于轮廓跟踪的方法做连通区域分析：逐行扫描图像，设当前像素为 P。

①如果 P 为背景点，则继续，直到扫描到前景点。

②如果 P 是 Labeled 的，且正上方的像素为背景像素（图 6-49），认为 P 是一个新遇见的外轮廓的起点，然后以 P 为起点，开始进行 contour tracing 跟踪外轮廓，为该轮廓上的所有点标记为新的标号 C，然后 C＝C+1。

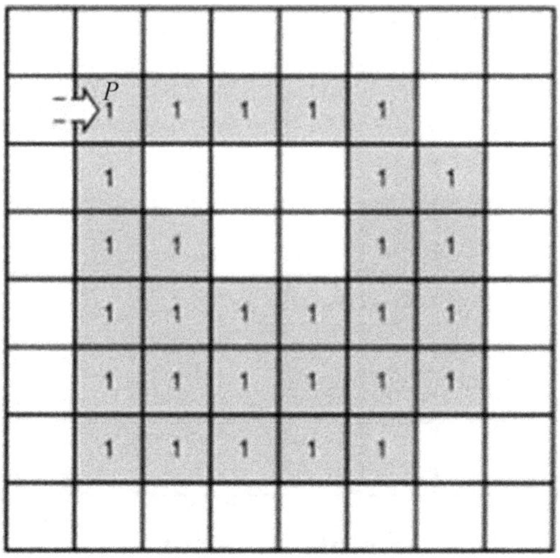

图 6-49　背景像素 1

③如果 P 的正下方的像素是 unmarked（这里 marked 是指在 contour tracing 中外围轮廓周围的背景点会被 mark）的背景像素。这里有两种情况：如果 P 是 labeled 的（图 6-50），则 P 既是外轮廓点，又是内轮廓点；如果 P 是 unlabled 的（图 6-51），则 P 左边的点 N 一

定是 labeled，则设置 P 和 N 相同的标号。无论是哪种情况，都以 P 为起点进行 contour tracing 跟踪内轮廓，并把轮廓上所有的点标记和 P 相同的标号。

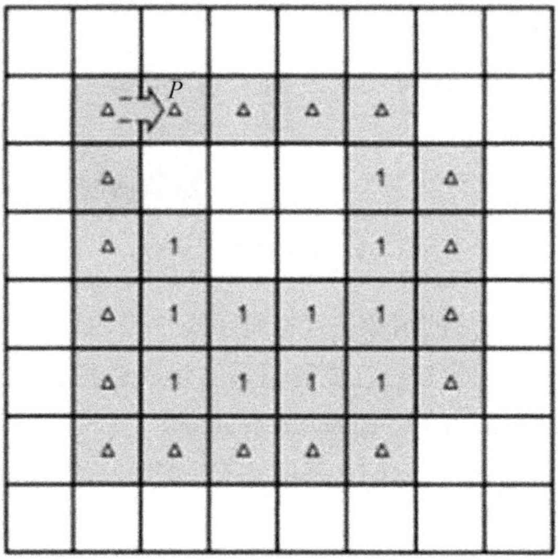

图 6-50　背景像素 2

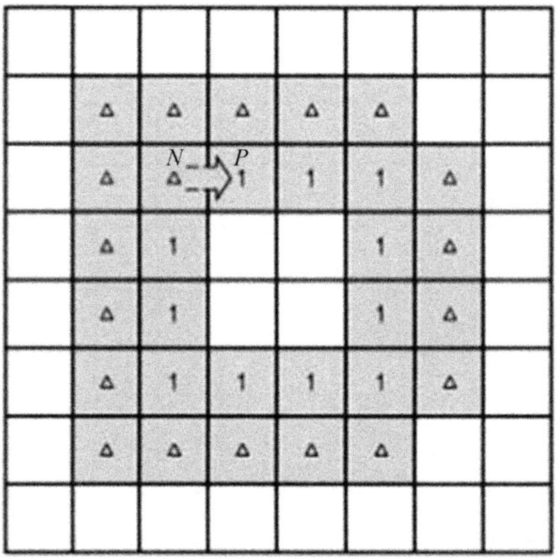

图 6-51　背景像素 3

④如果 P 不是以上两种情况，即 P 不是轮廓点，则 P 的左边点 N 一定是标记点，把 P 标记成和 N 相同标号即可。

连通区域分析完成后，计算图像中所有连通区域的面积。Label 为 N 的连通区域面积即为所有标号为 N 的像素点的数量。找到连通区域面积最大的连通区域，标记为双孢菇的连通区域。

计算双孢菇的连通区域的最小外接圆（图6-52）。

图6-52 最小外接圆

S1：对连通区域的轮廓点P，计算P与其余轮廓点的连线长度，记录连线长度最大的连线对（P_a，P_b）；

S2：重复S1，遍历连通区域的所有轮廓点，返回连线长度最大的连线对（P_m，P_n）；将连线对Line（P_m，P_n）设为圆的直径，中点设为圆心P'；

S3：计算圆心P'与连通区域轮廓点的连线长度，如果均小于Line（P_m，P_n）/2，则返回圆心P'和直径LineD；否则进入S4；

S4：如果连通区域的轮廓上存在点P_s，有Line（P_s，P'）> Line（P_m，P_n），则以P_s，P_m，P_n三点定圆，返回圆心和直径，进入S3；

将算法计算得到的双孢菇连通区域最小外接圆在图像中标记，并输出外接圆圆心作为双孢菇抓取的平面坐标，外接圆直径作为双孢菇分级指标。

(2) 杏鲍菇图像分析。将杏鲍菇图像从彩色图像（图6-53）转换为灰度图像（图6-54），对灰度图像做中值滤波（5×5算子）；计算灰度图像的直方图（图6-55），观察到直方图类似双峰一谷，最低点为50；以50为阈值对图像做二值化（图6-56）；过滤掉像素数小于200的连通分量，这样将杏鲍菇从背景区域中分割出来（图6-57）。

对二值图像做连通区域分析（参考双孢菇连通区域分析算法），找到连通区域面积最大的连通区域，标记为双孢菇的连通区域。首先计算杏鲍菇连通区域的凸包。凸包求解采用Graham算法：

在所有点中选取y坐标最小的一点H，当作基点。如果存在多个点的y坐标都为最小值，则选取x坐标最小的一点。坐标相同的点应排除。然后按照其他各点p和基点构成的向量<H, p>与x轴的夹角进行排序，夹角由大至小进行顺时针扫描，反之则进行逆时针扫描。根据向量的内积公式求出向量的模实现中无须求得夹角。以图6-58为例，基点为

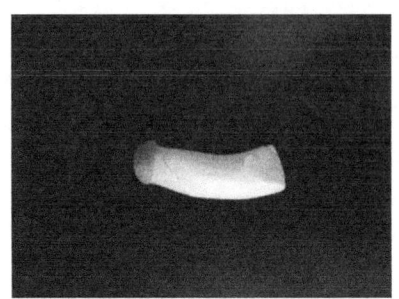

图 6-53 杏鲍菇彩色图

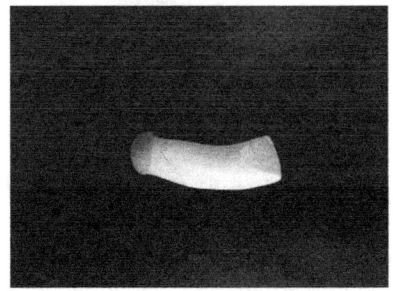

图 6-54 杏鲍菇灰度图

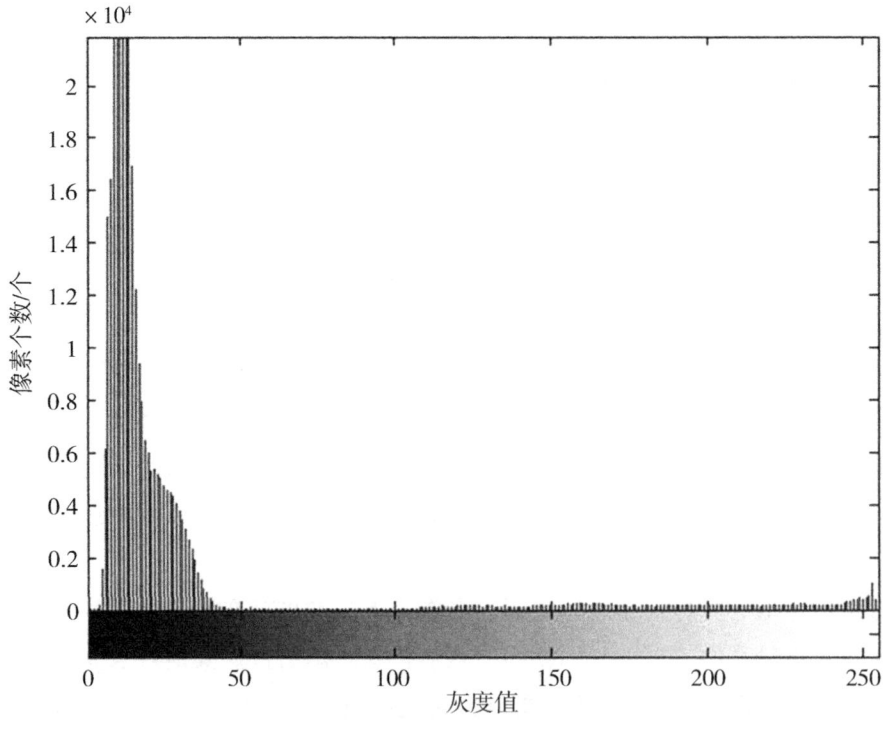

图 6-55 灰度图像直方图

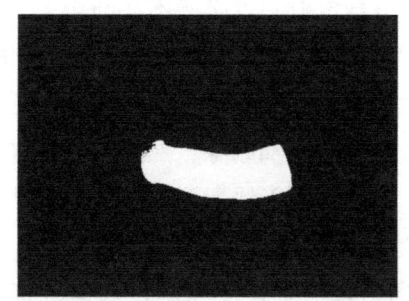

图 6-56 以 50 为阈值对灰度图做二值化

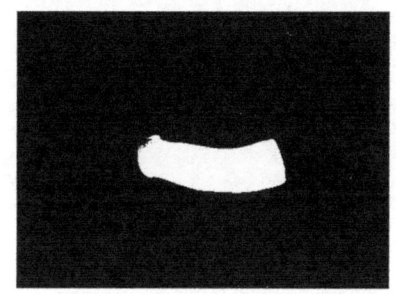

图 6-57 过滤像素数小于 200 的连通分量

H，根据夹角由小至大排序后依次为 H、K、C、D、L、F、G、E、I、B、A、J。下面进行逆时针扫描。

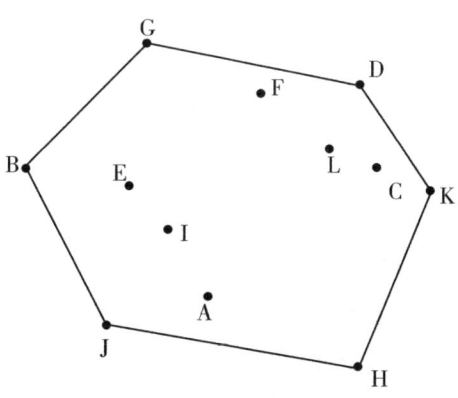

图 6-58 扫描图 1

线段<H，K>一定在凸包上，接着加入 C。假设线段<K，C>也在凸包上，因为就 H、K、C 三点而言，它们的凸包就是由此三点所组成。但是接下来加入 D 时会发现，线段<K，D>才会在凸包上，所以将线段<K，C>排除，C 点不可能是凸包。

当加入一点时，需考虑前面的线段是否会出现在凸包上。从基点开始，凸包上每条相邻的线段的旋转方向应该一致，并与扫描的方向相反。如果发现新加的点使得新线段与上线段的旋转方向发生变化，则可判定上一点必然不在凸包上。实现时可用向量叉积进行判断，设新加入的点为 p_{n+1}，上一点为 p_n，再上一点为 p_{n-1}。顺时针扫描时，如果向量 $<p_{n-1}, p_n>$ 与 $<p_n, p_{n+1}>$ 的叉积为正（逆时针扫描判断是否为负），则将上一点删除。删除过程需要回溯，将之前所有叉积符号相反的点都删除，然后将新点加入凸包。

以图 6-59 为例，加入 K 点时，由于线段（H，K）相对于（H，C）为顺时针旋转，所以 C 点不在凸包上，应该删除，保留 K 点。接着加入 D 点，由于线段<K, D>相对<H, K>为逆时针旋转，故 D 点保留。按照上述步骤进行扫描，直到点集中所有的点都遍历完成，即得到凸包。

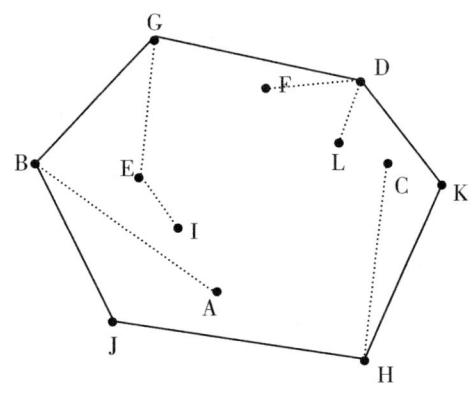

图 6-59　扫描图 2

根据得到的凸包计算杏鲍菇联通区域的最小外接矩形，已经证明最小外接矩形的一条边一定在凸包的某条边上，则算法如下：

S1：对凸包上的边 P_nP_{n+1}，其相对于 x 轴的角度 α_n 为 $\tan^{-1}\dfrac{y_n - y_{n+1}}{x_n - x_{n+1}}$，用 α 做坐标变换，使边 P_nP_{n+1} 水平；

S2：对凸包上的其余点，求 x 的最小和最大值、y 的最大值，$(x_{min}, 0)$，$(x_{max}, 0)$，(x_{min}, y_{max})，(x_{max}, y_{max}) 为外接矩形的四个点，计算外接矩形的面积；

S3：重复 S1、S2，面积最小的外接矩形即为杏鲍菇联通区域的最小外接矩形，将矩形的点坐标转换为原始坐标系下的坐标。

以外接矩形的长边作为杏鲍菇的菌柄长度，以外接矩的中心作为杏鲍菇的平面坐标。

用分割得到的二值图像对原图像做覆膜法，可以得到杏鲍菇的 ROI 图像（图 6-60），在 ROI 图像中提取菌盖部分。注意到菌盖与菌柄有明显的颜色差异，考虑用颜色分量提取菌盖。试验了提取 RGB、HSV、Lab 颜色空间的各个分量，阈值分割的效果都不理想。而 Lab 空间中的 a 分量和 b 分量（图 6-61 和图 6-62），虽然分割的结果不理想，但大体区域是对的，而且有互补性，通过对两个分割图像做卷积，得到了菌盖区域（图 6-63）。

对杏鲍菇菌盖的二值化图像做连通区域分析（参考杏鲍菇连通区域分析算法），计算

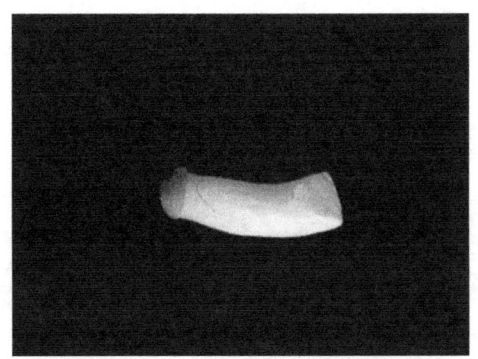

图 6-60　杏鲍菇 ROI 图像

图 6-61　a 分量分割结果

图 6-62　b 分量分割结果

最小外接矩（参考杏鲍菇最小外接矩算法），以最小外接矩的长边作为双孢菇菌盖直径。这样就得到了杏鲍菇的分级指标和平面坐标，对原图像做标记如图 6-64 所示。

当采集的图像中包含多个杏鲍菇（图 6-65），为准确定位每个杏鲍菇的位置，需要解

图 6-63　卷积结果

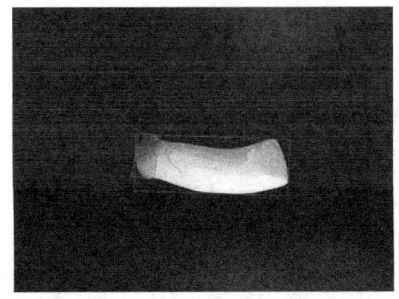

图 6-64　杏鲍菇图像分析结果

决杏鲍菇的交叠问题（图6-66）。使用分水岭算法将交叠物体分开（图6-67），每个物体认为是一个单独的杏鲍菇，采用前述的图像分析方法对每个物体做分析，结果如图6-68所示。

图 6-65　多杏鲍菇的图像

分水岭算法认为图像是测地学上的拓扑地貌，图像中每一点像素的灰度值表示该点的海拔高度，每一个局部极小值及其影响区域称为集水盆，而集水盆的边界则形成分水岭。整个模型慢慢浸入水中，随着浸入的加深，每一个局部极小值的影响域慢慢向外扩展，在两个集水盆汇合处构筑大坝，即形成分水岭。算法包括两部分：

图 6-66 交叠的杏鲍菇

图 6-67 用分水岭算法将交叠物体分开

图 6-68 多杏鲍菇的图像分析结果

①排序。在逐渐淹没过程中,并非每次均需处理全部像素。为了能直接访问需要处理的像素,按像素灰度值的升序排列像素,得到一个排序后的像素矩阵,这样可以加速计算。

②淹没。通过利用排序后的图像按图像像素灰度值升序地访问每一个像素来执行。对每

一聚水盆地分配不同的标记，从整个图像的最小像素值开始，分配标记，依次淹没，利用先进先出的数据结构，即循环队列来扩展标记过的聚水盆地。通过一定的规则，分配分水岭标记，可以得到准确的结果。

三、食用菌生产分级标准，及其图像特征库

即使是成熟的食用菌，在形状、大小、颜色、纹理等都存在一定的差异，食用菌的识别和分类是建立在对食用菌特征提取之上的。由于食用菌的种类和分级繁多，建立食用菌分类标准样本库有利于提高分类特征分析的准确性。

1. 食用菌研究种类和分级标准

根据食用菌种类，选定了双孢菇（圆形菇）和杏鲍菇（长形菇）进行研究，明确了分级标准，为提取图像特征提供依据。

根据《双孢蘑菇等级规格》NY/T 1790—2009，规定了双孢蘑菇的等级（表6-22）和双孢蘑菇的规格（表6-23）。

表6-22　新鲜白色双孢蘑菇等级

项目	特级	一级	二级
菇体颜色	白色，无机械损伤或其他原因导致的色斑	白色，有轻微机械损伤或其他原因导致的色斑	白色或乳白色，有机械损伤或其他原因导致的色斑
菇体形状	圆形或近圆形，形态圆整，表面光滑，菇盖无凹陷；菇柄长度不大于10mm；无畸形菇、变色菇和开伞菇。无机械损伤及其他伤害	圆形或近圆形，形态圆整，表面光滑，菇盖无凹陷；菇柄长度不大于15mm；畸形菇、变色菇和开伞菇的总量小于5%。轻度机械损伤及其他伤害	圆形或近圆形，形态圆整，表面光滑；菇柄长度不大于15mm；畸形菇、变色菇和开伞菇的总量小于10%。菇体有损伤，但仍具有商品价值

表6-23　新鲜白色双孢蘑菇规格

规格	小（S）	中（M）	大（L）
菌盖直径/cm	<2.5	2.5~4.5	>4.5
同一包装中大直径和最小直径差异	≤0.7	≤0.8	≤0.8

在标准中，对新鲜白色双孢蘑菇等级的分级通过颜色、形状、菇柄长度、是否有机器损伤等条件判断；对新鲜白色双孢蘑菇规格的分级通过菌盖直径和同一包装中大直径和最小直径差异为条件判断。

对杏鲍菇的分级，没有查阅到国家和地方相关标准，但在生产规程中会有一些规定，

根据以下规定进行分级判断（表6-24）。

表6-24 杏孢菇分级判断

项 目	要求		
	一级	二级	三级
形态	直圆柱状	直圆柱状	—
菇盖直径/cm	3~5	1~5	>5
菇体长度/cm	12~14	6~12	5以下；14以上
残缺菇（≤）/%	5.0	10.0	15.0
不允许混入物	虫菇、烂菇、霉变菇、活虫体、动物毛发、排泄物、金属等异物和其他杂质		

2. 食用菌图像特征

图像特征是指图像中具有食用菌生产标准中要求具有的某种特征成分，可以通过对图像测量和处理进行提取，主要包括食用菌的形状特征、大小特征和颜色特征等，进行建立图像样本特征数据库，为识别系统的图像匹配提供样本。特征提取的方法有很多，从一个模式中提取什么特征，因不同模式而异，并与识别的目的、方法等有直接关系，进行食用菌特征提取，尽可能减少整个识别系统的处理时间和错误识别概率。

双孢菇和杏鲍菇的分级标准是实物特征，该实物特征反映到图像中会有损失或者偏差，因此基于视觉技术的双孢蘑菇分级偏向于利用图像中表现出来的，可以被量化的特征。用于图像识别的特征一般可以分为如下几种：

（1）直观性特征。如图像的边沿、轮廓、纹理和区域等。这些都属于图像灰度的直观特征。它们的物理意义明确，提取比较容易，可以针对具体问题设计相应的提取算法。

（2）灰度统计特征。如灰度直方图特征，将一幅图像看作一个二维随机过程，引入统计上的各阶矩作为特征来描述和分析图像。典型的此类特征如图像的7个矩不变量。

（3）变换域特征。对图像进行各种数学变换，可以将变换域的系数作为图像的一种特征，例如小波变换、曲波变换、变换、离散余弦变换、变换等在图像特征抽取方面均有广泛的应用。

（4）代数特征。代数特征反映了图像的一种内在属性，将图像作为矩阵看待，可对其进行各种代数变换，或进行各种矩阵分解，由于矩阵的特征向量反映了矩阵的一种代数属性，并且具有不变性，因此可用来作为图像特征。

将标准中双孢蘑菇的等级和规格的分级标准，映射为图像标准，提出以菌盖直径作为双孢菇图像分级的依据，同时定义了图像中对菌盖直径和菌柄长度在图像中的解释（表6-25）。参考双孢蘑菇的图像分级标准，定义了杏鲍菇的图像分级标准（表6-26）。

表 6-25　双孢蘑菇图像分级特征参数定义

特征参数	定义
伞盖面积	双孢菇伞盖区域面积

表 6-26　杏鲍菇图像分级特征参数定义

特征参数	定义
菌盖直径	杏鲍菇伞盖区域最小外接矩形的最长边
菌柄长度	杏鲍菇伞柄区域最小外接矩形的最长边

图像分级的特征值需要向实物特征做转化，即：将特征参数转换为实际的食用菌菌盖直径和菌柄长度（单位：厘米）。方法是：

S1：在图像区域中设立标定尺，并已知标定尺的实际长度；

S2：在图像中提取标定尺的图像长度，与标定尺实际长度做比值计算转换尺；

S3：食用菌图像特征参数中的菌盖直径和菌柄长度，通过转换尺转换为实物长度。

得到食用菌的实物长度，可以根据食用菌大小进行分级（参考双孢菇）。

四、食用菌图像智能化识别平台

将图像采集、预处理、特征数据库进行集成，被识别的食用菌图像进行一系列的预处理和特征提取计算后，根据特征数据库，进行分类识别，给出食用菌分类级别，构建了食用菌图像智能化识别平台，对采集的大量图像进行管理，并实现了对采集的图像进行处理并分类，系统框架如图 6-69 所示。

1. 系统功能

主要能包括：图像采集设备选择、图像采集设备属性设置、抓取图像、保存不同格式图像、系统日志等内容。具有以下功能：

（1）图像采集设备选择。如果一台计算机上连接有多个图像采集设备，则每次打开图像时需要首先选择某个特定设备来进行图像的显示与采集。

（2）图像采集设备属性设置。针对选定的图像采集设备，可以设置其曝光时间、外触发功能、视频显示格式等属性。

（3）抓取图像。针对当前视频流，获取一帧图像并显示在相应窗口。

（4）保存不同格式图像。针对不同应用及不同处理需求，可以保存 BMP 格式和 JPEG 两种格式。

（5）图像特征提取。针对当前获取的图像，运用相关图像信息提取方法，从伞盖颜

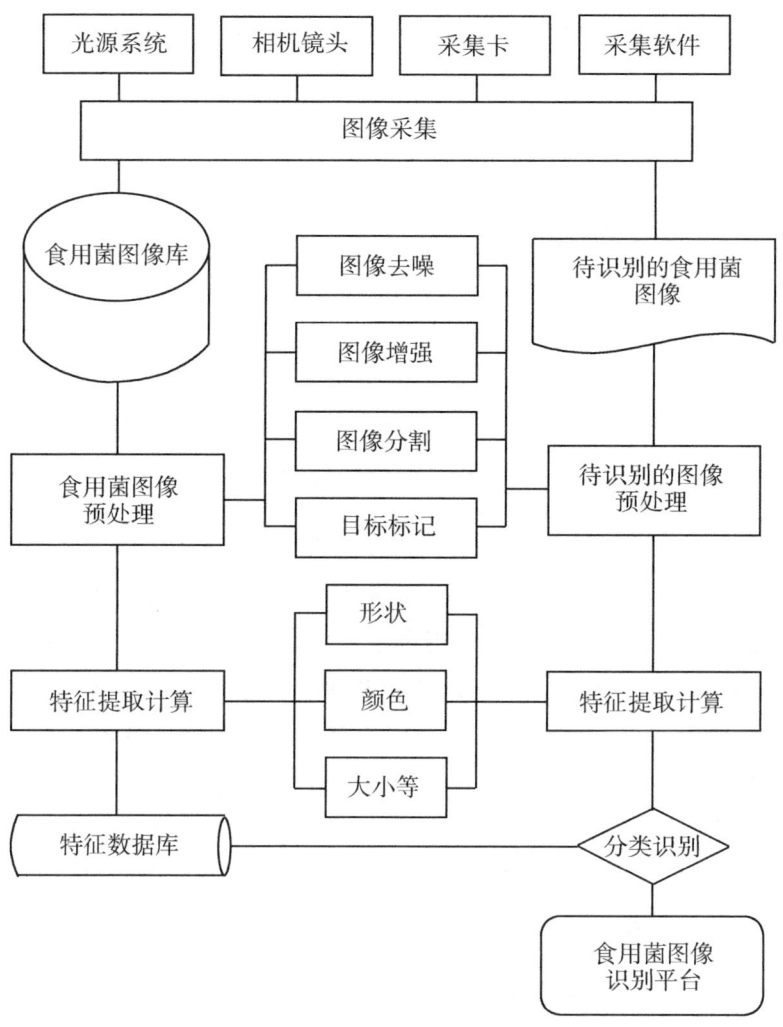

图 6-69 食用菌图像智能化识别平台

色、伞盖面积、伞柄长度等几个方面提取双孢蘑菇特征。

（6）图像识别分类。根据提取的图像特征及图像特征分类表，对当前图像的等级和规格做出相应判断。

（7）系统日志功能。软件提供系统日志功能，对于用户使用过程中可能出现的错误进行自动记录，方便系统的进一步完善。

2. 系统使用说明

（1）系统登录。系统登录主要用于对管理者进行安全性检查，以防止非法用户进入该系统。在登录时，只有合法的用户才可以进入该系统。系统登录模块运行结果如图 6-70 所示。

图 6-70　系统登录界面

登录模块的重点在于将用户输入的用户名和密码与数据库中用户名和密码进行比较，如果相同将允许用户进入系统的操作界面；否则会弹出提示框，提示用户输入的用户名或者密码错误。该模块的实现原理是，根据用户输入的用户名和密码在数据库中查找是否有相符的记录，并将查询结果填充到 DataSet 数据集中，然后判断该数据集中所包含表的行数是否大于零，如果大于零，则表示输入的用户名和密码正确，从而成功登录系统；否则，弹出提示信息。

进入系统后，主界面如图 6-71 所示，显示选择设备、属性设置、开启设备、抓取图像、保存 BMP、保存 JPG、图像处理等按钮，分别对应各自的功能，点击选择设备按钮，出现设备选择对话框如图 6-72 所示。

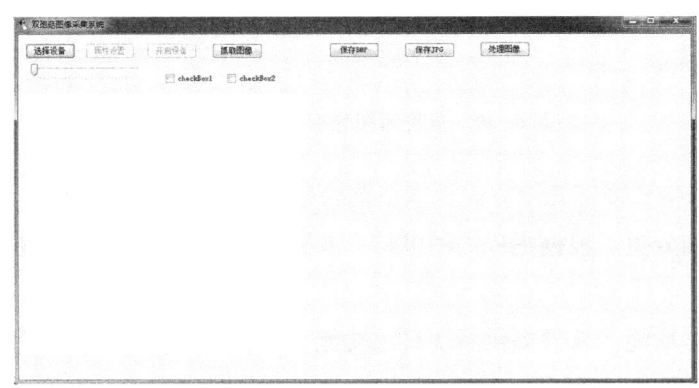

图 6-71　登录后系统主界面

（2）图像显示及设备属性设置。成功选择设备后，点击开启设备按钮，会有对应的视频流显示在左侧窗口中，如图 6-73 所示。如果想调节视频流的清晰度、曝光时间、色彩饱和度等，可以点击属性设置按钮，显示属性设置对话框如图 6-74 所示。

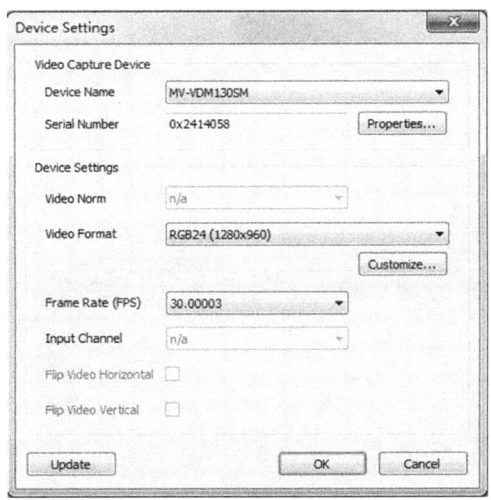

图 6-72　设备选择对话

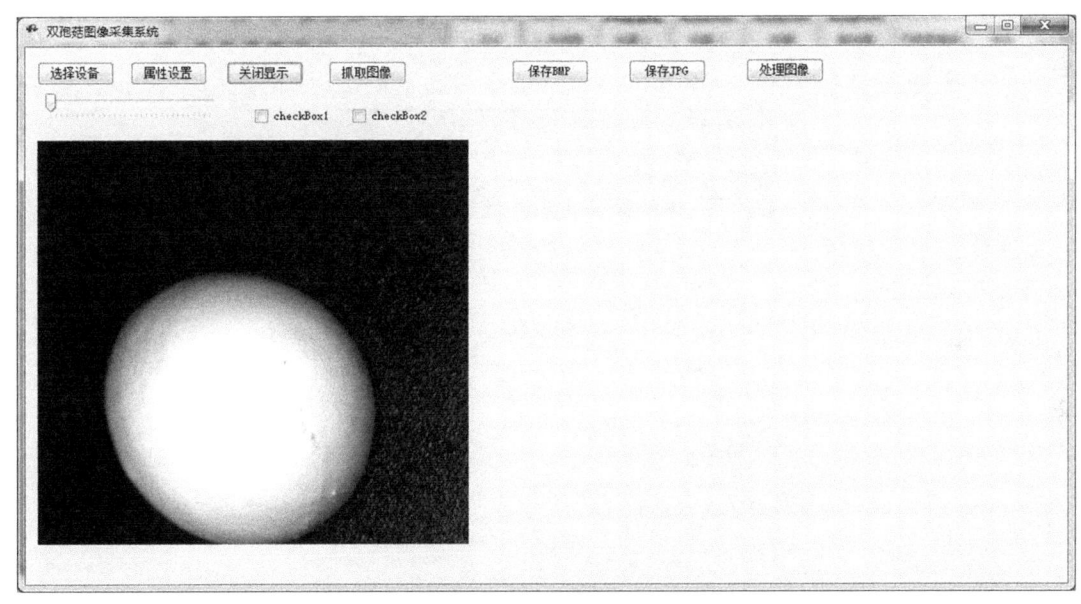

图 6-73　开启设备后显示视频

图 6-74 显示了采集设备的增益、曝光时间、最大值等，也可以点击 Default 按钮使用默认设置，设置好后点击 Update 按钮更新自定义的值。选项卡右侧有个 Special 页面如图 6-75 所示。

（3）抓取图像。设置好所有属性，达到满意的图像效果后，就可以采集图像了，点击抓取图像按钮，所抓取的图像显示在软件右侧，显示如图 6-76 所示。

（4）保存不同格式图像。针对不同应用及不同处理需求，可以保存 BMP 格式和 JPEG 两种格式。保存图片界面如图 6-77 所示。

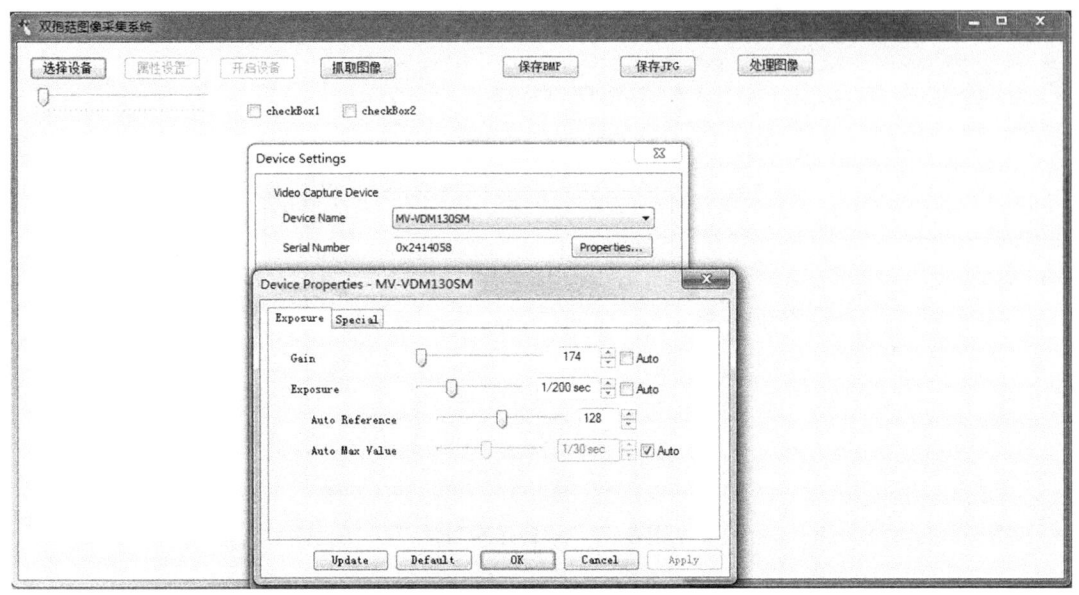

图 6-74 曝光时间设置

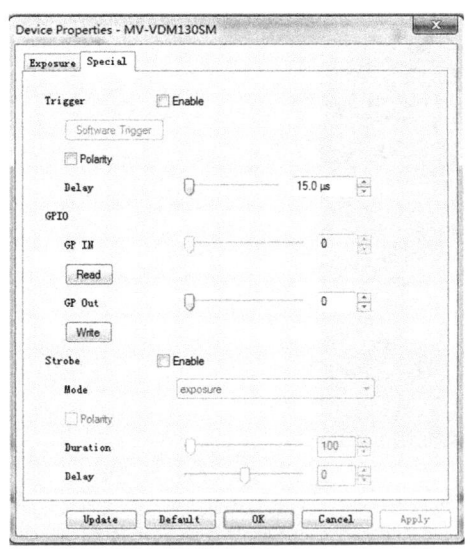

图 6-75 Special 设置页面

(5) 图像特征提取。针对当前获取的图像，运用相关图像信息提取方法，从伞盖颜色、伞盖面积、伞柄长度等几个方面提取双孢蘑菇特征，如图 6-78 所示。

(6) 图像识别分类。根据提取的图像特征及图像特征分类表，对当前图像的等级和规格做出相应判断，如图 6-79 所示。

(7) 系统日志功能。软件提供系统日志功能，对于用户使用过程中可能出现的错误进行自动记录，方便系统的进一步完善。相关错误记录在名为 log-file 的文本文件中，当出

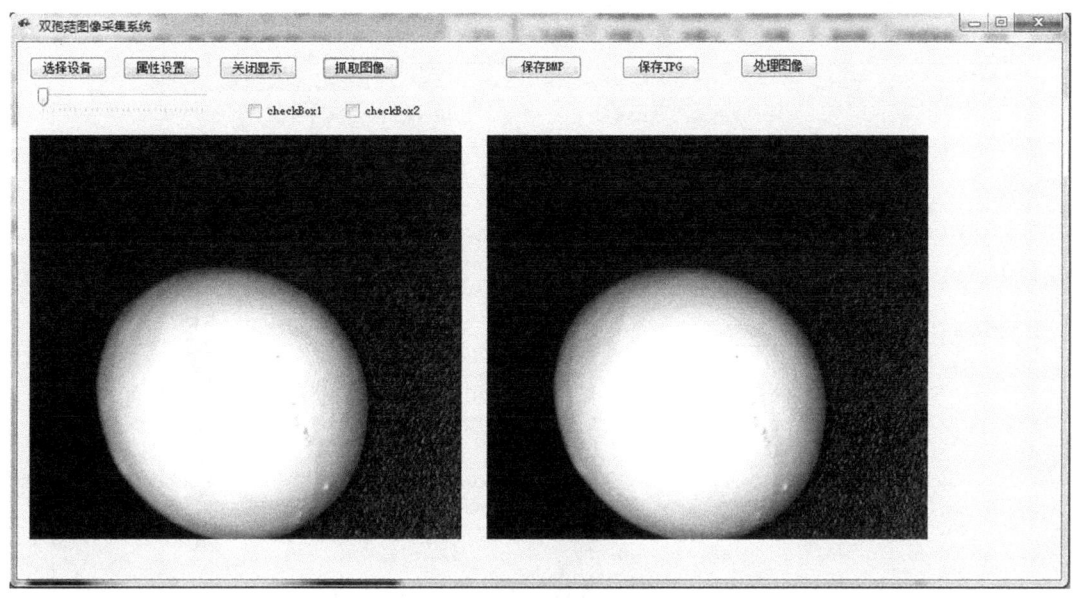

图 6-76 抓取图像界面

图 6-77 控制设置界面

现错误时用户可以打开该日志文件进行查看对应的错误记录，日志记录内容如图 6-80 所示。

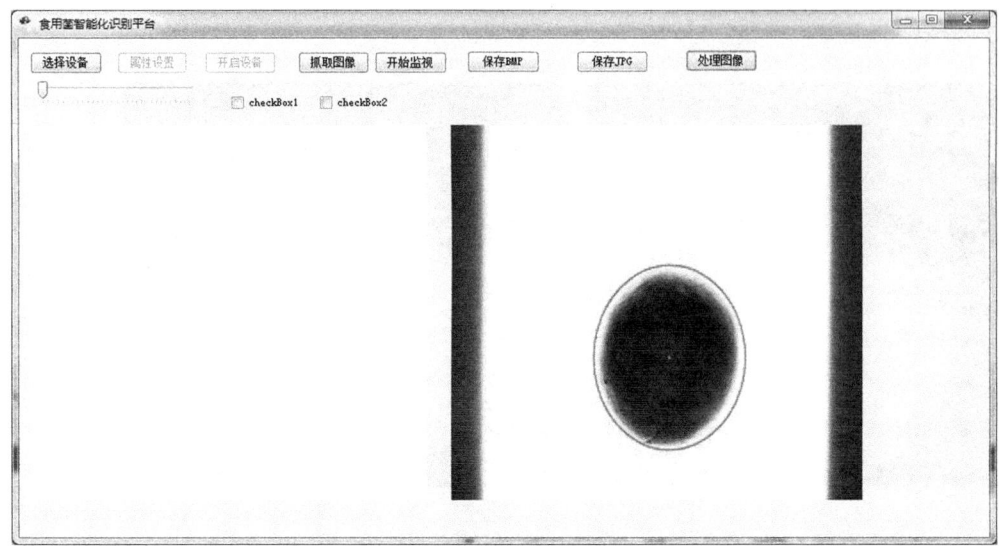

图 6-78　图像特征提取

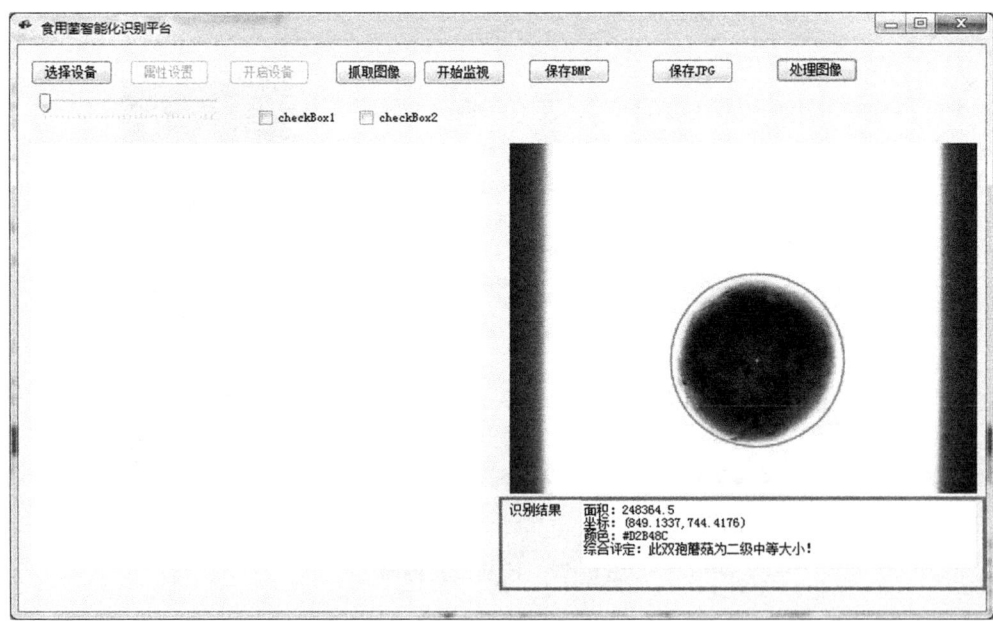

图 6-79　图像识别分类

图 6-80 系统日志记录

参考文献

安进强，魏颖琼，安昭先，等，2020. 基于GPRS DTU的农业灌溉施肥智能化控制系统的应用研究［J］. 中国设备工程（19）：247-248.

毕武，刘瑞林，周大元，等，2017. 我国食用菌工厂化生产现状与发展趋势［J］. 林业机械与木土设备，45（6）：12-14.

蔡君如，2020. 大数据视角下的食用菌电商发展路径［J］. 中国食用菌，39（3）：171-173.

陈才燕，2020. 基于CT成像的核桃内部品质无损检测方法［D］. 广州：华南农业大学.

成斌斌，2014. 土壤pH的测定［J］. 化学教与学（4）：95-97.

程仕发，2020. 智能温室大棚监控系统的研究与设计［D］. 太原：太原理工大学.

邓明杨，2020. 基于云计算的食用菌环境信息自动采集仿真系统［J］. 中国食用菌，39（2）：99-101.

丁思发，2019. 基于Zig Bee水产养殖环境监测系统的设计［J］. 信息系统工程（3）：83-84.

董浩然，于海龙，姜宁，等，2024. 中国食用菌工厂化生产发展现状及趋势［J］. 食药用菌，32（1）：1-9.

董通科，2021. 杏鲍菇菇蕾分化期的湿度场调节方法研究［D］. 银川：宁夏大学.

范寒柏，胡杨，党武松，2013. 七电极电导率传感器测量电路设计与实现［J］. 电子科技，26（12）：75-77.

范文婷，2021. 大数据背景下食用菌企业精准营销路径研究［J］. 北方经贸（6）：63-65.

范文婷，2020. 大数据背景下食用菌企业精准营销路径研究［J］. 质量与市场（24）：99-100.

冯友谊，2008. 计算机通信技术［M］. 北京：北京邮电大学出版社.

高红，党志文，高武，2020. 基于大数据技术的食用菌企业创新决策模式分析

[J]. 中国食用菌，39（10）：146-148，156.

高云，2024. 基于 LoRa 和 NB-IoT 技术的精准农业环境远程监测研究［J］. 物联网技术，14（12）：51-55.

顾晓涵，2024. 大数据在农业决策支持系统中的应用与效果评估［J］. 河北农机（19）：43-45.

郭洪恩，刘阳，杨化伟，等，2022. 基于 PLC 的菇房光照控制系统开发［J］. 农业装备与车辆工程，60（7）：20-23.

郭立超，2024. 大数据技术在农业耕地质量评估中的应用［J］. 河北农机（18）：66-68.

郭宗辉，2024. 基于 LoRa 通信技术的农业监测系统设计［J］. 智能物联技术，56（5）：72-75.

韩雪，2024. 数智赋农：基于"5G+智慧农业"的农业发展新模式研究［J］. 山西农经（9）：151-153，204.

韩亚男，赵柏秦，吴南健，2016. 面向 WSN 的土壤盐分、水分、温度传感器的设计［J］. 仪表技术与传感器（11）：5-9，18.

何祖源，刘银萍，马麟，等，2019. 小芯径多模光纤拉曼分布式温度传感器［J］. 红外与激光工程，48（4）：285-291.

侯金乾，2017. 基于 GPRS 多要素农业气象自动站的雷电防护［J］. 内蒙古气象（3）：39-41.

胡雪，杨晓玲，张航，等，2024. 无线宽带自组网与卫星移动通信技术的融合应用［J］. 电子技术，53（8）：76-77.

黄上上，2024. 大数据技术在农业领域的应用研究与前景展望［J］. 河南农业（19）：13-14.

贾朋松，徐颖，2022. 基于蓝牙 Mesh 网络的智慧农业大棚监控系统［J］. 无线通信技术，31（4）：16-19，23.

蒋泉康，1995. 谈谈农村有线广播电视共缆传输［J］. 中国广播电视学刊（7）：56-58.

蒋婷，2014. 远程数据采集在智能农业中的应用［D］. 苏州：苏州大学.

琚赟，2014. 工业有线—无线传感器网络透明传输技术的研究及应用［D］. 北京：华北电力大学.

匡兴红，梁定乾，时雨，等，2024-12-26. 全局感知 AGV 的导航控制技术研究［J/OL］. 机械科学与技术，1-9. https://doi.org/10.13433/j.cnki.1003-8728.20230377.

赖武刚，郭勇，詹鹏，2010. 大气压强传感器 TP015P 在海拔高度测量中的应用［J］. 电子元器件应用，12（8）：11-13.

雷友建，胡佳艺，2024. 5G 数字农业生态控制系统设计与研究 [J]. 中国宽带，20 (10)：127-129.

李宝庆，杨克定，张道帅，1987. 用实测土壤水势值推求土壤蒸发量 [J]. 水利学报 (3)：35-40.

李冰洋，2023. 杏鲍菇气调包装生产线控制系统改进设计 [D]. 银川：宁夏大学.

李长田，谭琦，边银丙，等，2019. 中国食用菌工厂化的现状与展望 [J]. 菌物研究，17 (1)：6-7.

李冬梅，2024. 大数据环境下玉溪农业信息化发展现状 [J]. 山西农经（20）：138-140.

李海强，2016. LTE 多模终端的关键技术及系统设计＝Key technology and system design for LTE multimode terminal [M]. 北京：北京理工大学出版社.

李浩宇，王少锋，刘慧，等，2023. 基于 PLC 的双层葵花籽烘干机控制系统设计 [J]. 包装与食品机械，41 (5)：71-75，81.

李建国，2009. 高性能七电极电导率传感器技术研究 [J]. 海洋技术，28 (2)：4-10.

李润林，杨华勇，2022. 基于 LoRa 和 NB-IoT 技术的智慧农业监测平台 [J]. 智慧农业导刊，2 (18)：14-17.

李晓静，2009. 面向数字农业的 CDMA 无线网络监测 [J]. 电脑编程技巧与维护 (S1)：106-107.

李艳文，2024. 如何利用 RFID/NFC 技术为标签赋能 [J]. 标签技术（6）：15-17.

李莹，2024. 木耳生长环境参数研究与棚室环境控制系统设计 [D]. 长春：吉林农业大学.

廖盛美，2024. 基于检验检测大数据的食品过程质量控制研究 [D]. 贵阳：贵州医科大学.

刘慧，赵伟强，刘建，等，2015. 植物光合有效光辐射测量技术的现状及需求 [J]. 中国照明电器（8）：35-39.

刘凯，马晨，赵杰，等，2021. 基于 GPRS 和 ZigBee 的农业管理系统设计 [J]. 电气传动自动化，43 (2)：19-21.

刘康，黄蘋，2019. 基于大数据视角下的食用菌高效物流配送系统优化应用研究 [J]. 中国食用菌，38 (10)：43-45，49.

刘启燕，戚俊，周洪英，等，2018. 食用菌液体菌种工厂化生产应用现状及发展浅析 [J]. 食用菌，40 (6)：8-10.

刘强，2018. 基于关节角度检测的机械臂控制系统设计与实现 [D]. 昆明：云南大学.

刘伟，马彪，马利强，等，2021. 卡尔曼滤波融合遗传 PID 控制算法在提高播种精度中的应用［J］. 安徽农业大学学报，48（4）：674-679.

刘洋，傅巍，郑伟，2017. 一种四电极电导率传感器的研制与实验［J］. 环境技术（3）：71-75.

刘怡，2020. 大数据时代食用菌企业精准营销策略［J］. 中国食用菌，39（8）：136-138.

刘志鹏，2021. 基于高光谱成像的双孢蘑菇品质快速检测方法的研究［D］. 广州：华南理工大学.

卢丹，王丽丽，郑纪业，等，2017. 基于图像处理的双孢蘑菇分级方法研究［J］. 山东农业科学，49（10）：126-130.

罗慧，2024. 大数据背景下基于物联网的智慧农业与乡村振兴发展［J］. 中国农机装备（11）：96-98.

罗孝兵，刘冠军，王军涛，等，2013. 一种四电极电导率传感器的研制［J］. 传感器与微系统，32（2）：105-107.

罗宇，2019. 高精度温控设备在食用菌工厂化栽培中的应用研究［J］. 中国食用菌，38（4）：127-130.

骆凯，王彬，罗昆，等，2018. 一种土壤温湿度智能监测系统设计［J］. 科技经济导刊，26（26）：75.

麻灵，孙红敏，2016. 基于 NFC 的抗干扰农业物联网监测系统开发［J］. 河南农业科学，45（8）：149-154.

马骥，曲佳欢，孙大文，等，2012. 高光谱成像在食品质量评估方面的研究进展与应用（二）［J］. 肉类研究，26（5）：42-48.

卯晓岚，1988. 我国的食菌资源及其利用［J］. 食用菌（1）：4-5.

莫章洁，2016. 基于 ZigBee 与 GPRS 的农业数据采集系统设计［J］. 贵州师范学院学报，32（9）：40-43.

宁亚倩，2024. 基于 X 射线 CT 成像技术的芒果内部缺陷判别与品质检测研究［D］. 武汉：武汉轻工大学.

潘宁，2022. 基于 LoRa 和 RFID 的智慧农业信息溯源系统设计［J］. 长江信息通信，35（10）：74-76，79.

彭达，赖惠鸽，李少东，等，2024. 基于 PLC 和 RobotStudio 的冻干香菇自动化分选工作站仿真设计［C］//中国力学学会产学研工作委员会. 第二十届中国 CAE 工程分析技术年会论文集. 宁夏大学机械工程学院：6.

彭飞，2023. 基于低功耗蓝牙 Mesh 组网的照明系统设计与实现［D］. 上海：华东师范大学.

祁鹏,2024. 基于LoRa+5G的低成本智慧农业物联网系统设计 [J]. 河北农业 (6): 37-38.

任壮,2023. 基于LoRa网络的农业大棚环境检测与控制系统设计 [D]. 芜湖: 安徽工程大学.

桑浩博,2024. 基于大数据分析的农业机械智能化路径规划研究 [J]. 南方农机, 55 (S1): 50-53, 72.

石征锦, 谢峰, 刘子弘, 等,2020. 基于自适应模糊PID物联网智慧大棚控制系统的研究 [J]. 现代制造技术与装备 (1): 1-3.

宋驰, 姚璐晔, 徐兵, 等,2017. 食用菌液体菌种生产技术标准现状与对策 [J]. 中国食用菌, 36 (3): 18-20.

苏扬,2017. 基于无线宽带网络的物联网设计与应用 [D]. 洛阳: 河南科技大学.

宿晓锋, 刘映杰, 张浩晨,2017. 一种土壤酸碱度和湿度测量仪的设计 [J]. 科技创新与应用 (10): 70-71.

孙风光, 张洪泉, 刘秀洁, 等,2018. 四电极海水电导率传感器设计 [J]. 传感器与微系统, 37 (12): 86-89.

孙桂英, 袁园,2024. 农业大数据在农业经济管理中的运用研究 [J]. 农业开发与装备 (11): 226-228.

涂华斌,2020. 大数据时代背景下食用菌冷链物流一体化模式 [J]. 中国食用菌, 39 (7): 120-122.

万雪芬, 杨义, 郑涛, 等,2017. 基于NFC与ZigBee技术的农业种植监测系统 [J]. 物联网技术, 7 (3): 32-35, 39.

王风云, 封文杰, 郑纪业, 等,2018. 基于机器视觉的双孢蘑菇在线自动分级系统设计与试验 [J]. 农业工程学报, 34 (7): 256-263.

王风云, 郑纪业, 赵佳, 等,2018. 基于机器视觉的双孢蘑菇分级算法 [J]. 江苏农业科学, 46 (13): 193-197.

王锋,2024-12-05. 践行大食物观着力提升农业全产业链水平 [N]. 农民日报 (002).

王冠龙, 崔靓, 朱学军,2019. 基于数字PID算法的温度控制系统设计 [J]. 传感器与微系统, 38 (1): 86-88, 96.

王桂金,2007. 金针菇工厂化生产液体菌种制作工艺研究 [J]. 食用菌, 29 (2): 16-17.

王颢澎, 赵振智,2020. 基于大数据背景下的食用菌物流配送体系 [J]. 中国食用菌, 39 (4): 120-122.

王建,2018. 基于ZigBee的无线网络技术及其应用 [J]. 黑龙江科学, 9 (1):

136-137.

王鲁, 郭旭超, 蒋健, 等, 2016. 食用菌工厂化生产环境无线监控系统的研发 [J]. 山东农业科学, 48 (1): 129-133.

王璐瑶, 卢兵友, 付广青, 等, 2024. 从大食物观视角理解"藏粮于技" [J]. 中国农业科技导报, 26 (12): 1-6.

王明友, 宋卫东, 吴今姬, 2016. 中国食用菌生产装备发展现状与重点分析 [J]. 江苏农业科学, 44 (12): 1-6.

王乾, 于亮, 任敬涛, 等, 2018. 基于LoRa与GPRS的农业智能数据采集系统设计与实现 [J]. 智库时代 (28): 1-3.

王天星, 2020. 食用菌栽培温室电能耗散机制与调控策略研究 [D]. 银川: 宁夏大学.

王岩, 孟庆祥, 韩璐, 等, 2019. 基于物联网的食用菌智能拌料管控系统 [J]. 佳木斯大学学报 (自然科学版), 37 (4): 585-588.

王耀圣, 2024. 大数据技术在农业机械化供应链中的应用与挑战 [J]. 南方农机, 55 (22): 92-95.

王勇, 骆玉奇, 杨立伟, 2020. LTE宽带通信在无线专网的应用 [J]. 信息通信技术与政策 (8): 93-96.

魏秋娟, 丛伊, 杜娟娟, 等, 2024. 基于5G网络的农业大棚环境监测系统设计与实现 [J]. 物联网技术, 14 (10): 20-23.

翁小祥, 2021. 菌类多能互补干燥房控制系统设计研究 [D]. 扬州: 扬州大学.

吴冬, 2018. 基于GPS和GPRS的混合农业植保无人机高精度定位系统设计与应用 [J]. 农业工程, 8 (5): 37-40.

吴艳, 2020. 大数据时代下学科服务助力食用菌工厂化发展 [J]. 内蒙古科技与经济 (6): 30-31, 33.

习近平, 2023-09-10. 牢牢把握东北的重要使命 奋力谱写东北全面振兴新篇章 [N]. 人民日报 (1).

席飞, 2022. 基于PLC技术的自动化生产线控制系统设计 [J]. 现代制造技术与装备, 58 (12): 208-210.

咸雪琼, 刘勃兰, 2023. 5G与人工智能技术在智慧农业融合应用的研究 [J]. 广西通信技术 (4): 39-44.

谢锡冬, 杨义, 韩芳, 等, 2016. 基于NFC技术的农业田间种植参数采集节点 [J]. 信息技术 (2): 51-54, 60.

谢振华, 2024. 智慧农业销售大数据离线处理架构设计与实现 [J]. 电脑与信息技术, 32 (5): 98-100.

熊明亮，朱立宇，李子炎，2016. 基于ZigBee与GPRS的智能农业传感节点的设计 [J]. 中国新通信，18（3）：116-117.

许伦辉，李鹏，周勇，2015. 基于ZigBee和GPRS的农业区域气象环境远程监测系统设计 [J]. 江苏农业科学，43（6）：380-383.

薛泽华，2024. 大数据管理在农业机械远程监测与调度中的应用研究 [J]. 南方农机，55（23）：63-67，88.

杨芳，2014. 基于电流-电压四端法的无线土壤电导率传感器研究 [J]. 西南师范大学学报（自然科学版），39（6）：59-63.

杨梅，刘木华，朱霏雨，等，2023. 基于蓝牙技术的土壤环境信息传感器设计 [J]. 江西农业大学学报，45（4）：963-971.

姚金玲，2020. 基于云计算和大数据的食用菌信息化共享架构研究 [J]. 电脑知识与技术，16（17）：197-199.

姚立健，SANTOSH K P，杨自栋，等，2019. 基于超宽带无线定位的农业设施内移动平台路径跟踪研究 [J]. 农业工程学报，35（2）：17-24.

姚立健，SANTOSH K P，杨自栋，等，2023. 基于超宽带无线定位的农业设施内移动平台路径跟踪研究 [J]. 农业工程技术，43（6）：79.

姚茂漩，罗怡辰，2021. 基于LoRa农业物联网智慧大棚的设计与实现 [J]. 无线互联科技，18（24）：50-53.

叶茂枝，2015. BP神经网络在银耳培植环境控制中的应用 [J]. 忻州师范学院学报，31（2）：17-19.

叶泉兵，2023. 基于超宽带技术的机械振动无线传感器网络研究 [D]. 重庆：重庆大学.

袁琳博，2023. 基于PLC的木耳采摘机控制系统的研究 [D]. 长春：吉林农业大学.

袁志福，来志云，祁英华，等，2015. GPRS传输技术在农业气象中的应用 [J]. 中国农业信息（1）：100.

张恩迪，雷思君，2015. 基于GPRS的物联网农业虫害防治监测系统设计 [J]. 农机化研究，37（3）：91-94.

张继，2021. 海鲜菇子实体生长期的光照度调控方法研究 [D]. 银川：宁夏大学.

张建华，陈学东，冯锐，2022. 食用菌发菌期智能管理系统的设计与实现 [J]. 宁夏农林科技，63（5）：61-65.

张健，谢守勇，刘军，等，2018. FDR土壤湿度传感器的温度补偿模型研究 [J]. 农机化研究，40（4）：177-182，189.

张杰，熊显名，张馨，等，2012. 光合有效辐射传感器及其调理电路设计 [J]. 自动化与仪表，27（6）：12-15.

张京平，朱建锡，孙腾，2014. 苹果内部品质的 CT 成像结合傅里叶变换方法检测［J］. 农业机械学报，45（5）：197-204.

张良清，2016. DOS/BIOS 高手真经［M］. 2 版. 北京：中国铁道出版社.

张鹏，2024. 基于 LoRa 的智慧农业环境监测系统设计［J］. 物联网技术，14（12）：7-10，14.

张淑红，刘鑫，王永照，2020. 大数据背景下食用菌生产企业精准营销探析［J］. 中国食用菌，39（3）：144-146.

张苏，陈婧，赵文昌，2022. 基于 ZIG-BEE 技术的有机茶园监测控制系统［J］. 科学技术创新（3）：43-46.

张卫锋，张灿祥，刘致君，2021. 基于模糊 PID 算法控制的大蒜储藏室通风系统的研究［J］. 计算机与数字工程，49（5）：896-901，970.

张馨，孔祥书，郑文刚，等，2024. 基于模型预测控制的菇房空调节能控制方法［J］. 农业机械学报，55（3）：352-361.

张晔，徐名汉，景全荣，等，2021. 袋栽食用菌液体菌种接种机智能控制系统设计［J］. 农业工程，11（5）：45-49.

张迎春，2024. 农业机械中的大数据技术应用研究［J］. 农机使用与维修（11）：81-83.

赵春梅，陈柏杰，金荣荣，2019. 不同光照强度对甜瓜叶色黄化突变体幼苗生理指标的影响［J］. 蔬菜（5）：18-23.

赵静，王延锋，盛春鸽，等，2021. 我国食用菌工厂化生产现状与发展趋势［J］. 中国林副特产（5）：68-71.

赵善政，2024. 基于蓝牙 Mesh 的果园智慧灌溉系统的设计［J］. 黑龙江科学，15（4）：158-161.

赵扬，张莉，2020. 大数据智能编码系统与食用菌冷链物流保鲜技术［J］. 中国食用菌，39（1）：114-117.

植荔萍，2024. 构建智慧农业过程中大数据对农业经济管理的影响［J］. 中国农机装备（11）：102-104.

中国农业科学院农业信息研究所，2024. 农业大数据研究进展（2024）［J］. 农业大数据学报，6（4）：433-471.

周超帆，2023. 食用菌温室环境 CFD 模拟与模糊控制系统设计［D］. 武汉：华中农业大学.

周晶晶，吴厚月，梁楠楠，等，2018. 大棚控制系统及其模糊控制算法研究［J］. 信息与电脑（理论版）（10）：93-94.

周立功，2018. 面向 AMetal 框架和接口的 C 编程：［M］. 北京：北京航空航天大学出版社.

周鹏梅,2024. 基于LoRa+5G的低成本智慧农业物联网系统设计［J］. 电脑编程技巧与维护（1）：122-125.